PIE 遥感图像处理教学丛书

PIE遥感云服务与实践

朱　琳　王宇翔　主　编

刘东升　李小娟　张云飞　钱晓明　副主编

科学出版社

北京

内 容 简 介

本书是在国产时空遥感云服务平台 PIE-Engine 系列用户手册和培训素材的基础上，集作者多年遥感大数据、云计算、人工智能等理论研究和开发实践经验升华凝练而成的。本书结合时空遥感云服务平台 PIE-Engine 设计理念、基本功能和技术特色，系统介绍了时空遥感云服务平台 PIE-Engine 基本理论、关键技术、操作流程和专题应用。本书聚焦时空遥感云服务技术前沿，力求理论与实践相结合，集海量遥感数据在线处理、遥感数据科学分析、全栈式遥感智能解译、遥感数据共享与发布的理论与操作实践于一体，用通俗易懂的语言阐述复杂的遥感云服务技术问题。

本书可以作为遥感、测绘、地理信息系统、国土空间规划、自然资源管理及相关专业科研工作者的参考用书，也可供对遥感云计算和智能解译感兴趣的生产技术人员学习使用。

审图号：GS 京（2023）0859 号

图书在版编目（CIP）数据

PIE 遥感云服务与实践 / 朱琳，王宇翔主编. —北京：科学出版社，2023.4

（PIE 遥感图像处理教学丛书）

ISBN 978-7-03-075423-3

Ⅰ. ①P… Ⅱ. ①朱… ②王… Ⅲ. ①云计算-应用-遥感图像-图像处理 Ⅳ. ①TP751

中国国家版本馆 CIP 数据核字（2023）第 069010 号

责任编辑：朱 丽 董 墨 赵 晶 / 责任校对：郝甜甜
责任印制：吴兆东 / 封面设计：蓝正设计

科学出版社 出版
北京东黄城根北街 16 号
邮政编码：100717
http://www.sciencep.com
北京建宏印刷有限公司 印刷
科学出版社发行 各地新华书店经销
*
2023 年 4 月第 一 版 开本：787×1092 1/16
2023 年 8 月第二次印刷 印张：22 1/4
字数：531 000
定价：128.00 元
（如有印装质量问题，我社负责调换）

"PIE 遥感图像处理教学丛书"
编委会

丛 书 序 一

随着我国卫星遥感蓬勃发展，国产卫星实现"从有到好、从模仿到创新引领"的转型跨越式发展。随之而来的是国产自主遥感数据与日俱增，数据获取与处理技术快速提升，各行业领域对遥感应用软件需求旺盛。遥感图像处理软件是实现遥感图像数据在各行业领域应用的重要工具。然而，长期以来，我国各行业领域的遥感图像处理主要依赖于国外遥感图像处理软件。大力发展自主可控的遥感图像处理软件，推动国产遥感图像处理软件在各个行业领域内的广泛使用成为促进遥感事业发展和保障国家空间信息安全的迫切需求。

航天宏图信息技术股份有限公司自 2008 年成立以来一直致力于卫星遥感、导航技术创新实践与普及应用，是国内知名的卫星应用服务商，经过十余年技术攻关，研发了一套集多源遥感图像处理和智能信息提取于一体的国产遥感图像处理软件——PIE（pixel information expert），形成了覆盖多平台、多载荷、全流程的系列化软件产品体系。PIE 聚焦卫星应用的核心需求，面向自然资源管理与监测、生态环境监管应用、气象监测与气候评估、海洋环境保障、防灾减灾以及军民融合等领域，激活数据价值，提供行业应用解决方案。PIE 具备完全自主知识产权，程序高度可控，是中国人自己的遥感图像处理软件。PIE 在国产卫星数据处理与应用方面具有极大优势，打破了国外商业化软件在我国遥感应用市场中的垄断地位，也使遥感信息真正能为政府科学决策、科研院校研究和社会公众应用提供及时有效的服务。

作为一名测绘遥感工作者，我对国内遥感学科教材体系的建设充满期待。"PIE遥感图像处理教学丛书"的问世，从软件和应用实践的角度丰富了教材内容体系，无疑令人欣慰。在使用 PIE 软件的过程中，我见证了国产遥感图像处理软件的发展与壮大。该丛书集校企专家众贤所能，在实践的基础上，集系统性与实用性于一体，循序渐进地介绍 PIE 的使用方法、专题实践与二次开发，为读者打开遥感应用的大门，开启遥感深入应用之路，展示遥感大众化的应用前景，旨在培育国产软件应用生态，形成国产遥感技术及应用完整产业链。希望国产遥感图像处理软件 PIE 继续促进国产遥感行业应用水平提升与技术进步，持续提高科技贡献率，推进遥感应用现代化!

　　期望未来有更好的 PIE 产品不断涌现,让更多的中国人了解 PIE、使用 PIE、强大 PIE。一马当先,带来万马奔腾。我相信,该套丛书在我国遥感技术的发展和人才培养等方面必将发挥越来越重要的作用。

龚健雅

中国科学院院士

丛 书 序 二

"坐地日行八万里，巡天遥看一千河。"随着我国航空航天遥感技术的飞速发展，立体式、多层次、多视角、全方位和全天候对地观测的新时代呼啸而来。借此，人类得以用全新的视角重新认识和发现我们的家园；用更宏观的视野、更精准的数据整合观照对地球的现有认知；用更科学智慧的方案探索解决全球气候变化、自然资源调查、环境监测、防灾减灾等与我们息息相关的问题。

国家高分专项、国家民用空间基础设施中长期发展规划等一系列重大战略性工程的实施，使得我国遥感数据日趋丰富，而如何使这些海量数据发挥最大效用和价值，为人类可持续发展服务，先进的遥感图像处理软件必不可少。长期以来，遥感图像处理软件市场一直被国外垄断，保障国家空间信息安全、践行航天强国战略、培育经济发展新动能、加大技术创新、服务经济社会发展，大力发展自主可控的遥感图像处理软件便成为当务之急。可喜的是，航天宏图信息技术股份有限公司致力于研发中国人自己的遥感图像处理软件 PIE 系列产品和核心技术，解决了程序自主可控、安全可靠的"卡脖子"问题，并广泛服务于气象、海洋、水利、农业、林业等领域。

与此同时，为有效缓解国产遥感图像处理软件 PIE 教材市场不足的问题，满足日益快速增长的遥感应用需求，航天宏图信息技术股份有限公司联合首都师范大学、中国矿业大学（北京）遥感地信一线教学科研专家，对 PIE 的理论、方法和技术进行系统性总结，共同撰写了"PIE 遥感图像处理教学丛书"。该丛书包括《PIE 遥感图像处理基础教程》《PIE 遥感图像处理专题实践》《PIE 遥感图像处理二次开发教程》《PIE 遥感云服务与实践》等。其中，《PIE 遥感图像处理基础教程》系统介绍了 PIE-Basic 遥感图像基础处理软件、PIE-Ortho 卫星影像测绘处理软件、PIE-SAR 雷达影像数据处理软件、PIE-Hyp 高光谱影像数据处理软件、PIE-UAV 无人机影像数据处理软件、PIE-SIAS 尺度集影像分析软件的使用方法；《PIE 遥感图像处理专题实践》则选取典型应用案例，基于 PIE 系列软件，从专题实践角度进行应用介绍；《PIE 遥感图像处理二次开发教程》提供大量翔实的开发实例，帮助读者提升开发技能。该丛书基础性、系统性、实践性、科学性和实用性并具，可使读者即学即用、触类旁通、快速提高实践能力。该丛书不仅适用于高校师生教学,而且可以作为各专业领域广大遥感、地信、测绘等专业技术人员工作和学习的参考书。

    日月之行,星河灿烂。众"星"云集时代,遥感不再遥远。仰望星空,脚踏实地,国产遥感图像处理软件的发展承载着广大测绘地理信息科技工作者的家国担当、赤子情怀,该丛书的出版是十分必要而且适时的。预祝该丛书早日面世,为我国遥感科技的创新发展持续发力!

宋超智

中国测绘学会理事长

前　　言

近年来，在国家政策的引领下，我国积极发展卫星遥感事业，发射了一系列遥感卫星，包括低分辨率的风云系列卫星，中分辨率的环境系列卫星，以及资源系列、天绘系列、高分系列等高分辨率卫星。我国搭建的自主对地观测系统能够实现对陆地、大气、海洋等多个角度的立体观测和动态监测，我国拥有包括可见光、合成孔径雷达（SAR）、高光谱等传感器在内的一系列卫星，获取的遥感数据呈爆炸式增长，空间、时间和光谱分辨率也不断提升。卫星遥感已经进入民、商、军并行驱动的发展模式，自主数据源不断丰富，为遥感的广泛应用提供强有力的数据保障。与此同时，卫星遥感应用产业已经显示出勃勃生机，卫星遥感应用已成为提升技术水平、改造传统产业、提高社会经济效益的重要手段，并正在成为经济社会发展新的增长点。以大数据、云计算、物联网、移动互联网等为技术代表的一站式遥感云服务平台，为遥感产业链的各个环节（数据采集、数据处理、信息生产、方法模型、软件系统、应用集成、解决方案、设备设施等）提供支撑，使各环节可以有效地衔接和协同发展，并产生推动力和加速力，提高海量信息处理效率，丰富卫星遥感服务产品，提升遥感核心竞争力。

从目前应用现状来看，国内遥感云服务平台以可视化和数据服务为主，而遥感行业需要集数据、软件、算力、技术、协作于一体的新型遥感云服务平台。在这样的背景下，PIE-Engine 时空遥感云服务平台着眼对地观测行业中遥感应用面临的问题和发展机遇，在大数据平台、智能信息处理算法和主动服务模式等方面进行攻关和创新性研究，拓展科学视野，发展新的方法理论，降低遥感行业的门槛，让区域用户、行业用户、政府用户、企业用户甚至大众用户真正轻松获取自己所需的遥感信息与服务，实现遥感数据的按需获取、数据的快速处理和专题信息的聚焦服务，以应对地球观测数据获取能力飞速增长对信息高效、快速服务的重大需求，从而持续提高科技贡献率，加速推进我国遥感计算云服务平台发展进程。

作为国内唯一一款对标美国谷歌地球引擎（Google Earth Engine，GEE）的产品，PIE-Engine 时空遥感云服务平台自 2020 年 11 月对外发布以来，截至 2022 年 11 月 9 日注册用户达到 10 万余人（https://engine.piesat.cn/），服务 60 余个行业领域。目前，对 PIE-Engine 时空遥感云服务平台的理论和应用实践进行详细介绍的论著还是空白，市面上还没有一本针对 PIE-Engine 的教材，给广大用户学习和应用带来了不便。为了更好地满足国内日益增加的遥感云服务平台用户需求，首都师范大学联合航天宏图信息技术股份有限公司共同编写本书。本书力求理论和实践相结合，用通俗易懂的语言介绍复杂的遥感云服务。

全书共 7 章。第 1 章绪论，以需求为牵引，以技术为推动，综合介绍国内外遥感云平台的发展现状和发展趋势。第 2 章主要介绍大数据、云计算、遥感云平台构建的基础理论和关键技术，为后续章节作理论铺垫。第 3 章海量遥感数据在线处理，以多源异构遥感数据生产为例，首先介绍了光学、高光谱、SAR、无人机等数据完整的生产处理流程，其次详细介绍了 PIE-Engine Factory 数据生产云服务平台设计思想、基本功能、操作方法及其应用实例。第 4 章遥感数据科学分析，首先介绍了遥感在线并行计算、零代码应用系统搭建等关键技术，其次详细介绍了 PIE-Engine Studio 实时计算云服务平台设计思想、数据集、基本功能、操作方法及其应用实例。第 5 章全栈式遥感智能解译，介绍了全栈式遥感智能解译技术，在此基础上对 PIE-Engine AI 遥感智能解译服务平台设计思想、基本功能、操作方法及其应用实例进行了详细说明。第 6 章地理时空数据共享与发布，首先介绍了地理时空数据分布式存储与管理、在线制图与成果托管、多源数据在线发布等关键技术，其次详细介绍了 PIE-Engine Server 数据共享云服务平台设计思想、基本功能、操作方法及其应用实例。第 7 章介绍了一些基于 PIE-Engine 的专题实践案例，为读者以后的开发实践提供了必要的借鉴和思路。

本书的编写参阅了 PIE-Engine 的系列用户手册、开发技术文档以及国内外大量有关论著和优秀论文。全书由王宇翔博士、刘会安院长、朱琳教授、李小娟教授拟定编写提纲。其中，第 1 章由王宇翔、刘东升和孙焕英编写；第 2 章由朱琳、张云飞、卢灿、张达、高明亮、刘翀、邓鹏、汤紫霞、张丹编写；第 3 章由王小华、巴晓娟、孙焕英、任芳、卫黎光编写；第 4 章由程伟、王伏林、李世卫编写；第 5 章由邓鹏、王运发、汤紫霞、胡举编写；第 6 章由刘晓晨、张丹、王浩人、雷声剑编写；第 7 章由孙焕英、李彦、杨政军、王昊、仇宫润、孙义林、孙根云、黄昕、禹定峰、黄楠、韩艳玲等编写完成。刘东升、钱晓明负责总体分工、协调，参与了本书规划和第 3~6 章的设计思想和应用实例梳理工作。全书由朱琳、刘东升、张云飞、孙焕英统稿和校对。

由于时间仓促，作者水平有限，不足之处恳请读者批评指正！

作　者

2022 年冬

目　　录

第1章 绪 论

如何充分挖掘遥感大数据，全面快速地实现对地球空间信息的感知与认知，是地球科学领域共同面对的挑战。遥感云平台作为智能化综合性数字信息基础设施的一种形式，具有重要的战略价值。随着技术的发展，以及人类进一步认识地球的需求，遥感云计算平台将得到更多的应用和发展，为更深入理解地学规律、实现人类社会可持续发展提供科学支撑（付东杰等，2021）。相比国外，目前中国的遥感云计算平台尚处于起步阶段，但中国国产卫星的使用将使中国遥感云计算平台具有独特优势。

1.1 概 述

近年来，随着国家高分辨率对地观测系统重大专项的实施，空间信息基础设施的建设，国内外卫星商业化的发展，星座计划、微卫星群的开启，航空摄影技术革命，以及无人机的普及等均使遥感信息获取能力大大增强，遥感数据资源得到极大丰富，其还对遥感数据的密集存储、计算处理、服务方式与能力形成巨大挑战。仅美国新一代对地观测卫星 EOS 每日获取的遥感数据量就达 TB 级，全球对地观测数据已经达到 EB 级。从年度、季度、月度到每天、每小时的数据使应用领域得到拓展，如保险、农情、商业分析、应急救援等已成为可行的遥感应用领域，数据实时处理、密集计算、大数据分析能力要求大大提高，使用方式也发生改变（王晋年，2016）。与此同时，传统遥感应用面临着成本高、难度大、时效差、无保障的难题。使用桌面常规软件工具难以在大时空范围内进行获取、管理和分析处理，现有的遥感影像分析和海量数据处理技术已难以满足当前遥感大数据应用的要求。遥感云计算技术的发展和云计算平台的出现为海量遥感数据处理和分析提供了前所未有的机遇，彻底改变了传统遥感数据处理和分析的模式，极大地提高了运算效率，使得全球尺度、高分辨率、长时间序列的快速分析和应用成为可能，这些数据与计算结果可在遥感计算云平台上进行共享，且能够向多种应用场景开放。

目前，国际上主流的遥感计算云平台以国外机构或公司开发的平台为主，谷歌公司率先发布了谷歌地球引擎（Google Earth Engine，GEE）这一产品，打破了传统行业的壁垒，使得人人都可以分析应用遥感影像。在当前领先的遥感云计算平台的基础上，推动我国自主研发遥感云平台的建设，研发一套国产化自主可控的时空遥感云服务平台，快速、自动地进行遥感大数据的处理和分析，完成遥感数据产品的智能信息服务，是我国遥感行业发展亟待解决的重要课题。在这样的背景下，我们需要在大数据平台、智能信息处理算法和主动服务模式等方面进行创新性研究，发展新的方法理论，构建共享数据、代码和方法的开放平台，让区域用户、行业用户、政府用户、企业用户甚至大众用户轻松获取各自所需的遥感信息与服务，以应对地球观测数据获取能力飞速增长对信息高效、快速服务的重大需求。

1.2   国内外遥感云平台发展现状

目前，国际上主要的遥感云计算平台有 GEE、笛卡儿实验室（Descartes Labs）以及澳大利亚地理科学数据立方体（Australian Geoscience Data Cube，AGDC），其中 GEE 发展比较成熟，并得到广泛应用。中国遥感云平台的建设也在加速推进中，中国科学院先导专项"地球大数据科学工程"的地球大数据挖掘分析系统（EarthDataMiner）（Liu et al.，2020）、航天宏图信息技术股份有限公司的时空遥感云服务平台 PIE-Engine 均发展迅速，应用于越来越多的领域，服务于越来越多的用户。

1.2.1   国外遥感云平台进展

国外遥感云平台主要有美国的 GEE、Descartes Labs 以及 AGDC 等。

1. GEE

GEE 是美国 Google 公司与卡耐基梅隆大学和美国地质调查局（USGS）共同研发并于 2010 年发布的一款免费的遥感云计算平台，能够对全球尺度地球科学资料进行在线可视化计算和分析处理。GEE 使用 Google 核心基础架构、数据分析和机器学习技术，可以让用户体验高效、安全的云服务。该平台集成了海量地理空间数据、可视化和分析计算能力，以及可调用的应用程序接口（Application Programming Interface，API）。依托 Google 公司全球百万台服务器，GEE 能够提供足够的运算能力，对海量空间数据进行可视化分析和计算处理。2019 年，GEE 耦合了深度学习平台 TensorFlow，进一步提升了其计算分析能力。GEE 不仅提供在线的 JavaScript API，同时也提供离线的 Python API，通过这些 API 快速建立基于 GEE 以及谷歌云的 Web 服务。此外，用户在 GEE 上可以开发自己的算法、生产系统数据产品或部署由 GEE 资源支持的交互式应用程序，无须成为应用程序开发、Web 编程或 HTML 方面的专家（董金玮等，2020）。基于 GEE JavaScript API 的用户交互编程界面如图 1-1 所示。

截至 2021 年 12 月底，GEE 平台的地理空间数据量超过 40 PB，包括影像数据、气候和天气数据、地球物理数据等超过 600 个公共数据集，其中影像数据包括全球尺度的陆地资源卫星 Landsat 系列、哨兵 Sentinel 系列、中分辨率成像光谱仪（MODIS），以及局部区域的高分辨率影像等；气候和天气数据包括表面温度和发射率、长期气候预测和地表变量的历史插值、卫星观测反演的大气数据以及短时间预测和观测的天气数据；地球物理数据包括地形数据、土地覆被数据、农田分布数据、夜晚灯光观测数据等。GEE 用户可以上传自己的矢量数据（Shapefile 或 CSV 格式）或栅格数据（GeoTIFF 格式）到 GEE 用户数据集存放地点 Assets 上，然后进行后续分析。GEE 将 PB 级的地理空间数据集目录与全球尺度分析功能结合，用于检测变化、绘制趋势并量化地球表面的差异。

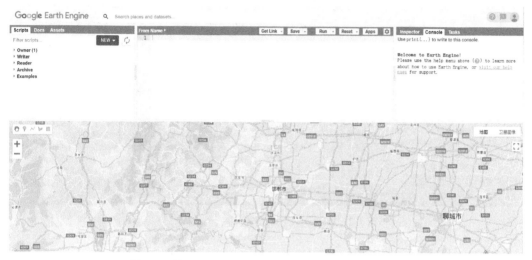

图 1-1　基于 GEE JavaScript API 的用户交互编程界面

GEE 能够对全球范围内海量卫星图像和其他地球观测数据进行存取，并提供足够的运算能力对这些数据进行处理，为遥感大数据分析提供支撑，将遥感应用发展推向大众化。然而，美国政府于 2020 年 1 月在出口管制条例上增加了"专门用于自动分析地理空间图像的软件"（Bureau of Industry and Security，Commerce，2020），提高了从美国向除加拿大之外的国家出口这些软件的限制，GEE 可能会被限制使用。此外，GEE 未接入风云、高分、资源等国产卫星数据，从而限制了国产卫星数据在 GEE 平台上的应用（程伟等，2022）。

2. Descartes Labs

Descartes Labs 于 2014 年成立，其提供了一个 PB 级的地理空间数据集，现提供的数据源包括多光谱光学遥感影像、高分辨率光学遥感影像、大气数据、地球同步卫星观测数据、SAR 数据、高程数据、水文数据、气象数据、AIS 数据、土地利用数据、内部数据等。Descartes Labs 所有的标准化和互操作均通过一个公共接口进行，其提供 Python 版本的 API 以及类似 GEE Exporler 的 Web 界面，用于浏览数据目录，实现数据可视化。和 GEE 不同的是，Descartes Labs 主要是商用（董金玮等，2020）。Descartes Labs 平台的三个组成部分如图 1-2 所示。

Descartes Labs 平台包括以下三个部分。

1）数据精炼厂

提供 PB 级的可分析地理空间数据，能够快速获取、管理、校准任何内部或第三方数据源，并使用户从中受益。

2）工作台

基于云的数据科学环境，将 Descartes Labs Platform API、可视化工具和样本模型结合在托管的 JupyterLab 界面中。

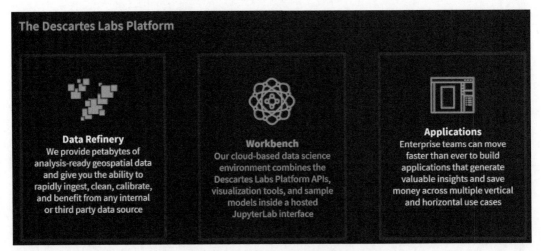

图 1-2　Descartes Labs 平台的三个组成部分

3）应用程序

企业团队可以比以往更快地构建应用程序，从而在多类横向和纵向使用案例中提供宝贵意见并节省资金。

3. AGDC

AGDC 旨在解决影响地球观测数据有效性的 3V［数据量（Volume）、速度（Velocity）、多样性（Variety）］方面，实现地球空间观测数据仓储的全部潜力，提供对大型时空数据进行访问和处理的功能（董金玮等，2020）。AGDC 框架结构如图 1-3 所示。

图 1-3　AGDC 框架结构

AGDC 的基础和核心组件包括以下三个部分。

1）数据准备

提供对地球观测数据的几何和辐射校正，生产支持时间序列分析的标准化地表反射率数据，跟踪每个数据立方体出处的收集管理系统，制定并规范化后处理决策等。

2）软件环境

提供开放数据立方体（Open Data Cube，ODC）生态系统地理空间数据管理和分析软件，根据用户应用程序，ODC 可以灵活部署在高性能计算云和本地，并可安装在 Linux、MacOS、Windows 系统上。

3）硬件环境

澳大利亚国家计算基础设施（NCI）提供支持性高性能计算环境，也提供诸如森林砍伐、水质监测、非法采矿等知情决策服务。

1.2.2 国内遥感云平台进展

国内遥感云平台主要有：地球大数据挖掘分析系统（EarthDataMiner）、四维地球、PIE-Engine（Pixel Information Expert Engine，像素专家引擎）时空遥感云服务平台等。这些遥感云平台以可视化和数据服务为主，而遥感行业需要集数据、算力、技术、协作于一体的新型遥感云服务平台。

1. 地球大数据挖掘分析系统（EarthDataMiner）

中国科学院软件研究所 2021 年发布了地球大数据挖掘分析系统（EarthDataMiner）。该系统提供长时序的多源对地观测数据集，包括中国遥感卫星地面站自 1986 年建设以来 20 万景（每景 12 种产品，共计 240 万个产品）的长时序陆地卫星数据产品；基于高分一号和二号卫星、资源三号卫星等国产高分辨率遥感卫星数据制作的 2m 分辨率时序动态变化全国一张图；利用高分卫星、陆地卫星等国内外卫星数据制作的 30m 分辨率时序动态变化全球一张图；重点区域的亚米级产品集等。EarthDataMiner V1.0 的共享数据总量约 5PB，其中对地观测数据 1.8PB，生物生态数据 2.6PB，大气海洋数据 0.4PB，基础地理数据及地面观测数据 0.2PB，另外还包括地层学与古生物数据库数据记录 49 万条、中国生物物种名录记录 360 万条、微生物资源数据库数据记录 42 万条、目前在线的组学数据记录 10 亿条。EarthDataMiner 界面如图 1-4 所示。

图 1-4 EarthDataMiner 界面

EarthDataMiner 提供包含资源、环境、生物、生态等多领域的挖掘分析工具系统和云服务，引入人工智能算法，利用跨领域模型与算法共享机制（包括基础算法和共享算法），提升多领域综合分析模型的创新设计质量和效率。其核心功能包括：

（1）Web 版 Python 代码开发环境，地图和图表可视化；

（2）挖掘分析模型与算法库管理，集成通用科学计算、机器学习和数据挖掘算法，以及遥感图像地物识别等领域算法；

（3）基于容器云环境与大数据引擎，实现高效分布式执行遥感应用处理函数。

2. 四维地球

中国资源卫星应用中心 2019 年发布了基于"海-陆-空-天"海量多源数据的时空信息智能服务平台——"四维地球"，综合运用大数据、云计算、人工智能、5G 等技术，实现对海量遥感数据的云端处理和快速分发、按需使用和浏览共享。四维地球上的卫星数据与数据服务包括：全分辨率影像在线服务、日新图影像产品、镶嵌图影像产品、地物分类产品、目标检测产品、变化检测产品、开放应用产品等。"四维地球"平台界面如图 1-5 所示。

图 1-5   "四维地球"平台界面

"四维地球"为用户提供面向互联网、移动互联网的海量、高品质、低成本的遥感影像数据在线应用能力，旨在构建时空信息产业云系统，推动应用创新发展。该平台可用于变化检测、审计、执法督察、应急救灾等多种场景。

3. PIE-Engine 时空遥感云服务平台

航天宏图信息技术股份有限公司于 2020 年自主研发了开放式时空遥感云服务平台 PIE-Engine。该平台是一套基于云计算、物联网、大数据和人工智能等技术研发的，具备时空大数据接入、存储、管理、处理、计算、信息提取、知识挖掘、共享发布、开放应用到算法集成编排、二次开发的全流程一体化遥感应用服务平台。平台不断汇集和丰富多源地理时空数据，将数据及其处理和可视化技术转为对外开放的服务，聚合形成面向不同需求层次的能力，支撑业务应用的实施与运营。平台为用户提供"云+端"、"平台+SaaS"应用模式，充分发挥高效能、低门槛、低成本、易获取等优势，挖掘海量遥感数据价值，助力遥感应用产业化发展。PIE-Engine 总体功能组成如图 1-6 所示。

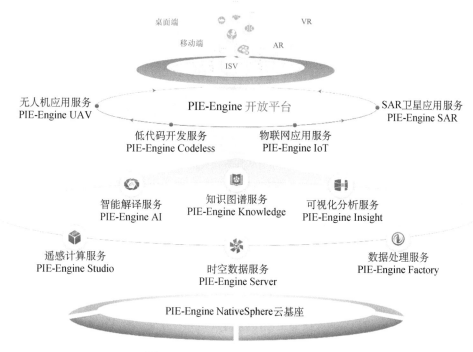

图 1-6　PIE-Engine 总体功能组成图

PIE-Engine 以 PIE-Engine NativeSphere 云基座构建出云原生体系下的服务与应用平台。包括能力构建型与开发支撑型产品遥感计算服务 PIE-Engine Studio、时空数据服务 PIE-Engine Server、数据处理服务 PIE-Engine Factory、智能解译服务 PIE-Engine AI、知识图谱服务 PIE-Engine Knowledge、可视化分析服务 PIE-Engine Insight 等。同时包括应用型产品无人机应用服务 PIE-Engine UAV、低代码开发服务 PIE-Engine Codeless、物联网应用服务 PIE-Engine IoT、SAR 卫星应用服务 PIE-Engine SAR 等。在此基础上，可进一步结合 AR、VR 技术以及桌面端、移动端等多种应用端模式，为用户提供多类型服务形式。

PIE-Engine 的特点如下：

（1）一体化平台。基于云原生遥感服务框架，提供遥感时空大数据的快速获取、标准化存储管理、高效处理、智能分析应用、知识挖掘推理、数据共享互惠全生命周期一站式处理。

（2）数据丰富。汇聚全球总量 8PB，200 多种数据集（截至 2023 年 3 月），支持"天–空–地–海"多源数据，涵盖覆盖全球的光学影像数据、雷达影像数据、气象数据、海洋数据、地球物理数据、矢量数据，包括国外哨兵系列、MODIS 系列、Landsat 系列等，国内高分系列、资源系列、环境系列、气象系列、海洋系列等。

（3）快捷处理。基于云原生遥感服务框架，提供具备全流程编排、弹性 CPU 与 GPU 混合资源调度、分布式并行计算的海量数据遥感处理与云端实时计算能力。

（4）智能分析。提供百万级深度学习样本集，覆盖光学、SAR、航空等多载荷多分辨率，支撑场景分类、目标识别、语义分割和变化检测四大类深度学习模型的开发。

（5）形象展示。动态可分析的数字地球，运算结果动态呈现，仿真推演发现价值。

（6）共享便捷。打造"开放+共建+共享"新模式，构建遥感云生态理念。

（7）国产安全保障。平台已与华为、瀚高、麒麟、中科曙光等多个信创产品名录厂家的 CPU、操作系统、中间件等国产软硬件进行了适配，支持 ARM、X86 多种架构。

1.3　遥感云平台发展趋势

当前，5G、工业互联网、人工智能、云计算、大数据等新一代信息技术研发和应用给全球经济和人们生活带来了全方位的影响。遥感云平台以云计算为承载，集大数据、人工智能、工业互联网、物联网、车联网、区块链、数字孪生等新一代数字技术于一体，多元算力将成为未来的主要生产力。

1.3.1　技术交融化

当前，遥感云平台与信息技术、通信技术、大数据技术等新一代信息技术之间的耦合度和关联性显著增强，感知、传输、计算、存储等关键环节的优势技术加速重组。①遥感云感知方面，感知、信息处理与网络通信的融合开辟了智能传感、感知网络等新空间；②遥感云传输方面，传输的云化与智能化带来云网融合、网络虚拟化、智能网络等新突破；③遥感云计算方面，计算的网络化与泛在化引领普适计算、边缘计算等技术快速发展，云网边一体化，在云计算、边缘计算以及网络之间实现云网融合、云边协同，从而实现算力服务的最优化；④遥感云存储方面，存储的网络化与云化带来新领域的繁荣。与此同时，移动网络全面步入"5G+"时代，高速率、广覆盖、大连接、低时延、高可靠的 5G 网络给移动互联网和物联网带来新的发展机遇，光纤通信技术继续朝着高速率、大容量、智能化、融合化方向发展。遥感云与信息技术、通信技术、大数据技术等的持续融合发展将带来倍增效应，催生云端服务、移动终端、智能通道的一体化创新。

深度学习给数据集成与分析提供了新方法，人工智能提高了地球大数据的理解与分析，数字孪生、物联网使地球物理模型和虚拟模型关联互通，以及高性能计算的发展和应用推动地球系统模拟和预测的实现。利用先进的信息技术（如云计算、并行计算、超级计算、复杂网络、知识图谱、机器学习和人工智能等）对多源异构海量数据进行数据挖掘、知识发现，促进复杂模型的开发，增强数据驱动和模型驱动方法的融合（安培浚等，2021）。

遥感云平台传统安全体系通过部署各类安全产品应对网络安全、数据安全等问题，各安全产品功能定位明确，但彼此之间孤立和分散，作用局限，效率低，难以应对数字化时代的安全风险。随着零信任理念和原生安全理念的融合，云安全架构中各模块高效协同，云安全信任体系化，最大限度地保障数字基础设施中各资源和动态行为的可信性①。

---

① 中国信息通信研究院，华为云计算技术有限公司.2021. 产业云发展研究报告.

遥感云平台通过将技术与业务深度融合，整合开发平台、人工智能、区块链、大数据等基础技术能力，并通过集成创新搭建共性技术赋能平台，进而提供产业协同平台，聚合打通各业务系统的数据流、业务流，快速构建起高效的全产业链协同，满足产业对空间信息应用的刚性需求，降低技术应用门槛，拓展应用空间。

1.3.2 场景泛在化

随着卫星数量增多、观测模式多样，特别是微小卫星云的出现，使观测能力和数据保障能力都得到大幅提升，地球观测进入大数据时代。遥感大数据加速了地球科学的创新和数据驱动的新发现，数据价值得到进一步挖掘和释放。

遥感大数据在自动驾驶、金融与商业服务、医疗与健康管理、科学研究等领域有着广阔的应用前景；在社会保障、突发事件监测预警、信用评估、文物保护、生态保护、城市管理等方面发挥越来越重要的作用。围绕遥感大数据应用逐渐形成新的、多样化的创新生态链，推动共享经济的蓬勃兴起和发展，重塑传统产业的结构和形态。

遥感云平台运用大数据手段推进遥感数据采集、处理、分析、服务各环节优化重组以及全产业链、全生命周期管理，持续改造提升传统产业。遥感云充分发挥海量遥感数据和丰富应用场景优势，促进空间信息产业与实体经济深度融合。例如，在基础设施巡检、河流排污口排查整治、房屋不动产确权登记、应急防灾救灾和灾害损失精准评估等方面，全方位赋能空间信息能力增强、数据增值和服务增效。

随着智能终端普及度不断提升，遥感云平台将集成更先进的智能手机、平板、AR/VR 设备等通用性终端传感装置与通信模块，与多元化 APP 配合，依托语音、手势、表情等进一步增强操作者与环境进行深度交互的能力。在农业、工业、服务业、家居等领域应用场景中，遥感云平台将通过专业智能终端的智能感知能力、知识模型、体感交互技术，实现自然环境、社会环境、工作环境数据与工作任务的信息融合，为行业工作者带来个性化、智能化与协同化的操作体验。

1.3.3 业务精细化

当前，人工智能、大数据、区块链、云计算等新兴技术快速发展，进一步催生新产品、新业态、新模式。随着 5G、物联网等技术的发展，边缘侧业务场景不断丰富，对算力处理能力、处理位置、处理时效等提出更高要求，推动传统上相对独立的云计算资源、网络资源与边缘计算资源在部署架构上不断趋向融合。未来，随着云网边一体化的进程不断加快，资源部署将更加全局化、分布式化，为各类场景提供精细化算力服务①。

遥感云平台通过云终端把满足用户不同应用场景需求的云平台带给用户，以"需求定制"为驱动的专业型产品供给时代正在到来。遥感云将提供更加精准、个性化、多元化、定制化、生态化的智能化服务。例如，在气象领域，融合时空大数据的气象大数据

---

① 中国信息通信研究院. 2021. 云计算白皮书. 北京：中国信息通信研究院.

将为大气环境监测、农业灾害监测提供强有力的支撑；在农业领域，遥感云平台围绕大田种植和设施农业，加快"天空地"一体化信息遥感监测网络建设，推进物联网感知、卫星遥感、地理信息等技术在生产监测、精准作业、智能指挥等农业生产全过程的集成应用。

1.3.4　服务大众化

科研工作者一直是地球观测数据共享的主要服务对象，随着地球观测技术的发展，数据供应越来越多、应用场景越来越复杂、数据处理技术越来越强大，公众个性化的需求有可能被激活，相应地将演化出以公众为核心的地球观测数据共享流程（李国庆等，2016）。公众成为地球观测的主要服务（天气预报、导航、旅游等）的对象。地球观测正在迎来一个以公众为主要服务对象、以大数据为主要方法、公众广泛参与的新时代（李国庆和庞禄申，2017）。

遥感云平台正以前所未有的速度从行业应用走向大众应用，在产生巨大的经济效益的同时，也终将产生巨大的社会效益。一方面，遥感科学的外延在不断扩大，正在改变行业的格局和大众的生活方式；另一方面，相关学科对遥感科学的贡献和影响也在与日俱增并不断注入新的思想和方法。当前，我国面向公众服务的空间信息应用刚刚起步，遥感应用大众化之路尚需大量探究。空间信息产业需以有效需求为导向，创新应用场景和产业生态，充分挖掘遥感空间信息在大众消费市场的应用需求，发挥海量遥感数据和丰富应用场景的优势，在场景挖掘、场景培育、场景供给等方面创新空间信息产业应用场景，建立创新应用场景孵化平台，推动公共安全、智慧农业、智慧交通、智慧物流、新零售等产业的发展。

拓展共享生活新空间，通过遥感云平台将与居民生活紧密相关的资源、产品、服务、场景、体验等进行资源整合，为供需对接提供渠道、技术手段，进而面向社会提供有偿或免费的泛共享服务的新业态新模式。空间信息与餐饮购物、交通出行、文化娱乐、社区商铺等生活服务资源深度融合，实现生活服务要素供给模式和商业模式加速创新，孕育城市即时配送、共享自行车、安全餐饮服务、共享文化生活和共享住宿等多项应用场景，带动新兴生活方式发展。

打造共享生产新动力，基于共享开放的遥感云平台，将生产设备、农用机械、建筑施工机械等生产工具信息进行供需对接，形成按需生产、精准服务的商业模式，推动生产能力在更大范围、更高层次、更深程度实现优化配置和价值转化。孕育共享生产平台、创业孵化平台、企业商贸数字化服务平台、共享人才就业创业平台和融合 5G 的"工业物流大脑"云平台等多项应用场景。

1.3.5　应用智能化

遥感云平台具备自主学习、数据处理、模型训练和推理等能力，支持云边端联合开发部署，通过预置多种算法框架和模型库，满足产业场景用户和开发者的差异化需求，降低人工智能算法开发的难度和投资，提高人工智能模型训练和应用开发效率，帮助传统行业零基础搭建面向特定产业场景的算法模型，支撑产业智能化升级和创新发展。

目前，人工智能在遥感领域中的应用还多处于专用阶段，如图像语义分割、图像目标识别、图像变化检测等，覆盖范围有限，产业化程度有待提高。一站式机器学习平台正在成为人工智能研发的基础设施，针对人工智能算法优化的专用芯片可望在更多场景落地，安全可信的人工智能持续被探索，人工智能将与更多的行业深度融合，应用场景将从单一向多元发展，遥感云平台将向更加普适化和工业化的方向迈进。引"智"，化"繁"为"简"，人工智能的应用终将进入面向复杂场景、处理复杂问题、提高社会生产效率和生活质量的新阶段（清华大学互联网产业研究院，2018）。

人工智能技术助力卫星遥感数据融入千行百业。利用计算机视觉技术将是卫星遥感数据处理的重要趋势，通过深度学习技术，在确保成果质量的基础上，大幅提升效率，深度学习算法正融入不同应用场景。例如，在舰船检测方面，智能算法可以应用于敏感目标检测、黑船识别以及航运安全保障。在农业领域，结合智能算法深度挖掘协助农民开展保险核保、产量预测。

思考题

1. 遥感云平台的优势有哪些？
2. 研制国产遥感云平台的必要性。
3. 遥感云平台未来的发展趋势。

参考文献

安培浚, 刘细文, 李佳蕾, 等. 2021. 趋势观察: 国际地球大数据领域研究态势与热点趋势. 中国科学院院刊, 36 (8): 989-992.

程伟, 钱晓明, 李世卫, 等. 2022. 时空遥感云计算平台 PIE-Engine Studio 的研究与应用. 遥感学报, 26 (2): 335-347.

董金玮, 李世卫, 曾也鲁, 等. 2020. 遥感云计算与科学分析: 应用与实践. 北京: 科学出版社.

付东杰, 肖寒, 苏奋振, 等. 2021. 遥感云计算平台发展及地球科学应用. 遥感学报, 25 (1): 220-230.

李德仁, 马军, 邵振峰. 2015. 论时空大数据及其应用. 卫星应用, (9): 7-11.

李国庆, 庞禄申. 2017. 公众化驱动的地球观测发展新时代. 中国科学: 信息科学, 47 (2): 193-206.

李国庆, 张红月, 张连翀, 等. 2016. 地球观测数据共享的发展和趋势. 遥感学报, 20 (5): 979-990.

清华大学互联网产业研究院. 2018. 云计算和人工智能产业应用白皮书. http://www.iii.tsinghua.edu.cn/info/1098/1628.htm.[2023-02-10].

单杰. 2017. 从专业遥感到大众遥感. 测绘学报, 46 (10): 1434-1446.

王晋年. 2016. 地球遥感信息变化应用云平台的现状与展望. 科技促进发展, 12 (5): 644-646.

Bureau of Industry and Security, Commerce. 2020. Addition of Software Specially Designed to Automate the Analysis of Geospatial Imagery to the Export Control Classification Number 0Y521 Series. https://www.

federalregister.gov/documents/2020/01/06/2019-27649/addition-of-software-specially-designed-toautomate-the-analysis-of-geospatial-imagery-to-the-export.[2021-04-29].

Gorelick N, Hancher M, Dixon M,et al. 2017. Google Earth Engine: planetary-scale geospatial analysis for everyone. Remote Sensing of Environment, 202:18-27.

Liu J, Wang W, Zhong H. 2020. EarthDataMiner: a cloud-based big earth data intelligence analysis platform. IOP Conference Series: Earth and Environmental Science, 509: 012032.

第2章 理论与基础

遥感和地理数据具有与大数据相类似的体积大、种类多、变化快的特点，因此大数据与云计算技术的快速发展为地学研究提供了新的科学研究范式和多维动态视角，提升了人们对地学问题的认识和预测能力。近年来，大数据和云计算技术不断与地学领域相融合，围绕遥感和地理大数据涌现出一批创新性的科研成果，且已经在全球变化、人地系统、可持续发展等领域展开应用。值得关注的是，国内外遥感大数据云处理平台的构建与完善，为遥感大数据多时空尺度研究以及交叉学科创新研究提供便利，同时使得遥感大数据向规模化、大众化应用拓展，遥感大数据的综合应用凸显出不可估量的价值。

2.1 大 数 据

2.1.1 概述

2011 年麦肯锡全球研究院给出的大数据的定义是：一种规模大到在获取、存储、管理、分析方面大大超出了传统数据库软件工具能力范围的数据集合。维基百科将大数据定义为一个复杂而庞大的数据集。香山科学会议则认为大数据是来源多样、类型多样、大而复杂、具有潜在价值，但难以在期望时间内处理和分析的数据集。大数据具有5V 特征，即①Volume：数据量大，包括采集、存储和计算量大；②Variety：数据种类和来源多样化；③Value：数据价值密度相对较低；④Velocity：数据增长速度快，处理速度快，时效性要求高；⑤Veracity：在数据采集、预处理、分析等整个阶段应采取有效措施保证数据的真实性（李康，2020）。

大数据经历了三个发展阶段：萌芽期、成熟期和大规模应用期。在萌芽期，数据挖掘理论和数据库技术逐步成熟，出现了数据仓库、专家系统等数据处理工具；在成熟期，非结构化数据大量产生，形成了并行计算与分布式系统两大技术核心，用于对大数据进行并行处理的 Hadoop 平台开始被广泛使用；在大规模应用期，标志性现象是数据驱动决策，大数据开始大规模在各行各业应用。

大数据带来新的科学研究范式与数据思维方式。著名数据库专家 Jim Gray 总结出人类先后经历了实验、理论、计算、数据四种科学研究范式，大数据时代使得数据驱动成为第四种科学研究范式。目前，大数据在社会的各行各业无处不在。

2.1.2　大数据处理技术

大数据给全球带来了重大的发展机遇与挑战。一方面，大数据资源蕴藏着巨大的商业价值和社会价值，有效管理和利用这些数据、挖掘数据的深度价值，将对国家治理、社会管理、企业决策和个人生活带来巨大的影响；另一方面，大数据带来新的发展机遇的同时，也带来很多技术挑战。格式多样、形态复杂、规模庞大的行业大数据给传统计算技术带来挑战，传统的信息处理与计算技术难以有效地应对大数据的处理，需要从计算技术的多个层面出发，采用新的技术方法，才能提供有效的大数据处理技术手段和方法（顾荣，2016）。

区别于传统数据处理，大数据的有效处理面临数据存储、计算和分析等层面上的技术困难，一系列专门针对大数据的处理技术被提出（朱祎兰和赵鹏，2022）：

（1）大数据数据量大、数据源异构多样、数据时效性高等特征，催生了高效完成海量异构数据存储与计算的技术需求。在这种需求下，传统集中式计算架构出现难以逾越的瓶颈，传统关系型数据库单机的存储及计算性能有限，因此出现了分布式存储及分布式计算框架。

（2）面向海量结构化及非结构化数据的批处理，出现了基于 Hadoop、Spark 生态体系的分布式批处理计算框架；面向时效性数据的实时计算和反馈需求，出现了 Spark Streaming、Storm、Flink 等分布式流处理计算框架。

（3）针对数据分析应用以及数据挖掘，涌现出包括以商业智能（Business Intelligence，BI）工具为代表的统计分析与可视化技术，以及以传统机器学习、基于深度神经网络的深度学习为基础的挖掘分析与建模技术，这些技术支撑数据挖掘并进一步将分析结果与模型应用。

综上所述，大数据处理技术是从各种类型的海量数据中快速获得有价值信息的技术，一般包括大数据采集、大数据存储及管理、大数据分析及挖掘、大数据可视化等。能够实现这些大数据处理框架的基础设施称为大数据处理平台，典型的开源大数据处理平台包括分布式计算系统 Hadoop、Spark 和 Storm 等。

2.1.3　开源大数据处理平台

目前，应用最广泛的大数据处理平台包括 Hadoop 和 Spark。Hadoop 被公认为是行业大数据标准开源软件，在分布式环境下提供了海量数据的处理能力。Hadoop 最重要的三个核心组成部分是分布式文件存储系统（Hadoop Distributed File System，HDFS）、分布式数据库（Hbase）和分布式并行编程模块（也称为批处理引擎，MapReduce）。几乎所有主流厂商（如谷歌、雅虎、微软、百度、淘宝、华为等）都围绕 Hadoop 提供开发工具、开源软件、商业化工具和技术服务。Spark 大数据处理平台既能独立使用，又能与 Hadoop 平台进行整合，更擅长轻量级快速处理、复杂查询以及实时流处理等应用，易于操作，通用性和灵活性强。

1. Hadoop 3.0 分布式计算框架

Hadoop 源自 2002 年的 Apache Nutch 项目，其最初是由 Apache Lucene 项目的创始人 Doug Cutting 开发的文本搜索库，2003 年、2004 年，将分布式文件系统和分布式编程思想引入 Hadoop，2008 年 Hadoop 正式成为 Apache 顶级项目，2009 年 Hadoop 把 1TB 数据排序时间缩短到 62s，使其成为大数据时代最具影响力的开源分布式开发平台，并成为大数据处理标准。Hadoop 基于 Java 语言开发，具有可靠、高效、可拓展、高容错、成本低、良好的跨平台性、支持多种编程语言等特点。

Hadoop 版本分为：第一代 Hadoop（Hadoop 1.0）、第二代 Hadoop 的原始版本（Hadoop 2.0）、第二代 Hadoop 更新后的版本 Hadoop 3.0。Hadoop 1.0 由 HDFS 和 MapReduce 组成，其中 HDFS 模块由一个名称节点（NameNode）和多个数据节点（DateNode）组成；MapReduce 模块由一个任务管理节点（JobTracker）和多个任务执行节点（TaskTracker）组成，MapReduce 模块借鉴了函数式程序设计语言中的内置函数 Map 和 Reduce，如图 2-1 所示，其主要思想为：将大数据处理拆分成多个可独立运行的 Map 任务，然后将其分布到多个处理机上运行，产生一定量的中间结果，再通过 Reduce 任务进行聚集和混洗运算合并后生成最终的输出文件。

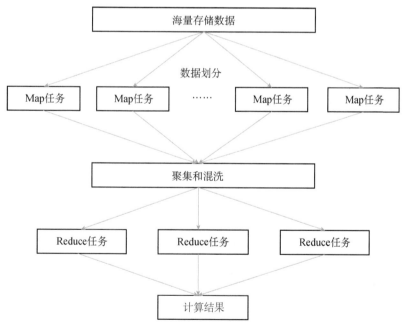

图 2-1 MapReduce 数据处理流程图

Hadoop 2.0 完全不同于第一代，是一套全新的架构，包含分布式文件系统联邦（HDFS Federation）和另一种资源协调者（Yet Another Resource Negotiator，YARN）：HDFS Federation 针对第一代 HDFS 的扩展性问题，实现访问隔离和横向扩展，彻底解决了 NameNode 单点故障问题；YARN 针对第一代 MapReduce 在扩展性和多框架支持等方面的不足，提供一个通用的资源管理模块，为各类应用程序进行资源管理和调度。

由于 Hadoop 2.0 是基于 JDK 1.7 开发的，而 JDK 1.7 在 2015 年已停止更新，Hadoop 社区基于 JDK1.8 重新发布新的 Hadoop 版本，即 Hadoop 3.0。

Hadoop 3.0 中引入了一些重要的功能和优化。例如，集群［一组相互独立的、通过高速网络互联的计算机，这些计算机能够协同工作，并对外表现为一个集成单一的计算机资源（陈红梅和张纪英，2015）］、提供多 NameNode 支持、HDFS 支持数据的擦除编码、MapReduce 可自动推断内存参数等（李士果和卢建云，2019）。同时，Hadoop 3.0 通过精简 Hadoop 内核和重构管理脚本，提高了其通用性。

2. Spark 分布式计算框架

Spark 由美国加州大学伯克利分校 AMP（Algorithms，Machines，and People，算法、机器和人）实验室于 2009 年开发，是基于内存计算的大数据并行计算框架，可用于构建大型低延迟数据分析应用程序，具有运行速度快、通用性强、运行模式多样等特点。

Spark 遵循"一个软件栈满足不同应用场景"的理念，可以部署在资源管理器 YARN 之上，提供一站式的大数据解决方案。不同于 Hadoop 中分布式并行编程模块 MapReduce 适用于时间跨度在数十分钟到数小时之间的复杂批量数据处理，Spark 支持 SQL 即时查询、实时流式计算、机器学习和图计算等，除了适用于批处理复杂场景，还可以适用于时间跨度在分、秒甚至毫秒级别的交互式查询和实时数据流处理等场景。

Spark 在 MapReduce 的基础上做了很多的改进与优化，Spark 的计算模式属于 MapReduce，但不局限于 Map 操作和 Reduce 操作，Spark 还提供了多种数据集操作类型，编程模型比 MapReduce 更灵活，且运行速度更快，使得在处理如机器学习以及图算法等迭代问题时，Spark 性能要优于 MapReduce。Spark 与 MapReduce 最主要的区别是：Spark 基于内存处理数据，而 MapReduce 基于磁盘处理数据。如图 2-2 所示，在执行同样的数据处理任务时，MapReduce 存在更多的依赖关系，需要将中间结果数据保存到分布式文件存储系统中，而 Spark 只需要一个应用程序，直接通过内存交换数据更加高效。

Spark 创建了两个新的核心概念：弹性分布式数据集（Resilient Distributed Datasets，RDD）和有向无环图（Directed Acyclic Graph，DAG①）。RDD 是只读的分区数据集合，支持多种算子，Spark 所有计算任务均以 RDD 为数据单元进行处理。Spark 的算子分为两类：转换算子和行动算子，其中，转换算子有很多种，可将一个 RDD 转换成另一个 RDD，行动算子也有很多种，可返回结果或执行存储等操作。与 MapReduce 对应的 Map 计算包含在转换算子中，Reduce 计算包含在行动算子中。Spark 中的 Map 和 Reduce 分别属于 Spark 的转换算子和行动算子，其原理与 MapReduce 相同（图 2-2）。DAG 是由 RDD 和算子构成的数据计算流程，图 2-2 右边所展示的是在 Spark 中构建的一个 DAG。

---

① 按照数学上的定义，DAG 是一个没有有向循环的、有限的有向图。

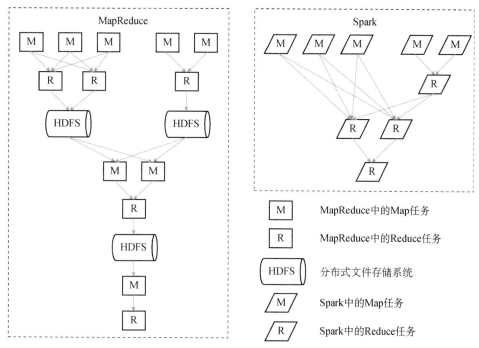

图 2-2　MapReduce 与 Spark 执行流程对比示意图

2.2　云　计　算

2.2.1　概述

云计算是与信息技术、软件和互联网等相关的一种服务，其核心是以互联网为中心，为用户提供快速且安全的服务与数据存储，让每一个使用互联网的用户都能使用网络上的庞大计算资源与数据中心（张纪元，2022）。云计算通过网络提供可伸缩、廉价的分布式计算能力，使用户能够随时随地获得所需的各种 IT 资源。云计算的内涵是把有形的产品（网络设备、服务器、存储设备、各种软件等）转化为服务，通过网络让人们在线使用，产品的所有权和使用权分离。

目前，云计算已经应用在社会各个领域，为实现加快政府转型、共享教育资源、提升信息化水平、提高医疗保健质量等作出贡献。云计算将带来生活方式、生产方式和商业模式的根本性改变。

1. 云计算概述

云计算是一种通过网络统一组织和灵活调用各种信息资源，实现大规模计算的信息处理方式。不同于传统的计算机，云计算引入了一种全新的模式便于人们使用计算资源，计算资源所在地称为云端，输入输出设备称为云终端，云终端就在人们触手可及的地方，而云端位于"远方"，两者通过计算机网络连接在一起。云计算包括以下 5 个基本特征（Thomas et al.，2014）。

（1）按需自助服务：消费者不需要或很少需要云服务提供商的协助，可以单方面按需获取云端的计算资源。

（2）广泛的网络访问：消费者可以随时随地使用任何云终端设备接入网络，并使用云端的计算资源。

（3）资源池化：云端计算资源需要被池化，以便通过多租户形式共享给多个消费者，通过池化才能根据消费者的需求动态分配或再分配各种物理的和虚拟的资源。

（4）快速弹性：消费者能方便、快捷地按需获取和释放计算资源，对于消费者来说，云端的计算资源是无限的。

（5）服务可度量：在可度量服务下，云计算供应商控制和监测云计算服务的使用情况，便于计费、访问控制、资源优化、容量规划等。

2. 云计算数据中心

云计算数据中心是一套复杂的设施，包括刀片服务器、宽带网络连接、环境控制设备、监控设备以及各种安全装置等，云计算依靠数据中心提供计算、存储、宽带等各种硬件资源，数据中心作为云计算的基础，发挥着数据计算存储和传输的重要作用。云计算数据中心的特点是以客户服务为导向，利用人工智能和云计算等技术，整合建立高效低能耗的硬件基础设施架构，按需对外提供弹性服务（陈红军，2021）。

截至 2020 年，科技部批准建立的国家超级计算中心共有八所，分别是国家超级计算天津中心、国家超级计算广州中心、国家超级计算深圳中心、国家超级计算长沙中心、国家超级计算济南中心、国家超级计算无锡中心、国家超级计算郑州中心、国家超级计算昆山中心。在国家超级计算天津中心投入使用的"天河一号"是中国首台千兆次超级计算机，2010 年国际 TOP500 组织公布了全球超级计算机前 500 强排行榜，"天河一号"排名全球第一。在国家超级计算广州中心投入使用的"天河二号"超级计算机于 2013～2015 年在全球超级计算机 500 强榜单中排名第一。从"天河一号"到"天河二号"，我国超级计算机的计算速度由千兆次级迈入万兆次级。在国家超级计算无锡中心投入使用的"神威·太湖之光"超级计算机于 2016～2017 年的全球超级计算机 500 强榜单中排名第一。"天河一号"、"天河二号"和"神威·太湖之光"的双精度浮点持续计算速度分别可达每秒 563.1 万亿次、每秒 3.39 亿亿次和每秒 9.3 亿亿次。

云计算数据中心建设既需要底层性能卓越的产品承载，又需要加强顶层一体化设计，通过大数据收集分析预估资源趋势，对设备进行自动化、智能化的全局管理，实现资源的集中智能调度管理（陈红军，2021）。

2.2.2 云计算关键技术

云计算涉及三项关键技术：虚拟化技术、容器技术和云安全技术。虚拟化技术、容器技术已经成为被广泛认可的服务器资源共享方式。大数据时代，云计算面临隐私风险，云安全技术作为云计算技术的重要分支，获得越来越多的关注。

1. 虚拟化技术

虚拟化技术主要用于物理资源的池化，从而可以将这些资源弹性地分配给用户。从本质上来说，虚拟化技术是一种资源管理技术，将各种物理资源（如 CPU、内存、存储甚至网络）抽象和集成到上层系统，通过虚拟化，将这些资源在不同层次以不同的方式提供给客户，为云计算的使用者和开发者提供便利。虚拟化技术消除了资源间的壁垒，使得对资源的管理更加方便。

根据抽象资源的划分，目前主要有两种虚拟化类型：一种是纯底层硬件资源的虚拟化，包含服务器虚拟化、存储虚拟化、网络虚拟化，主要用于企业自身基础架构的搭建；另一种偏应用层面，主要被运用于云提供商，包含平台虚拟化、应用程序虚拟化等，接下来对这些虚拟化类型进行简要介绍（周文燊和尹培培，2019）。

服务器虚拟化：将较高性能的服务器所包含的各种物理硬件资源抽象为逻辑资源池，实现资源的分割与管理，可实现在单个实体机上同时运行多个相互隔离的虚拟机，提升各种资源的利用率，方便管理的同时节约成本。服务器资源的虚拟化主要有三种架构：宿主架构、裸金属架构、混合架构（容器型）。在宿主架构中，物理服务器上的操作系统使用进程来管理每个虚拟机；在裸金属架构中，物理服务器没有安装任何操作系统，虚拟机通过虚拟机监视器（Hypervisor）层直接在硬件资源上运行；在混合架构中，每台虚拟机被虚拟化在物理服务器上的操作系统层中，IO 资源由虚拟机监视器和服务器操作系统共同控制。

存储虚拟化：将不同的物理存储设备通过不同的接口协议，按照一定的虚拟存储体系结构，整合成一个虚拟的存储池，为用户提供统一的数据服务，实现资源共享。根据不同数据结构和设备，存储虚拟化可以划分为虚拟文件系统、虚拟数据块、虚拟磁盘或其他虚拟设备等。

网络虚拟化：让一个物理网络能够支持多个逻辑网络，节省物理主机的网卡设备资源。网络虚拟化维护网络的原始拓扑结构和数据传输通道，使用户得到与专用物理网络相同的体验。

平台虚拟化：将应用程序的运行环境和开发环境进行虚拟化，并提供给用户。研发人员可根据自身业务情况，在这个平台的开发环境中开发各类应用程序并发布，作为新的服务提供给最终用户。谷歌应用引擎（GoogleAppEngine）、微软云计算服务（Microsoft Azure）、国内腾讯等均提供 PaaS 服务。

应用程序虚拟化：使用虚拟软件包放置应用程序和数据，将应用程序抽象出来，无须传统的安装过程，解除对操作系统和硬件的依赖性。每个抽象出的应用在单独的虚拟化环境中运行，避免了与其他应用间的干扰。应用程序虚拟化是 SaaS 的基础。

2. 容器技术

容器技术是将单个操作系统的资源划分到孤立的组中，以便更好地在孤立的组之间平衡有冲突的资源使用需求。容器概念可类比集装箱概念，使用过程中不关心容器中装有哪些内容，容器本身具备自包含的能力，将自身程序所依赖的程序全部包含在容器中。一个容器引擎管理多个容器，得益于容器引擎的性能，各个容器之间在共享底层环境资源（操作系统）的同时又可以保持相互独立。

尽管虚拟化技术已经成为被广泛认可的服务器资源共享方式，但是其存在一些性能和资源使用效率方面的问题，对于虚拟机环境来说，每个虚拟机实例都需要运行客户端操作系统的完整副本及其包含的大量应用程序，由此产生沉重负载，影响工作效率及性能表现。容器技术可以同时将操作系统镜像和应用程序加载到内存当中（支持通过网络磁盘进行加载），之后的镜像创建过程只需要指向通用镜像，大大减少了所需内存，同时启动几十台镜像也不会对网络和存储带来很大负载。容器技术具有不依赖于独立的操作系统运行、对资源的消耗更小、操作更快捷等优越性。目前，容器技术与虚拟化技术相结合的方式被广泛使用，如谷歌最新的开源产品 Kata 和 gVisor，就是在虚拟机里运行容器，并把容器集群管理平台交给租户使用，这样将容器技术与虚拟化技术结合的方式，既保留容器的轻量性优点，又保留虚拟机的安全性优点。

Docker 是实现容器化技术的软件，用于支持创建和使用 Linux 容器。Docker 可以实现对容器的高效创建、部署及复制，能将其从一个环境顺利迁移至另一个环境。Docker 的基本架构包括三个组件和三个要素。三个组件是客户端（即用户界面，Docker Client）、守护进程（用于处理服务器请求，Docker Deamon）、索引（用于提供镜像索引以及用户认证，Docker Index）；三个要素是容器（负责应用程序的运行，Docker Containers）、镜像（用来运行 Docker 容器，Docker Images）、文件指令集（用于在命令行中调用任何命令，Docker File）。Docker 通过 Docker Client 将需要执行的 Docker 命令发送给 Docker 运行节点上的 Docker Deamon，Docker Deamon 将请求进行分解执行。例如，执行创建命令时，Docker 根据 Docker File 构建一个镜像存放于本地；执行拉取命令时，会从远端的容器镜像仓库拉取镜像到本地；执行运行命令时，将容器镜像拉取并运行成为容器实例。

3. 云安全技术

大数据背景下，如何构建云安全防护平台，实现云平台的安全监测、检测、防御等问题越来越受到人们的关注。云安全技术能够有效地解决云平台中出现的各种管理问题以及安全问题，如入侵威胁、数据丢失等，为广大用户提供安全技术和数据支撑（吴春德，2019），融合并行处理、网格计算、未知病毒行为判断等新兴技术。

云安全技术的实现是通过网状的大量客户端对网络中软件异常行为进行监测，获取互联网中木马、恶意程序的最新信息，并推送到服务器端进行自动分析和处理，再把病毒和木马的解决方案分发到每一个客户端（陈奕帆，2019）。云安全技术可以分为两类：①使用云计算服务提供防护，即使用云服务时的安全（Security for Using the Cloud），也称云计算安全（Cloud Computing Security），一般都是新的产品品类；②安全托管（Hosting）服务，即以云服务的方式提供安全（Security Provided from the Cloud），也称安全即服务（Security as a Service，SECaaS），通常存在传统安全软件或设备产品与之对应。

2.2.3 云服务

云服务是指通过网络以按需且易扩展的方式获得所需服务。按云服务的部署方式可将云服务分为：基础设施即服务（Infrastructure as a Server，IaaS）、平台即服务（Platform as a Server，PaaS）、软件即服务（Software as a Server，SaaS）、数据即服务（Data as a Server，DaaS），它们属于云计算服务。IaaS 面向网络架构师，PaaS 面向应用开发者，SaaS 和 DaaS 面向用户。

1. IaaS

IaaS，基础设施即服务，将基础设施（计算资源和存储资源等）作为服务出租给用户，用户可以使用 CPU、内存、显存、网络等资源，可以在基础设施上自行安装任意的操作系统、任意的软件，但是不能改变基础设施。

IaaS 为用户提供按需付费的弹性基础设施服务，其核心技术是虚拟化，包括服务器、存储、网络的虚拟化以及桌面虚拟化等。虚拟化技术能将一台物理设备动态划分为多台逻辑独立的虚拟设备，为充分复用软硬件资源提供了技术基础；另外，虚拟化技术能将所有物理设备资源形成对用户透明的统一资源池，并能按照用户需要生成不同配置的子资源，从而大大提高资源分配的弹性、效率和精确性（郭亮，2011）。IaaS 的优点是灵活度高，客户可以自行安装操作系统、数据集、软件等。

2. PaaS

PaaS，平台即服务，将搭建好的平台提供给用户使用，用户只需要在这个平台上下载、安装并使用所需的软件就可以了。经典的 PaaS 定义指适用于特定应用的分布式并行计算平台（如 Google 和微软），以 Google 为例，它的分布式并行计算平台包含分布式文件系统、分布式计算模型、分布式数据库、分布式同步机制和管理平台；广义的 PaaS 涵盖更多的底层技术，并且这些技术符合云计算的五大特征。与 IaaS 只提供 IT 资源相比，PaaS 为用户提供了包括中间件、数据库、操作系统、开发环境等在内的软件栈，允许用户通过网络进行远程开发、配置、部署应用，并最终在服务商提供的数据中心内运行。

根据业务领域和技术类型的不同，目前 PaaS 提供应用开发层面的服务有两种（郭亮，2011）：①面向广大互联网应用开发者，把端到端的分布式软件开发、测试、部署、运行环境以及复杂的应用程序托管当作服务，通过互联网提供给用户；②面向电信增值应用开发者，把基于电信开放能力的增值应用开发、测试、部署以及应用发布和销售渠道作为服务，通过运营商的电信能力开放平台提供给用户。PaaS 的优点是可以减少搭建各种平台的损耗，为云端和用户节省了资源。

3. SaaS

SaaS，软件即服务。服务商搭建用户所需要的所有网络基础设施及软硬件运作平台，并负责所有前期的实施、后期的维护等一系列服务，用户不用安装软件，只需要登陆账户就可以在线操作。SaaS 允许出租一个应用程序，并计时收费。用户可以根据自己的需求向提供商租赁软件服务,无须购买软硬件、建设机房、招聘 IT 人员,即可通过互联网使用信息系统。

SaaS 的实现方式有两种:①通过 PaaS 平台来开发 SaaS;②采用多租户构架和元数据开发模式,使用 Web 2.0、Structs、Hibernate 等技术来实现 SaaS 中各层的功能(郭亮,2011)。SaaS 的优点是方便快捷,在使用软件时是模块化的,用户选择所需功能即可,且支持多用户的并行运行。

4. DaaS

DaaS,数据即服务,在云端部署好各种环境,收集大量数据并进行分析,最后把筛选、分析出来的数据作为服务提供给用户。

DaaS 的优点是从大量数据中提炼出有效信息,方便用户使用。目前,涉及 DaaS 的服务有客户关系管理和企业资源规划等。比较知名的云计算服务平台,如 亚马逊网络服务(Amazon Web Service,AWS)、阿里云、百度云等,均向用户提供弹性计算、对象存储、内容分发等多种服务。在提供云计算服务的同时,各大厂商也推出了基于自己平台的应用产品,如百度云的百度网盘、阿里云的钉钉等(李贞昊等,2016)。

2.2.4　开源云计算管理平台

云计算管理平台可以提供资源级管理,以便于控制和管理诸如存储、计算、应用程序和开发等方面的工作。开源云计算管理平台项目具有开放、免费、自由灵活等特点,深受开发者欢迎。越来越多的针对云方面的开源项目涌现,对云计算方面的发展起到至关重要的作用。

1. OpenStack 云计算管理平台

Rackspace 和美国国家航空航天局(NASA)共同开发了 OpenStack 开源云计算平台,主要作为 IaaS 部署在公共云和私有云中,其中虚拟服务器和其他资源可供用户使用。平台由相互关联的组件组成,这些组件控制整个数据中心的大型计算、存储和网络资源池。用户通过基于 Web 的用户界面、命令行工具或基于 REST(Representational State Transfer,表述性状态传递)架构的 Web 服务(RESTful[①] Web)对平台进行管理。

OpenStack 的主要特点如下。

可扩展:在全球范围内部署在数据量以 PB 为单位的分布式架构的公司中,并可大规模扩展至 100 万台物理机、6000 万台虚拟机和数十亿个存储对象;

兼容灵活:支持市场上大多数虚拟化解决方案,如 ESX(Elastic Sky X)、Hyper-V、KVM(Kernel-based Virtual Machine)、LXC(Linux Container)、QEMU(Quick

---

① 　RESTful 是一种网络应用程序的设计风格和开发方式,基于 HTTP,可以使用 XML 格式定义或 JSON 格式定义。RESTful 适用于移动互联网厂商作为业务接口的场景,可实现第三方 OTT 调用移动网络资源的功能,动作类型包括对所调用资源的新增、变更、删除。

Emulator）、UML（User-mode Linux）、Xen 和 XenServer；

开源：代码可以根据需要进行修改和调整。

OpenStack 架构由三个主要组件组成：计算（Compute）、镜像服务（Image Service）和对象存储（Object Storage）（图 2-3）。

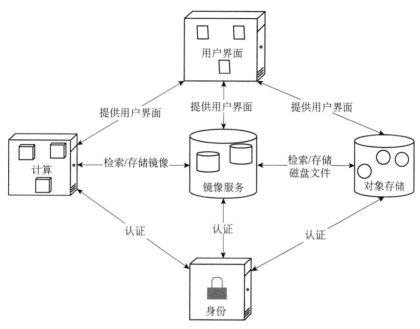

图 2-3　OpenStack 架构（http://ken.pepple.info/）

1）计算

计算（Compute），即 Nova，是一个管理平台，通过控制基础设施来控制 IaaS 云。允许管理大型虚拟机网络和冗余的可伸缩架构，提供了一个管理接口和编排云所需的 API，包括服务器、网络和访问控制的实例管理。计算不需要硬件，且完全独立于管理程序。

计算主要组件有：API 服务器（API Server）、消息队列（Message Queue）、计算控制器（Compute Workers）、网络控制器（Network Controller）、调度器（Scheduler）、访问权限控制器（Nova Conductor）（图 2-4）。

API 服务器是交互接口，管理者可以通过这个接口来管理内部基础设施，也可以通过这个接口向用户提供服务。当然基于 Web 的管理也是通过这个接口向消息队列发送消息，达到资源调度的功能。

消息队列是计算资源中的一个消息队列，为各个组件传达消息，实现资源调度。

计算控制器用于处理管理实例生命周期。通过消息队列接收请求，承担操作工作。

网络控制器相当于云计算系统内部的路由器，它承担了 IP 地址的划分以及配置 VLAN 和安全组的划分。

调度器是把 API Server 调用映射为 OpenStack 功能的组件，根据 CPU 构架、可用域的物理距离、内存、负载等作出调度决定。

访问权限控制器负责数据库的访问权限控制，避免计算控制器直接访问数据库。

2）镜像服务

镜像服务（Image Service），即 Glance，提供存储服务，将镜像记录并分发到虚拟机磁盘。它还提供了一个与 REST 架构兼容的 API，用于对托管在不同存储系统上的图像执行信息查询。

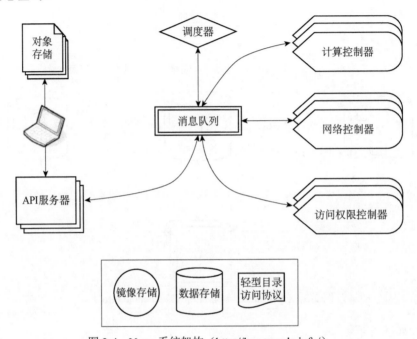

图 2-4　Nova 系统架构（http://ken.pepple.info/）

3）对象存储

对象存储（Object Storage），即 Swift，用于创建冗余且可扩展的存储空间，可存储 PB 级的数据。它并不是真正的文件系统，而是专门为大容量的长期存储而设计的，使用具有多个访问点的分布式架构可以避免单点故障（SPOF）。

2. Kubernetes①容器集群管理平台

Kubernetes 是基于 Docker 容器的云平台，用于管理云平台中多个主机上容器化的应用，目标是让部署容器化的应用简单、高效（图 2-5）。作为一个开源的容器集群编排系统，Kubernetes 可以在物理机和虚拟机等多种环境中部署和运行，同时也支持主流的云平台，具有很强的可移植性。Kubernetes 基于模块化和插件化思想进行组件集成，方便地对集群中的应用和服务进行扩展。

Kubernetes 的主要特点如下。

---

① Kubernetes 是一种开源的用于管理云平台中多个主机上的容器编排引擎，Kubernetes 的目标是让部署容器化的应用简单并且高效，其提供了应用部署、规划、更新、维护的一种机制。

可移植：支持公有云、私有云、混合云、多重云（Multi-cloud）；

可扩展：模块化、插件化、可挂载、可组合；

自动化：自动部署、自动重启、自动复制、自动伸缩/扩展。

Kubernetes 会自动持续地检测集群并进行实时的调整，将许多小的微服务组织在一起形成分布式应用体系，实现了模块化和组件化，整个系统由许多功能独立的组件组成，部署方式简单，能够相互合作进行资源对象的增加、删除、修改、查看等操作。一个完整的 Kubernetes 集群主要包括：控制平面组件（Control Plane Components）和节点组件（Node）。

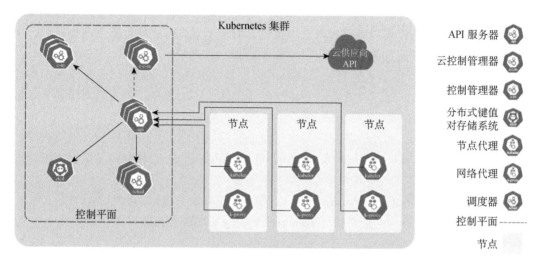

图 2-5　Kubernetes 集群

1）控制平面组件

控制平面组件对集群做出全局决策（如调度）、检测和响应集群事件。控制平面组件可以在集群中的任何节点上运行。然而，为了简单起见，设置脚本通常会在同一个计算机上启动所有控制平面组件，且不会在此计算机上运行用户容器。

控制平面组件包括以下内容。

（1）Kube-apiserver：集群的统一入口，各组件协调者，以 HTTP API 提供接口服务，Kubernetes 里所有资源的增删改查和监听操作均由 Kube-apiserver 处理后提交给 etcd 存储。

（2）Kube-controller-manager：运行控制器进程的控制平面组件。从逻辑上讲，每个控制器都是一个单独的进程，但是为了降低复杂性，它们被编译到同一个可执行文件，并在一个进程中运行，这些控制器包括节点控制器、任务控制器、端点控制器、服务帐户和令牌控制器。

（3）Cloud-controller-manager：云控制管理器，负责与底层云提供商的平台交互。允许将集群链接到云提供商的 API，将与该云平台交互的组件和仅与集群交互的组件区分开来。云控制管理器仅运行特定云平台的控制器。如果在个人或本地计算机内的学习环境中运行 Kubernetes，则所在集群不需要云控制管理器。Cloud-controller-manager 将几个逻辑上独立的控制循环组合成一个二进制文件，既可以将其作为单个进程运行，也可以水平扩展（运行多个副本），以提高性能或增强容错。

（4）Etcd：分布式键值对存储系统，兼具一致性和高可用性的键值数据库，作为保存 Kubernetes 所有集群数据的后台数据库。

（5）Kube-scheduler：Kubernetes 集群的默认调度器。以 Pod（Kubernetes 系统中最小的部署单元，Pod 由一个或多个容器组成）为资源单位，监视新创建的、未指定运行节点（Node）的 Pod，并选择节点来让 Pod 在上面运行。

2）节点组件

节点组件又称为工作节点，是部署容器（工作负载）的机器，每个计算节点都部署了操作系统，这些节点可以是物理机或虚拟机，每个节点均可运行容器。节点组件在每个节点上运行，维护运行的 Pod 并提供 Kubernetes 运行环境。

（1）Kubelet：管控节点容器生命周期的组件。从 Kubernetes 的 API Server 中拉取 Pod 整个生命周期的信息，负责相应 Pod 的容器创建、启动和停止等任务，保证 Pod 运行时状态与期望状态一致。

（2）Kube-proxy：实现服务发现和访问路由的组件。在节点上实现 Pod 网络代理，实现 Kubernetes Service 的通信和负载均衡，根据传入请求的 IP 和端口号，将流量路由到适当的容器。

（3）容器运行时（Container Runtime）：容器运行时是负责运行容器的软件。

（4）插件（Addons）：插件使用 Kubernetes 资源实现集群功能。

2.3　遥感云平台构建

2.3.1　概述

云平台通常基于硬件资源和软件资源的服务，提供计算、网络和存储能力。随着遥感技术的快速发展，遥感平台和传感器不断丰富与优化，海量多源遥感数据呈现出爆发式增长趋势，传统桌面端遥感处理平台难以满足遥感大数据快速处理与信息挖掘需要（王小娜等，2022），遥感领域迫切需要一种新的科学范式。21 世纪以来，面向遥感大数据的云计算技术迅速发展，随之而来的遥感云计算平台也应运而生。遥感云计算平台在云原生与地理数据服务、无服务器计算与遥感数据分析、基于地理编码的多源时空立方体等技术的基础上进行构建。

2.3.2　云原生与地理数据服务

1. 云原生概念与框架

1）概念

云原生泛指用来开发云原生应用的技术体系和方法论。目前，学界及业界并未形成对"云原生"的统一定义，不同组织和个人对其的描述与解释并不完全一致。云原生计算基金会（Cloud Native Computing Foundation，CNCF）描述，云原生技术是指有利于在公有云、私有云或混合云等动态环境下，实现应用可弹性伸缩部署的技术体系（CNCF，2018）。

云原生在云计算、微服务、服务网格、容器化、开发运维一体化（DevOps），以及以 Docker、Kubernetes 为代表的理念和技术的普及推动下产生，是系统架构理念及设计原则的抽象总结。云原生不单指某个具体的技术、框架与平台，它是一套技术体系和方法论。各领域基于此可构建和运行"适合在云上运行"的应用，并整合一系列开发、运维方法，从而实现云原生（张悦，2021）。

云原生的典型技术包括：容器化、微服务、DevOps 以及持续交付。基于这些技术可以构建出容错性好、易于管理的松耦合系统，同时依靠自动化技术及智能监控预警体系，云原生技术使开发人员能够更快速、轻松地交付、迭代软件系统（Sharma，2020）。

2）框架

云原生架构的核心特质为模块化、可观察、可部署、可测试、可替换，由微服务架构、容器化、DevOps 和持续交付的基础架构组成。云原生技术为基于云端的平台系统建设带来一种全新的构建方式和运行应用方式，结合云架构的应用设计，可以充分利用和发挥云平台的弹性、分布式特点优势。如图 2-6 所示，在云原生技术体系中，云原生平台位于云原生底座之上、应用系统之下，起承上启下作用，对上为云原生应用提供开发和运行平台，对下适配多样性的云原生基础环境，可降低应用系统上云开发难度，提高开发效率。云原生底座是云原生技术的基础，其核心包括微服务、容器化、DevOps、持续交付技术等。

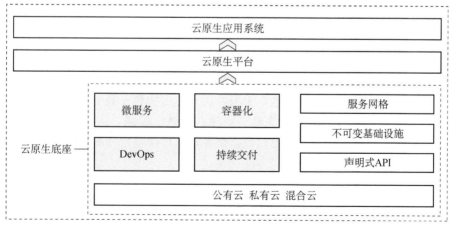

图 2-6　云原生技术体系框架

3）微服务

微服务是一种架构设计模式，以领域驱动设计（Domain Driven Design，DDD）为指导思想，以"高内聚松耦合"为拆分原则，将平台服务按照不同的业务领域拆分成不同的微服务，每个微服务内部可继续拆分成子领域。实现服务的自运营，有效降低平台服务"雪崩"的问题，提高平台的可扩展性。同时，微服务使用轻量级的协议进行交互，因此便于与其他开发及应用系统进行无缝集成。微服务有利于资源的重复利用，提高开发效率，提升系统可扩展性，精准制定每个空间分析服务的优化方案，但是会增加一定的服务治理成本和系统维护成本。

4）容器化

容器化采用分层技术，把应用及其相关依赖打包成一个轻量级、可移植的容器进行服务交付，实现开发、测试和生产环境的统一化和标准化，最大化使用服务器的软硬件资源，最终达到便捷的运行和使用效果。相比传统的虚拟机，容器具有轻量级的虚拟化技术，秒级启动性能，可实现从以笨重的操作系统为中心到以轻量级的应用为中心的转变。

5）DevOps

DevOps 强调的是高效的团队组织，通过敏捷的自动化工具进行协作和沟通，将容器交付的流程自动化，降低交付成本，帮助高效的团队组织完成软件的生命周期管理，从而更快、更频繁地交付更稳定的软件。容器的交付流程改变了固有的交付方式，同时增加了研发团队成员的学习成本和技术成本，并对现有的应用技术框架提出了升级要求。

6）持续交付

持续交付是在不影响用户正常使用的前提下，进行功能更新与产品迭代。云原生的持续交付要求不误时开发、不停机更新、开发版本和稳定版本并存。对于用户来说，需要达到"悄无声息"更新的效果；对于开发和运维人员来说，基于一次创建或配置，可以在任意地方正常运行。开发者可以使用一个标准的镜像来构建一套开发容器，运维人员可以直接使用容器来部署。

2. 地理数据服务

1）地理数据服务概念

地理数据用于描述和分析围绕地球表层的地理现象或事物的空间分布、时间演变和相互作用规律。数据要素通常包括水、土壤、大气、生物和人类活动，可形成地理学各研究方向的研究数据基础，服务于生态、环境、资源、交通、灾害、天气等与人类生活、生产密切相关的领域与场景。地理数据服务从地理学视角获取和处理数据，其应用于多领域、多行业研究与生产活动。

2）地理数据服务特点

传统的地理数据服务主要采用观测、勘查、采样、测试、记录、制图、区划等手段来完成。随着计算机与遥感技术的快速发展，地理数据服务能力覆盖到更为广阔的尺度。地理数据服务在发展过程中除了继承原有优势外，在加强实地采样、观测的同时，更注重应用遥感、对地观测、地理信息系统等技术手段，发挥大数据、云计算能力，建立模型和决策支持系统，服务决策管理。

目前，地理数据服务主要有以下几个特点：

（1）加速地理学研究从定性概念发展为定量表达。地理学研究已经从传统的定性描述、简单的数理统计模型发展为模式模拟；从线性分析发展为复杂的非线性统计；从单个模型的应用发展为综合性模型系统；目前正逐步实现以预测为目标的多圈层、多要素耦合的地球系统模式模拟。

（2）促进地理数据价值扩展。地理数据带有明确的时空属性特征，地理信息的数据挖掘和知识发现正逐步从以往的基础数据和技术支撑发展为认识世界、改造世界的科学工具。

（3）地理数据服务普适化趋势。随着移动互联网的不断发展以及物联网的逐步形成，对目标对象的位置管理和服务成为各领域服务的基础。地理信息数据开始全面融入人们的生活与生产，多学科交叉与跨界应用发展成为地理数据服务的必然趋势，从而促进地理数据服务边界的不断拓展。

从图 2-7 可以看出，20 世纪 50 年代获取数据主要靠实地采样与测量，该方式具有精准、高成本、分布分散的特点，多以人力为主。50～80 年代形成了以点组网、联合观测的传感器观测网，具有设备单一的特点。80 年代到 21 世纪 10 年代，逐渐形成了多手段多途径的时空全覆盖与模式模拟，具有时空覆盖广、专业性强的特点。到 21 世纪 20 年代，技术不断迭代更新，实现了具有快捷、低使用成本、决策辅助等特点的云原生地理数据服务。

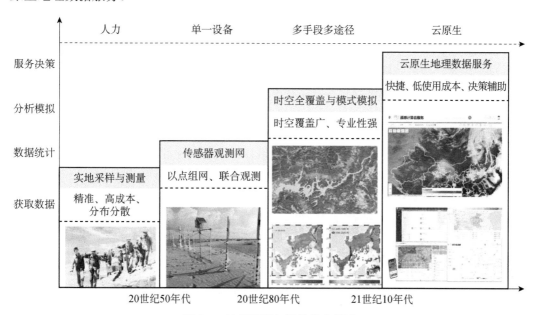

图 2-7　地理研究与服务范式变迁

3）地理数据服务能力

地理数据的有效应用已成为地理数据服务能力提升的重要途径。地理数据可以划分为：基础地理数据、轨迹数据、空间媒体数据。基础地理数据关联着地球上某个地点，囊括自然实体以及社会人文实体，包括地形地貌、土地覆盖、水文、居民地数据、遥感影像、行政边界和社会经济数据等，其特点是数据体量大、覆盖广、规律稳定、变化较慢；轨迹数据主要通过定位测量手段获得对象活动数据在时间、空间上的表现，可用于反映对象的位置变化，以及基于此进一步分析得到的偏好、特点、变化规律等信息，其特点是数据体量大、碎片化、更新快、延迟性等；空间媒体数据包含带有时空属性的数字化影像、文字、图像与声音、视频动画等媒体数据，主要来源于社交网络，特点是数据来源混杂、异构、价值密度低。

基础地理数据在政府服务治理中得到全面应用，轨迹数据应用在交通、社交等领域，而空间媒体数据存在较大的应用深度与广度扩展的潜力。地理数据应用深度的加深，不仅需要依靠数据源的不断丰富与数据信息挖掘方法的提高，也需要依赖于地理大数据服务平台，尤其是地理数据云服务平台的不断完善。

3. 基于云原生的地理数据服务

1）基于云原生的地理数据服务模式特点

云原生地理数据服务是基于云原生设计的地理数据服务软件技术体系，其解决了传统地理数据服务存储难、升级缓慢、架构臃肿、迭代慢、成本高的不足，提高了数据资源利用率，扩展了数据价值，提升了数据服务质量。云原生地理数据服务模式的特点如下。

A. 地理数据云原生存储与分布式计算

具备地理数据存储功能，支持多类地理空间数据分布式存储，包括矢栅数据、栅格数据、流数据、瓦片①数据和三维数据；支持海量地理空间数据的分布式处理与分析，包括栅格计算、构造区域格网、单对象空间查询、区域汇总分析、矢量裁剪等，实现数量级的性能提升；支持多种公有云存储服务、云数据库，发挥云平台优势，有效解决海量数据存储和处理压力大的问题。

B. 地理数据微服务架构

将地理数据功能拆分为微服务，相互松耦合，按需弹性伸缩，实现地图、三维、地理大数据、AI 功能的全面微服务化。拆分后的微服务模块逻辑更单一、更易维护更新，同时因为松耦合，单一故障不会传播，提升了系统稳定性。

C. 基于容器的多节点部署与弹性伸缩

容器相比于虚拟机具有更快的部署速度、更低的性能损耗，配合自动化编排技术，可快速部署多节点云原生地理数据环境。云原生地理数据服务支持 GPU 算力容器化，全面提升地理数据尤其是大时空尺度地理数据的分析性能。此外，通过容器技术支持地理数据服务在公有云、私有云和混合云等环境中无差别运行，降低迁移成本；通过弹性伸缩机制，地理数据微服务节点随着访问压力升高/降低自动伸缩，在访问压力升高时增加节点，提高处理能力，在访问压力降低时减少节点，实现资源集约。

①　瓦片：指将一定范围内的地图按照一定的尺寸和格式、按照缩放级别或者比例尺，切成若干行和列的正方形栅格图片，将切片后的正方形栅格图片称为瓦片。

2）云原生地理数据处理能力

基于云原生的地理数据处理是地理数据服务的重要组成部分，能够实现在多个机器上同时处理大量地理数据，这是云原生地理数据服务的核心优势。基于云原生地理数据服务平台可以获得前所未有的计算资源，主要表现在地理数据批处理能力、地理数据即时处理能力、地理数据订阅能力这三个方面。

A. 地理数据批处理能力

地理数据批处理能力表现在能够获取大量地理数据集，在多个处理器上分解计算。例如，基于遥感云平台的云计算能力与遥感影像云存储基础，实现全球地表水体变化分布计算（Pekel et al.，2016）。只需确定运算方法和要使用的计算资源，云平台就可提供研究所需的算力与数据资源，从而满足相比传统处理方式难以达到的处理需求。

B. 地理数据即时处理能力

地理数据即时处理能力旨在快速完成所有操作并及时响应，便于用户与云原生地理数据服务平台之间进行即时交互并向用户反馈结果，这种响应根据任务量的大小，通常能够维持在秒级或者小时级。云原生地理数据服务平台需要以正确的方式组织数据，并使用足够的节点来完成内存中的进程。这一特点在算法开发以及应用研究中具有明显的优势，主要体现在交互人员能够快速获取操作结果，尤其在获取足够计算能力的大型计算集群时，能够实现全域乃至全球空间尺度长时间序列结果的计算与输出。

C. 地理数据订阅能力

地理数据订阅能力面向数据流不断产生新的结果，其目标是连续或定期向用户提供所需的高级别信息。基于云原生的地理数据订阅，通常面向庞大的数据集，替代传统方法中必需的下载和数据预处理过程，避免产生重复性、高成本资源消耗。订阅能力通常由数据提供者与云原生平台共同提供，并实现预处理（如影像去云）。

2.3.3　无服务器计算与遥感数据分析

1. 无服务器计算

无服务器（Severless）计算并非指无须服务器进行计算，其核心内涵是云服务提供方负责配置与管理服务器，云服务开发与应用方则专注于应用业务本身。云原生计算基金会（CNCF）对无服务器计算的定义为：构建和运行不需要服务器管理的应用程序；描述一种更细粒度的部署模型，即将应用程序作为一个或多个函数捆绑在一起上传到一个平台，然后执行、扩展和计费，以响应当前的确切需求（Sarah et al.，2019）。无服务器计算将操作复杂性委托给云提供方，降低了开发与应用人员的操作门槛，实现了真正意义上的"所付即所得"计费方式，能够有效节约资源（Mcgrath and Brenner，2017）。

由于在研发速度和成本方面具有明显优势，无服务器计算越来越受欢迎。几乎所有主流云供应商都提供了类似的服务，如 Amazon 推出无服务器计算服务 AWS Lambda，微软、阿里巴巴、谷歌、腾讯等均已发布无服务器计算，并由行业和学术机构共同推动形成一些开源库。

2. 传统云计算在遥感数据分析中存在的问题

在无服务器计算出现之前的遥感数据分析服务中，业务人员基于云计算和大数据技术在云主机上部署遥感分析服务系统，形成为用户提供遥感应用分析服务的能力。随着遥感数据规模日益增长，用户对遥感数据分析服务的灵活性、时效性、全面性、准确性的要求不断提高。传统云计算技术将无法满足当前发展趋势下遥感数据分析的需要，主要表现在以下几个方面。

1）服务灵活性难以满足多变的应用场景

传统遥感云服务模式下，提供服务的计算单元为云主机，其申请、构建和扩展等过程相对繁杂，响应周期长，一定程度上降低了服务的灵活性，难以应对激增且多变的计算分析需求，导致部分用户无法在一定时效范围内获取分析结果，较大程度地影响了分析工作的效率。

2）服务系统的部署与维护面临挑战

各种服务系统中隐藏的海量虚拟资源为用户提供了高质量的服务，也给应用人员带来新的负担。大量云主机的稳定运行依赖于持续的维护，虚拟资源的管理和维护耗费大量的人力、物力、财力。

3）服务成本计算精确度存在较大不确定性

IaaS 提供的虚拟机技术已在诸多领域得到应用，采用现收现付的支付模式，即使用者仅需为租用的资源向云提供商付费，就能获得所需的多种规模弹性资源。然而，云用户支付的计算资源与实际资源使用（CPU、GPU、内存等）之间存在较大的差异，增加了云客户的成本，同时也造成了云资源的浪费（Kilcioglu et al.，2017）。

3. 基于无服务器计算的遥感数据分析服务

基于无服务器计算的遥感数据分析服务以更加高效的方式推动形成遥感数据、服务、应用的全流程服务。用户无须申请云主机就可将服务代码上传至服务平台，平台负责运行代码及扩展函数，将函数设置为以特定的规则触发，根据用户在具体分析使用过程中请求的数量，实时迅速地扩展函数实例，从而有助于遥感数据分析服务范围与深度的拓展。其主要特点如下：

1）降低遥感数据服务的部署和运维成本

在无服务器平台上部署遥感数据服务，业务人员只需要专注于具体服务过程与应用场景逻辑。无服务器计算屏蔽了服务器的使用与维护细节，业务人员不必基于租用虚拟机的方式获取资源，也不用承担大量虚拟资源的管理维护任务，使业务人员从烦琐的资源管理工作中解放出来，相比以往方式可提高工作效率、节约资源。

2）提高遥感数据服务的灵活性

无服务器计算具备毫秒级的弹性伸缩能力，遥感数据服务工作者无须提前计算和测算服务所需资源。完成服务部署后，无服务器平台根据用户的实时需求，动态、透明地分配计算机资源，从而简化传统过程中云主机的申请、构建和扩展等繁杂程序（Wen et al.，2021）。特别是在洪水、地震、暴雨等突发性事件场景下，对遥感数据处理能力与处理速度方面提出瞬时性要求，无服务器计算弹性伸缩特性能够节省此类场景下的人力成本，降低工作量。

3）成本计算科学准确

无服务器计算在遥感数据分析服务中的应用，使得开发人员无须担心虚拟资源供应、可用性、伸缩性、容错性、服务器管理，以及其他基础设施等，而是专注于专业领域业务本身。无服务器平台的优势在于按实际使用的资源进行科学准确的计费，不同的应用程序与场景下对资源的消耗模式截然不同（Gan et al.，2019），其适用于以数年为周期的全国性遥感普查项目中的集中性遥感数据应用程序，以及具有间歇性特征的应用场景。

4. 无服务器计算的遥感数据分析服务流程与架构

1）遥感数据分析服务基本流程

遥感数据分析服务核心过程包括确定遥感数据类型与数据源、遥感数据获取、遥感数据预处理、标准产品生产与专题产品生产、信息获取，以及与用户直接交互的需求阐明和应用反馈。遥感数据分析服务基本流程如下：①用户阐明需求，确定遥感数据类型与数据源，选择与获取遥感数据源，参考因素主要包含空间分辨率、时间分辨率、光谱分辨率以及辐射分辨率。②在遥感数据预处理过程中，一般包含几何校正，辐射校正，影像融合、镶嵌、裁剪等。③随着遥感数据的不断发展，各种级别的产品日益丰富，遥感的处理过程已逐渐被高级别的标准产品和专题产品所替代，从而为用户提供直接可用于分析的数据。现阶段遥感数据分析服务形式呈现出传统本地系统服务模式和基于云技术的 SaaS 化应用服务并存的态势。④从标准产品和专题产品中进行信息获取，最终应用反馈给用户。随着云计算、无服务器计算的深入发展，传统的服务模式也将逐渐被云服务的模式所替代（图 2-8）。

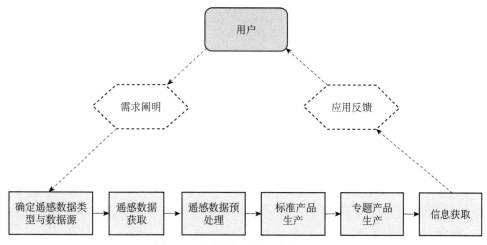

图 2-8　遥感数据分析服务基本流程

2）基于无服务器计算的遥感数据服务系统架构

一般基于容器引擎、容器编排系统等容器技术构建遥感数据服务的无服务器计算环境，这一服务架构隐藏了网络、存储、计算等资源，以 FaaS（Function as a Service，函数即服务）和 BaaS（Backend as a Service，后端即服务）的形式提供服务。容器引擎是一款强大的集群管理器和编排系统。容器编排指能够定义容器组织和管理规范的工具，容器编排将部署、管理、弹性伸缩、容器网络管理都自动化处理。FaaS 包括：遥感数据获取函数库、遥感数据预处理函数库、遥感数据分析函数库、遥感数据服务函数库，可根据具体应用需求增加、删减、更新、查询；BaaS 包括：遥感数据资源数据库、遥感信息数据库、实时内存数据库，它们可用来储存遥感数据服务过程中产生的信息和知识，并支持函数实例对其进行调用。

无服务器计算由 API 网关和函数实例组成，FaaS-Provider 接口是用于网关交互的 RESTful API。API 网关具有内置的图形界面，用于管理函数实例对外发布的入口，依赖于容器编排系统所提供的本地功能。函数实例是每个函数调用的入口点，可直接与 BaaS 交互，支持同步调用、异步调用和函数组合调用等多种调用方式（图 2-9）。

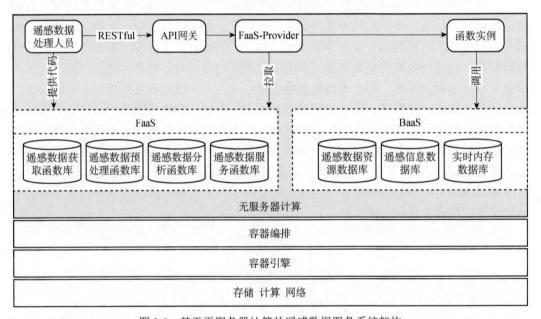

图 2-9　基于无服务器计算的遥感数据服务系统架构

遥感大数据背景下的遥感数据服务是未来遥感数据深度应用的重要载体。云计算作为支撑遥感大数据的底层基础起着重要作用，在建设遥感数据服务的系统平台过程中，需要重视云计算平台的建设。无服务器架构作为一种崭新的云计算架构模式，可以解决云计算管理烦琐与资源浪费的问题，具有低运维、动态扩缩容、按需使用等优势。因此，充分利用无服务器计算的优势，将其和遥感数据服务领域的方法论有机结合，形成数据、服务、应用的生态闭环，有利于遥感数据服务方式、模式、范式的拓展。

2.3.4　基于地理编码的多源时空立方体

1. 时空立方体概念

时空立方体模型由 Hagerstrand 于 1970 年提出，后来 Rucker、Szego 等对其进行了进一步探讨，空间坐标系下的 2 个维度和 1 个时间维度组成一个三维立方体。Z 轴表示沿时间变化的时间维，XY 轴表示二维空间维（图 2-10）。

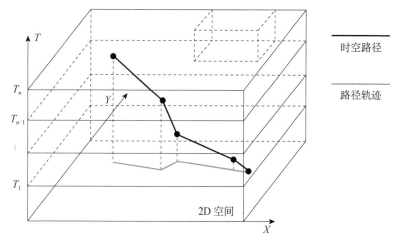

图 2-10　时空立方体模型原理示意图

地理空间实体随着时间变化形成时空路径。时空路径由一些垂直和倾斜的线段组成，其中垂直线段表明每个空间实体在一段时间区间内位置保持不变。倾斜线段则表明空间实体的活动行为，线段的斜率表示实体的运动速度。

国际上陆续开展了时空立方体模型研究，如开源数据立方体（Open Data Cube，ODC）、地球系统数据立方体（Earth System Data Cube，ESDC）、GeoCube 时空立方体、巴西国家空间研究所数据立方体（Instituto Nacional de Pesquisas Espaciais Data Cube，INPEDC）、地球服务数据立方体（EarthServer Data Cube，ESDC）、澳大利亚地球科学数据立方体（Australian Geoscience Data Cube，AGDC）等。

开源数据立方体（ODC）由卫星对地观测委员会（Committee on Earth Observation Satellites，CEOS）推动，其核心是利用一组 Python 库和 PostgreSQL 数据库处理地理空间栅格数据。ODC 作为构建数据立方体的开源软件，降低了数据立方体构建过程中的技术屏障（CEOS，2020）。ODC 面向卫星遥感数据，对遥感影像进行重采样、重投影、几何校正等预处理工作，将数据以瓦片的形式统一组织到时空基准下进行管理。

地球服务数据立方体（ESDC）面向多源栅格数据，将数据源作为一个维度组织在统一分辨率和坐标系统的立方体中，从而有助于探索全球异构栅格数据的联合分析。数据通过文件目录的形式组织，采用 Zarr[①]数据格式存储于云上（Zarr，2020）。

GeoCube 时空立方体基于商业智能领域事实星座模型管理元数据，可灵活扩展支持更多数据源；支持统一时空基准下的多源数据管理，包括栅格数据和矢量数据。GeoCube 采用瓦片组织模式并借助云计算，支持多源数据的长时序大规模分析；此外，借助人工智能领域技术，优化负载均衡性能，提高并行计算效率（高凡等，2020）。

---

① Zarr 是一种数据格式，和 hdf 文件类似，即一个文件里面可以包含很多不同的 dataset。此外，Zarr 是一种存储分块、压缩的 N 维数组格式。

INPE 数据立方体由巴西国家空间研究所（Instituto Nacional de Pesquisas Espaciais）研究设计，是面向时空三维遥感数据的数据立方体分析系统（Camara et al.，2016）。利用时空三维数组来表征现有的各种遥感影像数据，通过数组中时空三维坐标确定分析区域的数据，实现时间优先或空间优先的时空数据分析模式。其底层使用分布式部署的多维数组数据库（SciDB）实现海量时空遥感数据的存储以及管理（Stonebraker et al.，2011），上层使用 R 语言实现遥感时空序列分析算法。

EarthServer 数据立方体基于 Rasdaman 阵列数据库系统（Baumann et al.，1999），采用 OGC 地理标记语言覆盖标准统一管理元数据。

AGDC 是澳大利亚地球科学中心研发的一套针对多源异构遥感时空数据的归档存储以及分析的数据立方体系统，具有较强的可扩展性（Lewis et al.，2017）。AGDC 利用元数据库组织管理遥感影像数据文件，首先通过目标影像文件的数据链接以及元数据信息构成逻辑上的多维数据模型；然后，将所有数据文件读入内存中，构建基于多维数组的时空多维数据模型，其中的维度包括数据类型、时间、空间、波段、影像分辨率等，计算层则通过 Python 的科学数据分析包来实现对遥感数据的读取以及分析计算服务（Oliphant，2016；Hoyer et al.，2006）。

2. 基于地理编码的多源时空立方体服务结构

遥感影像数据蕴含着丰富的特征信息，包含时间、空间、波段、影像分辨率、投影方式、传感器信息等特性，需要一种能够存储并处理遥感信息多维特性的有效表征模型，从而实现在多种维度上对其进行计算服务。对于多源异构遥感影像数据，在格网切分时空数据集的基础上进行云存储归档，为用户提供基于多源时空立方体的多维遥感数据分析环境。

遥感影像数据具有海量、多源的特点，给多源时空立方体基础设施下的数据存储、处理和管理带来挑战。时空立方体模型采用瓦片组织模式并结合云计算技术为大规模并行计算提供便利，实现快速高效的数据处理。在时空立方体模型中，数据沿着维度进行了切片，即立方体每一个单元都映射到各个维度对应的每个瓦片上。在空间维度上，栅格数据被切为瓦片，矢量数据采用逻辑切片的方式保证其拓扑完整性，即非真正对矢量切片，而是根据矢量数据与网格的空间关系对矢量数据进行组织，形成矢量逻辑瓦片。在时间维度上，每个瓦片对应着一个时刻（高凡等，2020）。

对地球表面进行多级无缝的网格划分，通常以一定的经纬度为尺度，使用一定大小的网格对地球表面进行切分。由于网格通常具有较高的标准化组织程度，在二维空间的基础上结合时间特征，使其可以方便地表征某一地区地理特征的时空变化，通过对遥感影像数据进行统一的网格划分，使得利用多源遥感数据进行时空维度上的分析与计算时能够方便对其进行组织。

时空立方体模型利用空间网格切分将遥感影像数据组织成空间无缝的瓦片数据，如图 2-11 所示，每个瓦片数据都通过行号和列号进行编码，遥感点位信息映射到对应的编号，基于统一的时空基准建立多尺度时空网格编码后读取到时空立方体中，对数据进行物理存储及切分，属性数据采用关系数据库存储、切片数据采用分布式数据存储。利用地理网格与时空立方体数据，能够将大范围、长时序的遥感影像数据通过批处理的方式，计算得到每日、每周、每旬、每年的地表覆盖变化。对各专业数据进行关联融合，可以为跨域数据时空查询、关联分析、统计运算提供支撑。对于分析数据集过大而无法一次性读入内存中的数据，可以利用网格编号及时间维度切分数据集，构建多个在内存中大小合适的时空数据立方体。

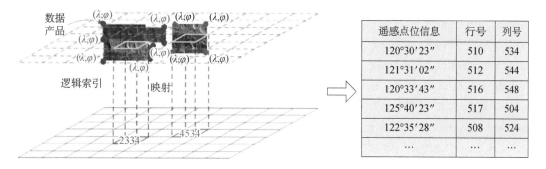

遥感点位信息	行号	列号
120°30′23″	510	534
121°31′02″	512	544
120°33′43″	516	548
125°40′23″	517	504
122°35′28″	508	524
…	…	…

图 2-11　时空立方体数据关联示意图

思考题

1. 云计算关键技术有哪些?
2. 什么是无服务器（Severless）计算?

参考文献

陈红军. 2021 . 云计算数据中心的设计与实现//中国计算机用户协会网络应用分会 2021 年第二十五届网络新技术与应用年会论文集: 57-62.

陈红梅, 张纪英. 2015. 集群式高性能计算系统研究. 计算机时代, (7): 13-14.

陈奕帆. 2019. 浅谈云安全技术. 计算机产品与流通, (1): 1.

程承旗, 付晨. 2014. 地球空间参考网格及应用前景. 地理信息世界, 21 (3): 1-8.

傅伯杰. 2017. 地理学: 从知识、科学到决策. 地理学报, 72 (11): 1923-1932.

高凡, 乐鹏, 姜良存, 等. 2020. GeoCube: 面向大规模分析的多源对地观测时空立方体. 遥感学报, 26 (6): 1051-1066.

顾荣. 2016. 大数据处理技术与系统研究. 南京: 南京大学.

郭亮. 2011. 云计算应用与研究. 北京: 北京邮电大学.

李德仁, 张良培, 夏桂松. 2014. 遥感大数据自动分析与数据挖掘. 测绘学报, 43 (12): 1211-1216.

李康. 2020. 探究大数据处理过程中的数据质量影响. 网络安全技术与应用, (8): 74-75.

李士果, 卢建云. 2019. Hadoop 3.0 大数据平台性能. 电子技术与软件工程, (5): 158-160.

李贞昊, 张巍琦, 陈俊宇. 2016. 云计算和云服务的发展综述. 科技风, (21): 2.

马泽华, 刘波, 林伟伟. 2021. 无服务器平台资源调度综述. 计算机科学, 48 (4): 261-267.

宋关福, 陈勇, 罗强, 等. 2021. GIS 基础软件技术体系发展及展望. 地球信息科学学报, 23 (1): 2-15.

孙兵. 2021. 云原生在企业中的应用架构与发展趋势浅析//中国计算机用户协会网络应用分会 2021 年第二十五届网络新技术与应用年会论文集: 412-418.

王启军. 2018. 持续演进的 Cloud Native——云原生架构下微服务最佳实践. 北京: 电子工业出版社.

王小娜, 田金炎, 李小娟, 等. 2022. Google Earth Engine 云平台对遥感发展的改变. 遥感学报, 26(2): 299-309.

吴春德. 2019. 大数据下云安全技术的发展方向. 信息通信, (2): 2.

张纪元. 2022. 我国云计算市场特点. 通信企业管理, (3): 38-41.

张悦. 2021. 基于云原生的微服务开发运维一体化平台设计与实现. 济南: 山东大学.

周文粲, 尹培培. 2019. 虚拟化技术研究综述. 有线电视技术, 26 (5): 4.

朱祎兰, 赵鹏. 2022. 大数据技术综述与发展展望. 宇航总体技术, 6 (1): 55-60.

Baumann P, Dehmel A, Furtado P, et al. 1999. Spatio-temporal Retrieval with RasDaMan. Proc. Edinburgh: Very Large Data Bases (VLDB) .

Baumann P, Rossi A P, Bell B, et al. 2018. Fostering Cross-Disciplinary Earth Science Through Datacube Analytics. Earth Observation Open Science and Innovation. Edinburgh: Spring Cham.

Camara G, Assis L F, Ribeiro G, et al.2016. Big earth observation data analytics: matching requirements to system architectures//Proceedings of the 5th ACM SIGSPATIAL International Workshop on Analytics for Big Geospatial Gata: 1-6.

CEOS. 2020. Committee on Earth Observation Satellites. http://ceos.org/.

CNCF. 2018. CNCF Cloud Native Definition v1. 0. https://github.com/cncf/toc/blob/master/DEFINITION.md. [2018-06-11].

Gan Y, Jackson B, Hu K, et al. 2020. An Open-Source Benchmark Suite for Microservices and Their Priyanka Sharma. 云原生和微服务. 软件和集成电路, (8): 50-51.

Gan Y, Zhang Y, Cheng D, et al.2019. An open-source benchmark suite for microservices and their hardware-software implications for cloud & edge systems//Proceedings of the Twenty-Fourth International Conference on Architectural Support for Programming Languages and Operating Systems, New York, NY, USA: 3-18.

Hoyer S, Hamman J, Maussion F. 2006. Xarray: Multi-dimensional Data Analysis in Python. Vienna: EGU General Assembly Conference Abstracts.

Kilcioglu C, Rao J M, Kannan A, et al. 2017. Usage Patterns and the Economics of the Public Cloud. Perth Australia: The 26th International Conference. International World Wide Web Conferences Steering Committee.

Lewis A, Oliver S, Lymburner L, et al. 2017. The Australian Geoscience Data Cube-foundations and lessons learned. Remote Sensing of Environment, 202 (2): 17-25.

Mahecha M D, Gans F, Brandt G. 2020. Earth system data cubes unravel global multivariate dynamics. Earth System Dynamics, 11 (1): 201-234.

Mcgrath G, Brenner P R. 2017. Serverless Computing: Design, Implementation, and Performance//2017 IEEE 37th International Conference on Distributed Computing Systems Workshops (ICDCSW). IEEE: 405-410.

Oliphant T E. 2006.A Guide to NumPy. USA: Trelgol Publishing.

Pekel J F, Cottam A, Gorelick N, et al. 2016. High-resolution mapping of global surface water and its long-term changes. Nature, 540 (7633): 418-422.

Sarah A, Chris A, Chad A, et al. 2019. Serverless Whitepaper V1. 0. San Francisco: Cloud Native Computing Foundation.

Sharma P. 2020. 云原生和微服务. 软件和集成电路, (8): 50-51.

Stonebraker M, Brown P, Poliakov A, et al. 2011. The Architecture of Scidb. Berlin Heidelberg: Springer.

Thomas E, Zaigham M, Ricardo P. 2014. 云计算: 概念、技术与架构. 北京: 机械工业出版社.

Wen J F, Liu Y, Chen Z P, et al. 2021. Understanding Characteristics of Commodity Serverless Computing Platforms. https://arxiv.org/abs/2012.00992. [2021-03-10].

Zarr 2020. Zarr. https://zarr.readthedocs.io. [2023-02-01].

第 3 章 海量遥感数据在线处理

丰富的遥感影像数据为遥感产业化应用提供了强有力的数据保障，遥感影像处理涉及航空、航天、地面等多平台遥感系统搭载的多类型传感器（包括全色、多光谱、高光谱、雷达等）获取的不同谱段数据，遥感数据的多源性和异构性造成了数据处理方法的差异性，进而加剧了遥感数据处理的复杂性。本章将对常见的光学、高光谱、SAR 三类遥感卫星影像数据以及无人机影像数据的处理流程进行介绍，同时以国内一款在线遥感数据处理云服务平台为例，介绍该平台进行多源异构遥感数据处理的操作方法。

3.1 概　　述

现阶段，遥感领域进入了高精度、全天候信息获取和自动化快速处理的新时代。通过空–天–地一体化监测手段获取的多源、多时空分辨率遥感数据正以 PB 级的速度增长，而且单景数据的数据量也达到了 GB 级。规模巨大的多源异构遥感数据因数据复杂性、计算复杂性、数据处理系统复杂性为遥感数据的高效、高精度处理带来了挑战，已成为制约遥感产业发展的关键瓶颈。

传统的线下遥感数据处理模式主要通过购买和下载各服务器基站中的数据到本地电脑进行处理，该方式费时费力且在进行大数量遥感影像数据处理时存在一定的风险，如下载后无法获取特定的信息将会导致大量资源浪费。此外，传统的影像产品的生产方式存在以下三个问题：①不同传感器数据的处理和行业应用产品的生产往往需要借助多个软件来实现；②生产软件内置的数据自动化处理流程相对简单、固定，不能满足各行业用户复杂多样的应用场景；③处理的数据量超过常规生产的数据处理规模时，需要额外购置硬件。因此，传统的遥感数据处理模式已难以满足当前遥感大数据应用的要求。

云计算、大数据、互联网等技术的迅猛发展为海量遥感数据的在线处理提供了有效可行的方法。遥感处理云服务系统利用高性能、高可扩展性、高可用性的云计算技术，通过分布式存储与并行计算模型，动态构建遥感数据处理流程，高效完成数据处理任务，实现海量多源异构遥感数据的快速处理以及海量数据的智能挖掘分析。

目前，主流的海量遥感影像数据处理软件有地理成像加速器（Geoimaging Accelerator，GXL）、像素工厂（Pixel Factory，PF）、泰坦超算平台（Titan SCP）、遥感数据处理服务平台（PIE-Engine Factory）。GXL 是加拿大 PCI 公司面向海量影像自动化生产提出的新一代解决方案产品，利用多核 CPU 和 NVIDA 的 GPU 加速遥感影像处理进程，系统可以部署在 Windows 和 Linux 操作系统上，处理系统的计算节点和硬件配置可灵活扩展，主要用于卫星影像、航空影像和 SAR 数据的自动化生产。PF 是法国

INFOTERRA 公司研制的一套用于大型生产的遥感影像处理系统，可以在少量的人工干预条件下，经过一系列的自动化处理，实现数字表面模型（Digital Surface Model，DSM）、数字高程模型（Digital Elevation Model，DEM）、数字正射影像（Digital Orthophoto Map，DOM）和真正射影像等产品的自动化生产。Titan SCP 是面向测绘与遥感数据生产的网络化分布式处理平台，采用国际先进的调度和计算工作流技术，集成多星多传感器的联合区域网平差、高精度 DSM 自动提取、海量影像镶嵌等多个先进处理算法，支持国内外多种航空航天遥感影像，如 GF、ZY-02C、ZY-3、QuickBird、IKONOS、SPOT、WorldView 等卫星影像，以及常规数码相机、框幅式相机、推扫式相机等航空影像的全过程自动化处理，适合常规模式下测绘产品生产和应急模式下快速影像图生成。PIE-Engine Factory 是航天宏图信息技术股份有限公司自主研制的一款面向国内外主流遥感卫星、航空摄影数据，提供标准化产品生产、管理、调度及质检一体化服务的分布式处理平台；该平台提供了丰富的算法和生产线模板，支持多光谱、高光谱、SAR 等影像数据标准产品的自动化、批量化生产，生态参量产品反演，分类产品、地表要素的智能提取与信息挖掘，还支持对上述产品进行质量检查与精度评估。

3.2　多源异构遥感数据处理

3.2.1　高分辨率光学卫星影像处理

　　光学遥感影像是遥感影像信息解译的重要数据源，按照遥感影像空间分辨率的不同可以大致分为低空间分辨率（30～1000m）、中空间分辨率（4～30m）、高空间分辨率（一般优于 4m）三大类。其中，高空间分辨率光学遥感影像数据具备空间分辨率高、光谱信息丰富、纹理信息表现详细、宏观几何形状完整、空间位置信息及边界特征清晰等优点，受到各国业内人士的重视。21 世纪以来，全世界每年投入巨额资金，并出台相关政策支持高分辨率商业遥感卫星的发展。截至 2022 年 9 月，国内外主要的高空间分辨率光学遥感卫星系统如表 3-1、表 3-2 所示。

表 3-1　国外主要高空间分辨率光学遥感卫星一览表

卫星	国家	发射时间	轨道高度/km	全色分辨率/m	多光谱分辨率/m	重访周期/天	幅宽/km
IKONOS-2	美国	1999.09	681	0.82	3.28	3	11.3
QuickBird-2	美国	2001.10	450	0.61	2.44	3	16.8
OrbView-3	美国	2003.06	470	1	4	3	8
EROS-B	以色列	2006.04	520	0.7	—	3	7
Resurs-DK1	俄罗斯	2006.06	360～610	1	2.5～3.5	3	28.3
KOMPSAT-2	韩国	2006.07	685	1	4	3	15
Cartosat-2	印度	2007.01	635	0.8	5	4	9.6
WorldView-1	美国	2007.09	496	0.5	—	1.7	17.6
Cartosat-2	印度	2008.04	635	0.8	—	4	9.6

续表

卫星	国家	发射时间	轨道高度/km	全色分辨率/m	多光谱分辨率/m	重访周期/天	幅宽/km
GeoEye-1	美国	2008.09	681	0.41	1.64	3	15.2
WorldView-2	美国	2009.10	770	0.46	1.84	1.1	16.4
Cartosat-2B	印度	2010.07	635	0.8	—	4	9.6
Pléiades-1A	法国	2011.12	695	0.5	2.0	3	20
KOMPSAT-3	韩国	2012.05	685	0.7	2.8	3	15
SPOT-6	法国	2012.09	695	1.5	1～5	1～5	60
Pléiades-1B	法国	2012.12	695	0.5	2.0	3	20
Resurs-P1	俄罗斯	2013.06	475	1	3～4	3	38
SPOT-7	法国	2014.06	695	1.5	1～5	1～5	60
WorldView-3	美国	2014.08	617	0.31	1.24	1	13.1
Resurs-P2	俄罗斯	2014.12	477	1	3～4	3	38
KOMPSAT-3A	韩国	2015.03	528	0.4	1.6	3	13
Resurs-P3	俄罗斯	2016.03	475	1	3～4	3	38
Cartosat-2C	印度	2016.06	635	0.65	2	4	9.6
WorldView-4	美国	2016.11	617	0.31	1.24	1.7	13.1
Cartosat-2D	印度	2017.02	505	0.65	2	4	10
Cartosat-2E	印度	2017.06	505	0.65	2	4	10
Cartosat-3	印度	2019.11	509	0.25	1	4	16
Pléiades Neo-3	法国	2021.04	620	0.3	1.2	1	14
Pléiades Neo-4	法国	2021.08	620	0.3	1.2	1	14

表 3-2 中国主要高空间分辨率光学遥感卫星一览表

卫星	发射时间	轨道高度/km	全色分辨率/m	多光谱分辨率/m	重访周期/天	幅宽/km
资源一号 02B 星	2007.09	778	2.36	20/258	3	27/116/890
资源一号 02C 星	2011.12	780.099	2.36/5	10	3～5	27/57/60
天绘一号 01 星	2010.08	500	2/5	10	1～9	60
资源三号 01 星	2012.01	505.984	2.1/3.5	5.8	5	52/51
天绘一号 02 星	2012.05	500	2/5	10	1～9	60
高分一号	2013.04	645	2	8/16	2/4	51/800
资源三号 02 星	2016.05	505	2.1/2.5	5.8	3～5	51
高分二号	2014.08	631	0.8	3.2	5	45
资源一号 04 星	2014.12	778	5	10/20	3	60/120
北京二号	2015.07	651	0.8	3.2	1	24
天绘一号 03 星	2015.10	500	2/5	10	1～9	60
吉林一号光学 A 星	2015.10	650	0.72	2.88	3.3	11.6
高景一号 01/02 星	2016.12	530	0.5	2	2	12
高景一号 03/04 星	2018.01	530	0.5	2	2	12

续表

卫星	发射时间	轨道高度/km	全色分辨率/m	多光谱分辨率/m	重访周期/天	幅宽/km
高分六号	2018.06	644.5	2	8/16	4	90/800
高分一号 BCD 卫星	2018.08	645	2	8	4	60
天绘二号 01 星	2019.04	500	2/5	10	1~9	60
吉林一号高分 03A 星	2019.06	572	1.06	4.24	0.05	18.5
吉林一号高分 02A 星	2019.11	572	0.75	3	0.05	40
高分七号	2019.11	500	0.8	3.2	4	20
资源一号 04A 卫星	2019.12	628	2	8/17/60	5	90/120/685
吉林一号高分 02A 星	2019.11	535	0.75	3	<0.05	40
吉林一号高分 02B 星	2019.12	535	0.75	3	<0.05	40
北京三号 A 星	2020.06	500	0.5	2.0	3~5	23
吉林一号高分 02D 星	2021.09	535	0.75	3	0.05	40
吉林一号高分 02F 星	2021.10	535	0.75	3	0.05	40
吉林一号高分 03D 星	2022.02	535	0.75	3	0.05	17
吉林一号高分 04A 星	2022.04	535	0.5	2	0.05	15

　　光学遥感影像数据处理通常包括预处理和后续处理两个阶段，预处理包括辐射校正、几何校正、图像融合、图像镶嵌等，后续处理包括图像分类、目标识别等（方留杨，2015）。

1. 预处理

1）辐射校正

辐射校正是消除影像数据中依附在辐射亮度里的各种失真的过程（赵英时，2013）。为了获取地表实际反射的太阳辐射亮度值或反射率，完整的辐射校正包括辐射定标（传感器校正）、大气校正、太阳高度角及地形校正。辐射定标是将传感器记录的DN 值转化为入瞳处的辐射亮度值（或反射率），用以消除传感器本身产生的误差，但并未去除大气的影响，所以还需要做进一步的处理。通过消除大气散射、吸收对太阳辐射的影响，将大气顶层辐射亮度值（或反射率）转化为地表辐射亮度值（或地表反射率），这个过程称为大气校正。经过大气校正后的影像还没有消除地形因子的影响，对于地形起伏变化较大的地区则还需要采用太阳高度角及地形校正做进一步处理。一般情况下，辐射校正只进行了传感器校正和大气校正。

2）几何校正

由于受到卫星位置和运动状态变化、地球自转、地球表面曲率、地形起伏以及大气折射等的影响，光学遥感影像会产生几何变形。几何校正的目的就是校正这些系统及非系统因素引起的影像变形，从而使之实现与基准影像或地图的几何配准。为了保证几何校正的精度和质量，通常需要对遥感影像进行几何粗校正与几何精校正处理。常用的几何校正算法有多项式模型、有理函数模型、共线方程模型、严密投影仿射变换模型等，需要根据影像的几何变形性质、可用的控制资料、影像的应用目的，来确定合适的几何校正方法。

3）图像融合

图像融合是将不同来源的遥感影像所包含的信息进行优化组合，挖掘数据中的有用信息，消除或抑制无用信息，提高影像的可用程度，增加图像解译的可靠性。遥感影像融合按信息利用方式可分为像素级融合、特征级融合和决策级融合三个层次，其中，像素级融合能够提供更丰富、更精确、更可靠的细节信息，是特征级和决策级图像融合的基础，应用最为广泛。常用的融合方法有 IHS（强度、色调、饱和度）融合法、主成分分析融合法、高通滤波融合法、小波变换融合法、Brovey 变换融合法、Pansharp 变换融合法等。

4）图像镶嵌

图像镶嵌是将具有地理参考的多景相邻图像拼接成一幅大范围、无缝的图像的过程。影像镶嵌涉及几何位置镶嵌和灰度（或色彩）镶嵌两个过程：几何位置镶嵌是指镶嵌影像间对应物体几何位置的严格对应，无明显错位；灰度镶嵌是指位于不同影像上的同一物体镶嵌后不因两影像的灰度差异而产生灰度突变现象。参与镶嵌的影像必须含有地图投影和相同的波段数量。

在实际应用中，如测绘生产，往往不进行遥感影像的辐射校正，以高分系列光学卫星遥感影像为例（在此不考虑辐射校正过程），结合 PIE-Ortho 卫星影像测绘处理软件，对全色/多光谱影像、宽幅多光谱影像、立体影像的预处理过程进行介绍。PIE-Ortho 软件是一款针对国内外卫星遥感影像数据进行测绘生产的专业处理工具，可快速批量化完成数字正射影像（DOM）、数字高程模型（DEM）和数字表面模型（DSM）生产，其已广泛应用于国土、测绘、农业、林业、水利、环保等相关行业。

A. 全色/多光谱影像的预处理流程

本节以高分一号卫星多光谱相机（GF-1 PMS）遥感影像数据为例，基于 PIE-Ortho 软件生成 DOM 的处理流程如图 3-1 所示。GF-1 是我国民用高分系列中的第一颗星，搭载两台 2m 分辨率全色/8m 分辨率 PMS 和四台 16m 分辨率多光谱宽幅相机（WFV），在实际应用中，GF-1 数据常以"全色数据+多光谱数据"搭配使用。相较于直接利用常规的基准影像进行多光谱影像的几何校正，选择先与多光谱影像配对的全色影像进行几何校正后，再以校正后的全色影像为基准对多光谱影像进行几何校正，得到的多光谱校正影像在与全色校正影像进行融合时将取得更好的融合效果。

B. 宽幅多光谱影像的预处理流程

本节以高分六号卫星（GF-6）WFV 遥感影像数据为例，GF-6 是我国第一颗设置红边谱段的多光谱遥感卫星，其配置了一台 2m 分辨率全色/8m 分辨率 PMS 和一台 16m WFV，其中 WFV 的观测幅宽为 800km。针对 GF-6 WFV 宽幅数据体量大、单景影像分块存储等特点，利用 PIE-Ortho 软件进行处理时，需要先对分块数据进行拼接处理，然后再进行几何校正处理，处理流程如图 3-2 所示。

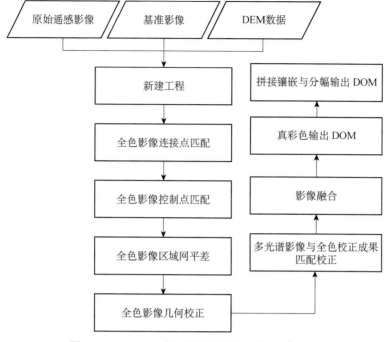

图 3-1　GF-1 PMS 遥感影像数据的预处理流程图

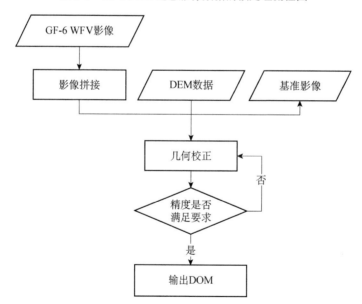

图 3-2　GF-6 WFV 遥感影像数据的预处理流程图

C. 立体像对光学影像的预处理流程

本节以高分七号卫星（GF-7）双线阵立体影像数据为例，介绍立体像对光学影像的预处理流程。GF-7 是我国首颗亚米级民用光学立体测绘卫星，装载的 0.8m 分辨率的双线阵相机可实现对地面景物的前后两视立体观测。利用 PIE-Ortho 软件进行处理时，首先针对 GF-7 双线阵立体影像，使用立体区域网平差技术生成核线影像，获得高精度 DEM，其次再对后视全色与多光谱影像进行正射校正，处理流程如图 3-3 所示。

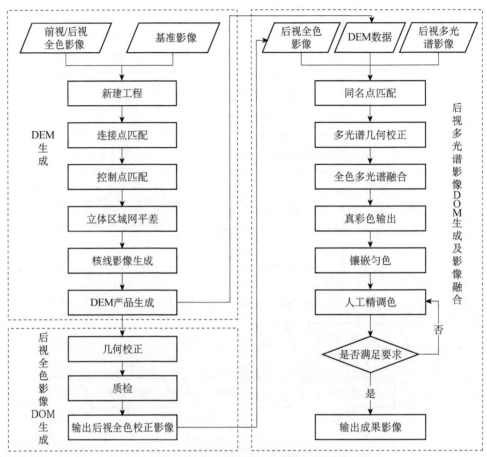

图 3-3　GF-7 双线阵立体影像数据的预处理流程图

在进行每一步操作时需保证上一步骤操作准确且精度合格

2. 后续处理

1）图像分类

根据是否需要已知分类训练样本，将图像分类方法划分为监督分类方法和非监督分类方法两大类。常用的监督分类方法有最大似然法、最小距离法、平行六面体法、马氏距离法、朴素贝叶斯（Naive Bayes，NB）分类、K 近邻（K-Nearest Neighbor，KNN）分类、决策树（Decision Tree，DT）分类、人工神经网络（Artificial Neural Network，ANN）分类、支持向量机（Support Vector Machine，SVM）、随机森林（Random Forest，RF）和最大期望（Expectation-Maximization，EM）算法等。非监督分类方法有迭代自组织数据分析算法（Iterative Self-organizing Data Analysis Technique Algorithm，ISODATA）和 K 均值聚类算法（K-Means Clustering Algorithm，K-Means）等。

2）目标识别

遥感目标识别是通过对遥感影像的处理与分析，判别出感兴趣目标的属性与分布。遥感影像目标识别在军事目标定位、自然灾害预防、自然资源勘探以及环境监测等方面发挥着重要的作用。光学遥感影像的目标识别中常采用的特征主要有目标的大小、灰度统计特征、边缘形状特征、纹理特征、视觉感知特征等，常用的识别方法有分形模型、模糊理论、粗糙集、支持向量机（SVM）、K 邻近（KNN）分类算法、分类判决树、概率生成模型、层次判别回归（Hierarchical Discriminant Regression，HDR）和径向基函数神经网络（Radial Basis Function Neural Network，RBFNN）等。

3.2.2 高光谱卫星影像处理

高光谱遥感具有光谱分辨率高、成像波段多、"图谱合一"、光谱连续以及突出的地物识别与分类能力等特点（张良培，2011）。高光谱遥感成像包括空间维成像和光谱维成像。目前，正在业务运行的成像光谱仪超过 50 台套，如机载可见光/红外成像光谱仪（AVIRIS）、星载中分辨率成像光谱仪（MODIS）、GF-5 高光谱成像卫星、珠海一号、资源一号 02D 等。现阶段，典型的星载高光谱成像卫星系统如表 3-3 所示。

表 3-3 典型的星载高光谱成像卫星系统一览表

卫星	国家	发射时间	高光谱传感器	波段数	波谱范围/μm	空间分辨率/m	光谱分辨率/nm	幅宽/km
EOS-AM1	美国	1999.12	MODIS	36	0.4～1.4	250/500/1000	—	2330
MightySat-2.1	美国	2000.07	FIHSI	145	0.45～1.05	—	—	15
EOS-PM1	美国	2002.05	MODIS	36	0.4～1.4	250/500/1000	—	2330
EO-1	美国	2000.11	Hyperion	242	0.4～2.5	30	10	7.7
PROBA-1	欧洲	2001.10	CHRIS	80	0.4～1.05	17～20/34～40	5～12	14
ADEOS-2	日本	2002.12	GLI	36	0.38～11.95	250/1000	—	1600
HJ-1A	中国	2008.09	HSI	115	0.45-0.95	100	—	50
天宫一号	中国	2011.09	—	64	0.4～2.5	10/20	10/20	
SPARK-01/02	中国	2016.12	—	148	0.42～1.0	50	4	100
OHS 高光谱卫星	中国	2018.04	CMOS	32	0.4～2.5	10	2.5	150
GF-5	中国	2018.05	AHSI	330	0.4～2.5	30	5\10	60
ISS	德国	2018.07	DESIS	235	0.4～1	30		
HySIS	印度	2018.11	HysIS	326	0.4～2.5	30	—	30
PRISMA	意大利	2019.03	PRISMA HSI	239	0.4～2.5	30	12	30
ZY1-02D	中国	2019.09	AHSI	166	0.4～2.5	30	10/20	60
EnMAP	德国	—	HSI	262	0.42～2.45	30	6.5/10	30

高光谱遥感数据的处理过程主要包括：①数据预处理，通过辐射定标、大气校正、光谱定标、几何校正、图像镶嵌等预处理过程实现图像纠正和重建；②图像增强，借助滤波、降噪、变换等操作实现图像增强；③数据分析，主要通过光谱分析和特征提取实

现地物分类识别与专题信息提取。高光谱遥感影像处理主要包括：辐射校正（辐射定标、大气校正）、光谱定标、几何校正、图像去噪、混合像元分解、光谱特征选择与提取、光谱特征参量化、图像分类、目标识别与目标检测、理化参数定量反演等。

1. 图像预处理

1）定标

高光谱遥感定标包括光谱定标和辐射定标。光谱定标是确定高光谱成像光谱仪各波段的光谱响应函数，由此确定每个波段中心波长的位置及等效宽度和通带函数。其辐射定标过程与多光谱影像类似。

2）大气校正

高光谱遥感影像的大气校正一般包括两个步骤：大气参数的估计和表面反射率的反演。根据大气校正原理的不同，可以将其分为统计模型和物理模型两类。统计模型是基于地表变量和遥感数据的相关关系而建立的，不需要知道影像获取时的大气和几何条件，具有简单易行、所需参数较少的优点，由于可以有效地概括从局部区域获取的数据，其一般具有较高的精度；但是由于区域之间具有差异性，该方法只适用于局部地区，并不具备通用性；常用的统计模型有经验线性法、内部平均法、平场域法等。物理模型是根据遥感系统的物理规律来建立的，可以通过不断加入新的知识和信息来改进模型；物理模型机理清晰，但是模型复杂，所需参数较多且通常难以获取，实用性较差；常用的物理模型是大气辐射传输模型，它可以模拟辐射信号在大气、地表、传感器之间的传输过程，机理较为复杂，建立大气辐射传输模型不仅要考虑信号与大气之间的相互作用，还要考虑地表面因素、地形因素的影响；针对不同假设条件和使用范围，目前已经发展了许多不同的辐射传输模型，如 5S、6S、LOWTRAN、MODTRAN 模型等，其中 6S 和 MODTRAN 模型应用最为广泛。

3）几何校正

高光谱图像的几何粗校正一般是将成像光谱仪的校准数据、位置参数、平台姿态等数据代入理论校正公式中，将原始图像纠正到所要求的地图投影坐标系中。几何精校正的方法主要包括：基于地面控制点（Ground Control Point，GCP）的多项式纠正方法和基于位置姿态测量参数数据的校正方法。基于地面控制点的多项式纠正方法需要采集大量的 GCP 信息，对于扭曲变形严重的数据很难恢复真实的几何信息。基于位置姿态测量参数数据的校正方法利用遥感器的高精度姿态测量参数与少量 GCP 信息来完成图像的几何精校正，该方法要求位置姿态数据和图像数据严格同步，是目前推扫式高光谱成像仪常使用的方法。

4）图像镶嵌

图像镶嵌是将具有地理参考的多景相邻图像拼接成一幅大范围图像的过程，镶嵌后的图像色调一致、色彩均匀、过渡自然。参与镶嵌的影像须含有地图投影和相同的波段数量。图像镶嵌处理一般包括拼接成图和色调调整。

5）图像去噪

高光谱图像经常存在不同类型的噪声，如高斯噪声、条带噪声、脉冲噪声和坏线等

（刘大伟等，2016），其影响高光谱图像的视觉质量，增加高光谱图像后续解译、分析和应用的难度。现有的高光谱图像去噪方法包括：基于滤波的方法、基于变换的方法、基于偏微分方程的方法、基于张量分解的方法及基于稀疏和低秩表示的方法。

2. 混合像元分解

混合像元分解是高光谱遥感技术向定量分析发展达到亚像元级的核心。由于高光谱遥感的空间分辨率限制，高光谱遥感影像中存在大量的混合像元，严重制约了高光谱遥感影像的解译精度。混合像元是由不同地物特征光谱曲线按一定比例和方式混合而成的。根据混合方式不同，光谱混合模型可以分为：线性光谱混合模型和非线性光谱混合模型。线性光谱混合模型假设入射光子仅和一种地物发生相互作用；非线性光谱混合模型考虑了地物间的相互作用，模型求解较为复杂。混合像元分解一般分为三个步骤：端元数目估计、端元提取（Endmember Extraction，EE）和丰度估计（Abundance Estimation，AE）。通常用图像中某种比例很高的特征地物的像元来代替纯像元，用来代替纯像元的"近似纯像元"称为图像"端元"（Endmember）。端元数目估计过少则导致提取端元不纯，过多则造成端元重复提取，目前端元数目可以依据先验知识或者端元数目估计算法获得。端元数目估计算法主要包括：基于本征维度算法、基于似然函数算法、基于特征值分析算法以及基于几何学的端元数目估计算法等。端元提取是从高光谱遥感影像中提取相对含量高的地物光谱向量。目前，常用的端元提取方法有：像元纯度指数（Pixel Purity Index，PPI）法、迭代误差分析（Iterative Error Analysis，IEA）法、顶点成分分析（Vertex Component Analysis，VCA）法、最大距离法、内部最大体积法、单形体投影法、逐次最大角凸锥（Successive Maximum Angle Convex Cone，SMACC）分析法等。在确定端元之后，通过丰度估计来求解高光谱图像的每个像元中各个端元所占的比例，常用的算法有：最小二乘法、单形体体积法、正交子空间投影（Orthogonal Subspace Projection，OSP）法、独立成分分析（Independent Components Analysis，ICA）法、超平面距离法等。

3. 光谱特征选择与提取

高光谱遥感影像因数据量大、维数多、波段之间相关性较强、混合像元问题严重，增加了其处理的复杂性和难度。为了提高高光谱数据分析处理的效率，保证处理结果精度，往往需要对高光谱遥感影像进行特征提取，降低特征空间的维数，在实现压缩数据量的同时为地物信息提取提供优化的特征。

光谱特征选择是针对特定对象选择光谱特征空间中的一个子集，这个子集是简化的光谱特征空间，但它包括该对象的主要特征光谱，在含有多种目标对象的组合中，该子集能够最大限度地区别于其他地物。通过特征选择，可以使那些最具可分性的光谱波段得到强化，特征选择方式主要包括：①基于光谱曲线部分波段特征选择，此时特征计算只涉及波谱曲线中部分波段信息，如吸收和反射特征、光谱吸收指数等；②光谱曲线整体波段特征选择，此时特征计算需用到所有波段的波谱信息，如光谱角、光谱相关系数、光谱信息散度等；③光谱曲线变换特征选择，如光谱积分、光谱导数等。

光谱特征提取是通过谱空间或者其子空间的数学变换，实现信息综合、特征增强和光谱减维。常用的方法有：主成分分析（Principal Component Analysis，PCA）、最小噪声分离（Minimum Noise Fraction，MNF）、神经网络、决策树、独立分量分析、小波变换、统计分析、光谱空间和纹理空间结合、投影寻踪等。

4. 光谱特征参量化

高光谱遥感实现了对地物光谱特征的精细表达，通过对光谱曲线的处理获得各种光谱特征参数，将不同地物之间的内在差异直观表现出来。光谱特征参量化是以参数形式对光谱曲线特征进行定量描述。

不同的光谱特征参量代表了地物由于物理化学成分不同而形成的可诊断性光谱吸收特征，通过对高光谱特征参量的提取，构建分析特征集，可以为后续的地物分类、目标识别、定量反演奠定基础。常见的光谱特征参量包括光谱斜率和坡向、光谱导数、包络线去除、光谱积分、光谱吸收特征、光谱二值编码等。基于地物的吸收和反射特征，通过提取光谱曲线上吸收峰的波长位置（Absorption Position，AP）、吸收深度（Absorption Depth，AD）、吸收宽度（Absorption Width，AW）、吸收对称度（Absorption Symmetry，AS）、吸收面积（Absorption Area，AA）及光谱吸收指数（Spectral Absorption Index，SAI）等参数，可以达到识别不同地物的目的。

5. 高光谱图像分类

高光谱图像分类是通过分析图像中各类地物的光谱信息和几何空间信息，获得最大可分性的特征，利用适当的分类器或分类方法，将各像元划分到对应的类别属性中（童庆禧等，2006）。高光谱图像监督分类方法有：最大似然法、K 近邻分类、二进制编码法、朴素贝叶斯分类、光谱角度填图、人工神经网络分类、支持向量机、决策树分类等。无监督分类方法有：ISODATA 算法、K-Means 算法等。上述分类方法大都侧重于光谱信息的应用，忽略了空间信息。在基于光谱信息的分类方法中引入高光谱图像的空间信息能够显著提升分类的精度。此外，具有自动学习特征且分类能力强大的深度学习的分类方法，如栈式自编码（Stacked Auto Encoder，SAE）网络、深度置信网络（Deep Belief Networks，DBN）、卷积神经网络（Convolutional Neural Networks，CNN）等，也被用于高光谱图像分类中。

6. 高光谱目标探测

高光谱目标探测主要是依据目标与地物在光谱特征上存在的差异进行检测识别（张兵和高连如，2011），其侧重于光谱分析的定量化处理。考虑到未知目标光谱、已知背景光谱情况的相关目标探测算法还不成熟，根据目标光谱、背景光谱是否已知，可以将现有的目标探测算法分为以下三类：

（1）已知目标光谱和背景光谱。该类算法是通过突出目标信息，抑制背景信息，达到图像目标探测的目的。典型的算法有：正交子空间投影（Orthogonal Subspace Projection，OSP）算法及其改进算法、特征子空间投影（Signature Subspace Projection，SSP）（Brumbley and Chang，1999）、斜子空间投影（Oblique Subspace Projection，

OBSP）（Behrens and Scharf，1994）算法、目标约束下的干扰最小化滤波（Target Constrained Interference Minimized Filter，TCIMF）算法、广义似然比探测（Generalized Likelihood Ratio Test，GLRT）算法等。

（2）已知目标光谱，未知背景光谱。可以基于以下三种方式来实现目标探测：①利用简单的匹配算法来实现，常用的算法有根据光谱之间距离进行匹配的最小距离法、根据光谱间夹角进行匹配的光谱角填图法、根据光谱间相似系数进行匹配的交叉相关光谱匹配法、根据光谱编码进行匹配的二值编码匹配法等，但该类匹配算法对噪声非常敏感，而且没有考虑目标与背景的信息量分布差异及两者在特征空间中相对位置的差异，目标探测效果一般不佳；②利用样本相关矩阵（或者协方差矩阵）的性质进行目标探测，常用的算法有约束能量最小化（Constrained Energy Minimization，CEM）算法、自适应一致性评估器（Adaptive Coherence Estimator，ACE）算法、自适应匹配滤波（Adaptive Matched Filter，AMF）算法、椭圆轮廓分布（Elliptically Contoured Distributions，ECD）模型探测器、基于加权自相关矩阵的 CEM（Weighted Correlation Matrix CEM，WCM-CEM）算法等，其中，CEM 算法和 ACE 算法应用最为广泛；③利用混合像元分解技术获取背景信息后再利用相关方法进行目标探测。

（3）目标光谱和背景光谱均未知。目标探测方法可以分为两类：一类是基于概率统计模型的异常探测算法，如异常探测（Reed-X Detector，RXD）算法（Reed and Yu，1990）、低概率目标探测（LPTD）算法（Harsanyi，1993）、均衡目标探测（Uniform Target Detector，UTD）算法（Ashton and Schaum，1998）（耿修瑞，2005）。另一类是利用混合像元分解中的端元提取技术获取目标及背景信息的非监督亚像元目标探测，如非监督向量量化（Unsupervised Vector Quantization，UVQ）算法、非监督目标生成处理（Unsupervised Target Generation and Processing，UTGP）算法等。

3.2.3　雷达卫星影像处理

合成孔径雷达（Synthetic Aperture Radar，SAR）具有独特的成像特点、一定的穿透性，能够全天时、全天候对地观测，是获取地物信息的重要手段。由于 SAR 是斜距成像，如果地形有起伏，就会出现近距离压缩、透视收缩、叠掩、阴影等现象，使图像失真，增加几何处理、影像解译分析难度。为了最大程度地发挥雷达影像数据的应用潜力，必须利用 SAR 数据处理技术对其进行处理。

目前，常用的卫星 SAR 系统有：日本 2006 年发射的 ALOS 卫星、加拿大 2007 年发射 RADARSAT-2 卫星、德国宇航中心分别于 2007 年和 2010 年发射的 TerraSAR-X 卫星和 TanDEM-X 卫星、意大利 2007 年发射的 COSMO-SkyMed 卫星、欧洲太空局分别于 2014 年和 2016 年发射的 Sentinel-1A 和 Sentinel-1B 卫星，以及中国 2016 年发射的 GF-3 卫星。国内外主要的 SAR 卫星系统一览表如表 3-4 所示。

表 3-4　国内外主要的 SAR 卫星系统一览表

卫星	国家/地区	发射时间	重访周期/天	工作波段(波长/cm)	幅宽/km	分辨率(方位向×距离向)/m	极化方式	入射角/(°)
ERS-1	欧洲	1991.07	35/3/168	C (5.63)	100	30×30	单极化 (VV)	20~26
ERS-2	欧洲	1995.04	35/3	C (5.63)	100	30×30	单极化 (VV)	20~26
RADARSAT-1	加拿大	1995.11	24	C (5.63)	Fine: 50 Standard: 100 ScanSAR: 500	9× (8/9) 28× (21~27) 28× (23/27/35)	单极化 (HH)	37~47 20~49 20~45
ENVISAT	欧洲	2002.03	35/30	C (5.63)	AP mode: 58-110 Image: 58-110 Wave: 5 GM: 405 WS: 405	30× (30~150) 30× (30~150) 10×10 1000×1000 150×150	单极化 (HH, VV) 双极化 (HH+VV/VV+VH/HH+HV)	15~45 15~45 15~45 17~42 17~42
ALOS-1	日本	2006.01	46	L (23.5)	Single/dual pol: 70 Quad-pol: 30 ScanSAR: 350	10× (7/14) 10×24 100×100	单极化 (HH)	8~60 8~30 18~43
TerraSAR-X	德国	2007.06	11	X (3.11)	HR Spotlight: 10 Spotlight: 10 Stripmap: 30 ScanSAR: 100	1× (1.5~3.5) 2× (1.5~3.5) 3× (3~6) 26×16	单极化 (HH/VV) 双极化 (VV+HH/HH+HV/VV+VH) 全极化 (HH+VV+HV+VH)	20~55 20~55 20~45 20~45
COSMO-SkyMed	意大利	2007.06	24	X (3.12)	Spotlight: 10 Stripmap: 30~40 ScanSAR: 100~200	1×1 3~15 30~100	单极化 (HH/HV/VH/VV) 双极化 (VV+HH/HH+HV/VV+VH)	25~50 25~50 25~50
RADARSAT-2	加拿大	2007.12	24	C (5.63)	Spotlight: 20 Stripmap: 20~150 ScanSAR: 300~500	0.8× (2.1~3.3) × (2.5~3.3) 42.8 (46~113) × (43~183)	单极化 (HH/VV/HV/VH) 双极化 (HH+HV/VV+VH)	20~49 20~60 20~49
TanDEM-X	德国	2010.06	11	X (3.11)	HR Spotlight: 10 Spotlight: 10 Stripmap: 30 ScanSAR: 100	1× (1.5~3.5) 2× (1.5~3.5) 3× (3~6) 26×16	单极化 (HH/VV) 双极化 (VV+HH/HH+HV/VV+VH) 全极化 (HH+VV+HV+VH)	20~55 20~55 20~45 20~45

续表

卫星	国家/地区	发射时间	重访周期/天	工作波段/(波长/cm)	幅宽/km	分辨率(方位向×距离向)/m	极化方式	入射角/(°)
RISAT-1	印度	2021.04	12/25	C (5.63)	10~225	1~50	单极化 (HH/VV/HV/VH) 双极化 (HH+HV/VV+VH) 全极化 (HH+VV+HV+VH)	12~55
HJ-1C	中国	2012.11	31	S (9.6)	Stripmap: 40 ScanSAR: 100	5×5 25×25	单极化 (VV)	25~47
Sentinel-1A	欧盟	2014.04	12	C (5.63)	Stripmap: 80 IW: 250 EW: 400 Wave mode: 20	5×5 5×20 20×40 5×5	单极化 (HH/VV) 双极化 (HH+HV/VV+VH)	20~45 29~46 19~47 22~3535~38
ALOS-2	日本	2014.05	14	L (23.5)	Spotlight: 25 Stripmap: 50, 70 ScanSAR: 350, 490	1×3 3/6/10 100/60	单极化 (HH/VV/HV/VH) 双极化 (HH+HV/VV+VH) 全极化 (HH+VV+HV+VH)	8~70
Sentinel-1B	欧盟	2016.04	12	C (5.63)	Stripmap: 80 IW: 250 EW: 400 Wave mode: 20	5×5 5×20 20×40 5×5	单极化 (HH/VV) 双极化 (HH+HV/VV+VH)	20~45 29~46 19~47 22~3535~38
GF-3	中国	2016.08	29	C (5.63)	12 种模式: 10~650	1~500	单极化 (HH/VV) 双极化 (HH+HV/VV+VH) 全极化 (HH+VV+HV+VH)	10~60
HiSea-1	中国	2020.12	15	C (5.63)	Spotlight: 5 Stripmap: 20 ScanSAR: 50/100	1 3 10/20	单极化 (VV)	20~35
巢湖一号	中国	2022.02	—	C (5.63)	Spotlight: 7 Stripmap: 25 ScanSAR: 100, 170	1 3 12/20	单极化 (VV)	—

1. SAR 影像基础处理

SAR 影像的基础处理主要包括数据导入、复数据转换、图像裁剪、多视处理、自适应滤波、斜地距校正、转 DB 影像和地理编码等环节，下面以 PIE-SAR 雷达影像数据处理软件为例，介绍 SAR 影像的基础处理流程。PIE-SAR 软件是一款专业的星载 SAR 影像处理和分析软件，包括基础处理、区域网平差处理、InSAR 地形测绘、DInSAR 形变监测、时序 InSAR 形变监测和极化 SAR 分割分类处理等模块，可应用于测绘、水利、农业、海洋、地质、林业、减灾等多个行业和领域。

1）数据导入

数据导入的目的是通过对获取的不同格式的 SAR 原始数据进行解析，转换为标准数据格式的单视复（Single Look Complex，SLC）数据图像，以便于后续对 SAR 数据的统一处理。

2）复数据转换

复数据转换可以将 SAR 复数据转换为 SAR 强度/幅度数据，此外还可以提取图像的实部、虚部及相位信息。

3）图像裁剪

图像裁剪是根据用户输入的影像起始行列数和裁剪行列数进行影像裁剪，输出的影像大小即裁剪的行列数，并更新元数据信息。

4）多视处理

多视处理是通过对 SAR 影像距离向和方位向进行非相干叠加来抑制斑点噪声。经过多视处理后的 SLC 数据，在减少了斑点噪声的同时降低了空间分辨率，但提升了辐射分辨率。

5）自适应滤波

相干斑噪声是 SAR 影像的固有现象，相干斑噪声的存在严重影响了 SAR 影像的地物可解译性。自适应滤波的方法既能降低 SAR 影像的噪声水平，又能较好地保持图像边缘信息，常用的 SAR 自适应滤波器有 Lee 滤波器、Frost 滤波器、Kuan 滤波器、Gamma 滤波器等。

6）斜地距校正

雷达成像沿侧视方向探测目标回波信号，造成目标从近距离到远距离有不同程度的变形。为了反映地面物体间的真实距离，需要通过斜地距校正将斜距投影到地球表面转换为地距影像。

7）转 DB 影像

雷达后向散射系数在雷达图像上的表现是图像的灰度，这是地物目标后向散射回波强度的表现形式。通过转 DB（Decibel）影像提取以分贝（dB）为单位的雷达后向散射系数，计算出地物的绝对后向散射值。

8）地理编码

地理编码通常采用基于距离多普勒（Range-Doppler，RD）数学模型（指通过雷达图像像点的距离条件和多普勒频率条件来表达雷达图像瞬时构像的数学模型）的几何校正，实现将 SAR 数据由斜距投影转换为地理坐标投影（制图参考系）。其包括地理编码椭球校正（Geocoded Ellipsoid Corrected，GEC）和地形校正地理编码（Geocoded Terrain Corrected，GTC），其中 GTC 需要外部的 DEM 辅助。

2. SAR 影像区域网平差

SAR 影像区域网平差是依据 SAR 影像与相应地面之间的几何关系，利用 SAR 影像之间的连接点和少量地面控制点信息，整体求解出各个 SAR 影像的定向参数，并加密出测图所需的大量地面控制点信息（靳国旺等，2015）。本节以 PIE-SAR 软件为例，介绍 SAR 影像区域网平差处理流程（图 3-4），主要包括数据导入、多视处理、有理多项式系数（Rational Polynomial Coefficient，RPC）生成、连接点/控制点匹配、点位量测、区域网平差、影像镶嵌、输出成图等过程。

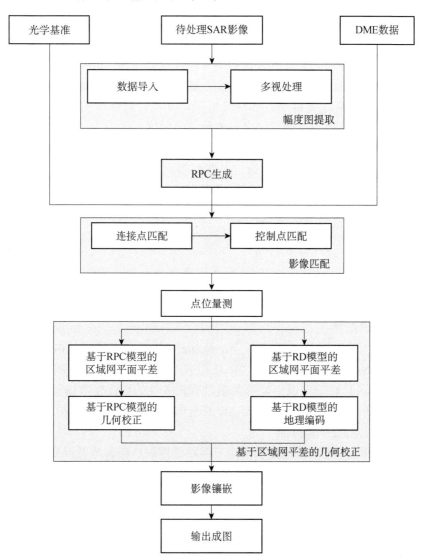

图 3-4　基于 PIE-SAR 软件的 SAR 影像区域网平差处理流程图

1）数据导入与多视处理

数据导入、多视处理与"SAR 影像基础处理"小节中的相关处理类似，在此不再赘述，需要注意的是，此处多视处理中多视视数的设置需根据基准图像的空间分辨率来确定，保证多视处理后的 SAR 影像的空间分辨率与基准图像的空间分辨率大致一致。

2）RPC 生成

RPC 生成是基于最小二乘平差原理，利用 SAR 严密成像几何模型（RD 模型）生成的地面空间格网点坐标求解 RPC 模型参数，得到可替代 SAR 严密成像模型的 RPC 模型，以便于后续实现 SAR、光学异源图像间的联合平差处理。

3）影像匹配

连接点是相邻 SAR 影像之间的同名点位，控制点是原始 SAR 影像与基准图像之间的同名点位，连接点匹配是区域网平差的关键环节。由于光学图像与 SAR 影像的成像模式不同，同一地区获取的影像具有显著的非线性辐射差异，PIE-SAR 软件中利用相位一致性特征模型实现异源影像同名点的匹配。通过点位测量工具可以查看连接点、控制点、检查点等的分布情况及每个点的精度情况，并可以对获取的同名点进行增加、删除、位置调整等手动编辑，以保证同名点的数量及精度。

4）基于区域网平差的几何校正

区域网平差是根据若干 SAR 影像自动匹配得到的连接点和控制点进行平差解算，以提高区域内每景影像的绝对定位精度以及影像之间的相对定位精度。PIE-SAR 软件提供了两种基于区域网平差的几何校正方法：①基于 RPC 模型区域网平差的几何校正；②基于 RD 模型区域网平差的地理编码。

5）影像镶嵌

影像镶嵌是将经过几何校正后的具有相同地理参考的多相邻 SAR 影像拼接成一幅大范围的图像的过程。

3. InSAR 干涉处理

合成孔径雷达干涉（Interferometric Synthetic Aperture Radar，InSAR）技术是利用干涉成像的两副 SAR 天线同时观测（单轨模式）或一副天线重复观测（重复轨道模式），获取同一地区具有一定视角差的两幅具有相关性的单视复数据图像，然后根据其干涉相位信息实现对 DEM 的提取。InSAR 具有测量精度可达毫米级的潜能，被广泛应用于地形测量、形变监测等方面。

空间失相关和时间失相关是影响雷达干涉测量提取地形和地表形变的主要误差源。在选取 SAR 干涉对时，需要综合考虑时间基线和空间基线。选择时间基线时，应尽量选择时间基线较短以及影像获取时间位于同一季节的干涉对，而干涉对的空间基线需要根据研究区域、所用影像特点以及研究需求折中选择，不宜过长也不宜过短（刘国祥等，2019）。

InSAR 获取 DEM 的一般处理流程主要包括：主/辅 SAR 数据预处理、图像配准、干涉图生成、去平地效应、干涉图滤波、相位解缠、基线精估计、相位转高程、地理编码等。

1）主/辅 SAR 数据预处理

将雷达接收的原始信号处理成可视的二维 SAR 影像，并取得二维影像上各点的相位，为后续利用 SLC 影像提取高程做准备。两幅 SAR 影像中，一般成像较早的影像作为主影像，成像较晚的影像作为辅影像。

2）图像配准

图像配准是将同一目标地区的主、辅 SLC 影像在空间位置上精确配准，使得两幅图像中的同名像点一一对应。其主要包括三个步骤：粗配准、精配准和影像重采样。

粗配准是采用卫星轨道参数计算的方法或人工干预的方法，从两幅 SAR 影像中识别出少量的同名点，基于同名点间的像素坐标偏移值，通过简单平移，实现主、辅影像同名像点与相应地面点几何关系的基本对应。

精配准是在粗配准的基础上进行亚像素级匹配处理，实现主、辅影像同名像点与相应地面点几何关系的精确对应。通常，图像的配准误差必须在 1/8 个像元以下才会对干涉条纹的质量没有明显的影响。目前，常用方法主要有：相干系数法、最大干涉频谱法、相位差影像平均波动函数法、基于相位的最小二乘法、基于强度的最小二乘法等。重采样后的主、辅影像具有相同的雷达影像坐标空间。

配准完成后，需要对辅影像进行重采样，将辅影像的坐标投影到主影像对应的坐标中，使投影后的辅影像上的某一像点严格对应主影像上的像点。在重采样过程中，插值算法直接决定了重采样的运算速度和精度，当前较为常用的重采样方法有最邻近法、双线性插值法、三次样条插值法等，在干涉测量中一般选用具有高保真度的三次样条插值法。

3）干涉图生成

在对辅影像进行重采样后，对配准后的主影像和重采样后的辅影像进行复共轭相乘得到干涉图，干涉图对应相位即两幅 SAR 复影像的相位之差。

4）去平地效应

平坦地区的干涉相位随距离向和方位向的变化而周期性变化的现象称为平地效应。生成的干涉条纹图包含由地形高程引起的稀疏干涉条纹，也包含平坦地面产生的线性变化的干涉条纹，这些条纹和地形起伏引起的条纹叠加在一起造成干涉条纹非常密集，给后续相位滤波与相位解缠带来难度。目前的方法有：①基于轨道参数和成像区域中心点的大地经纬度计算平地效应；②通过测量干涉条纹频率来估算平地相位，然后消除平地效应；③采用已有的粗精度 DEM 数据进行平地效应的消除；④根据图像能量参数计算平地效应。

5）干涉图滤波

由于时间失相干因素、重采样、阴影和系统热噪声等因素的存在，条纹中存在大量的相位噪声，严重影响相位解缠的精度。当前常用的相位滤波方法有：基于傅里叶变换的低通、带通、Goldstein 自适应滤波等频率域法，基于空间统计分析的均值、中通、Lee 滤波和 Frost 滤波等空间域滤波方法（刘国祥等，2019）。

6）相位解缠

相位解缠是恢复干涉图真实相位的过程。干涉图中提取的差分干涉相位在 $[-\pi, +\pi)$ 呈周期性变化（或缠绕相位），为了得到与地形高程信息关联的真实相位，必须在差分干涉相位的基础上加上整数周相位 $2k\pi$（其中 k 为整数）。目前，常用的相位解缠方法有：枝切（Branch-Cutting）法、最小二乘法和网络流算法等。

7）基线精估计

基线是成像瞬间两天线相位中心的空间距离，其长度与基线水平角是计算地面点高程的必需参数。低精确性的基线估计通常会引起生成的 DEM 中产生明显的"斜坡"效应。目前，基线精估计方法有：基于卫星轨道状态矢量的估计方法、基于干涉图自身信息的估计方法、基于外部控制点的估计方法。

8）相位转高程

相位转高程是根据雷达成像几何关系，将解缠后的相位转为高程值。在估算出基线、解缠相位并拟合出轨道参数后就可以重建 DEM。在已知精确星历参数的前提下，可直接求解卫星高、侧视角、基线等参数，然后求解高程。在轨道参数不精确的情况下，一般利用地面控制点求解参数。

9）地理编码

地理编码是将得到的雷达坐标系统（即斜距/多普勒坐标系统）下的高程结果转换为通用的地图投影坐标系统（如 WGS84）。进行地理编码的原因包括：纠正由地形起伏造成的 SAR 影像几何变形、便于与已有地理坐标系下的其他资料进行比较和融合。

4. DInSAR 处理

合成孔径雷达差分干涉（Differetial Interferometric Synthetic Aperture Radar，DInSAR）测量技术是利用同一地区形变前、后两幅不同时相的 SAR 影像，通过差分干涉处理去除干涉相位中除地表形变相位以外的其他相位（平地效应、地形相位、大气延迟等），得到干涉相位中形变部分，进而获得地表形变信息。

DInSAR 形变监测的实现方法有：二轨法、三轨法和四轨法。①二轨法的思想是对同一地区不同时相的形变前和形变后的两幅 SAR 影像组成干涉对进行差分干涉处理，使用已知外部 DEM 消除地形产生的干涉相位，最终获得主要包含形变信号的差分干涉相位。②三轨法需要同一地区不同时相的三景 SAR 影像，其中两景时间基线较短影像生成的干涉对被认为只包含地形信息，另外两景时间基线较长或者分别在形变前和形变后成像影像组成的干涉对被认为同时包含地形相位信息和形变相位信息，去除仅包含地形信息的干涉对后，将形变相位转为沿视线方向的形变量，获得地表的形变信息。③四轨法与三轨法原理相似。需要同一地区不同时相的四景 SAR 影像，组成两组主、辅影像对，其中一对影像用于生成 DEM，另外一对影像用于生成含有地形和形变信息的干涉对。

由于覆盖全球的高精度外部 DEM 数据可以免费获取，利用已知外部 DEM 数据进行 DInSAR 地表形变监测的二轨法最为常用。二轨法的数据处理流程主要包括主/辅 SAR 数据预处理、SAR 影像配准、干涉图生成、去平地效应、干涉图滤波、相位解缠、地理编码、DEM 裁剪、模拟地形相位、DEM 坐标转换、幅度配准、模拟地形相位、提取形变相位、相位转形变量等处理。

DInSAR 技术是 InSAR 技术的扩展，目前已经成为监测地表形变的一种重要技术手段。两者的主要区别在于 DInSAR 技术引入外部高程 DEM 计算地形相位贡献量，并与之差分，其相较于干涉测量主要增加了以下几个关键步骤：

1）DEM 裁剪及 SAR 影像模拟

根据 SAR 影像参数文件及 DEM 参数文件确定与 SAR 影像覆盖范围相同的 DEM 覆盖范围，并基于地形数据模拟 DEM 坐标系下的 SAR 幅度图。

2）DEM 坐标转换

根据卫星轨道参数、成像参数及 DEM 每个像元的地面坐标，计算每个 DEM 像元所对应的 SAR 坐标系下的坐标，根据计算结果，将地理坐标系下 DEM 模拟的幅度图采样到 SAR 影像空间。

3）幅度配准

幅度配准主要是进行模拟 SAR 影像与主 SAR 影像精配准。将 DEM 裁剪及 SAR 影像模拟中得到的模拟幅度图与真实 SAR 幅度图进行精配准，配准过程与 SAR 影像之间的精配准类似，在得到精确的偏移量后，进行配准多项式拟合，求得每个像元的偏移量，然后将所裁剪的 DEM 数据采样到 SAR 影像空间，即可获得每个 SAR 影像像元位置对应的地表高程值。

4）模拟地形相位

模拟地形相位是利用监测区域已有的 DEM 数据，根据主辅影像的偏移信息和基线信息生成地形的模拟干涉相位，从真实干涉图中减去模拟地形相位，进而获得监测区的地表形变信息。

5）提取形变相位

模拟地形相位完成后，对干涉图与模拟的地形相位做差运算，得到最终的形变相位。

6）相位转形变量

将提取的形变相位转换为地表形变量，得到的形变量结果的计量单位为 m，正值代表抬升，负值代表沉降。

5. MT-InSAR 处理

DInSAR 技术易受时空失相干、大气效应的影响，不适用于缓慢形变的监测。时序雷达干涉（MT-InSAR）技术以永久散射体干涉合成孔径雷达（Persistent Scatterer Interferometric Synthetic Aperture Radar，PS-InSAR）测量法、短基线集干涉合成孔径雷达（Small Baseline Subset InSAR，SBAS-InSAR）测量法两种方法最为经典，能够实现区域尺度长时序、毫米级形变监测。本节以 PS-InSAR 时序分析方法为例进行介绍。

PS-InSAR 时序分析方法的基本思想是将覆盖同一区域的 SAR 影像时间序列中保持稳定雷达散射特性的点［即永久散射体（Persistent Scatterer，PS）］提取出来，依赖 PS 点构建网络，提取相位信息，构建相位函数模型，采用合理的模型算法，实现地表形变信息的精确提取。PS-InSAR 形变监测技术流程主要包括时序差分干涉图生成、PS 点选取和形变量估计三部分。

1）时序差分干涉图生成

选取覆盖同一研究区的 N 幅不同时相的 SAR 影像，并转换为标准数据格式的单视复数据图像。根据时空基线参数及多普勒中心频率选取其中的一幅影像作为公共主影像，其余 $N-1$ 幅影像作为辅影像；然后，将所有辅影像分别与主影像进行配准和重采样，得到 N 幅配准的 SAR 影像和 $N-1$ 个干涉对。对 $N-1$ 个干涉对分别做复共轭相乘，得到 $N-1$ 幅原始干涉图，并结合卫星轨道、成像几何模型和外部 DEM 数据，去除原始干涉图中的平地相位和地形相位，得到一系列时序差分干涉图。

2）PS 点选取

PS 点是在长时间序列中能够保持高相干性且强散射特性的地物目标，如建筑物、桥梁、裸露岩体等，PS 点的选择对于后续的形变反演至关重要。通常先采用振幅离差阈值法挑选出高振幅值的像元作为 PS 候选点，在提取 PS 候选点时应兼顾点的密度和可靠性；然后分析其散射特性的稳定性，采用振幅离差指数阈值法选出 PS 点。

3）形变量估计

建立相邻 PS 点差分干涉相位模型，并求解得到 PS 点的线性形变速率、DEM 误差，然后从初始差分干涉相位中去除线性形变分量和 DEM 误差分量得到残余相位，主要包括大气延迟相位、非线性形相位和噪声相位，通过时空滤波将残余相位中的大气延迟相位、非线性形相位进行分离。最后，将线性形相位与非线性形相位进行叠加得到真实的形变相位，并将提取的形变相位转换为地表形变量。

PS-InSAR 技术利用稳定且小于像元尺寸的永久散射体，可以实现大气效应贡献值的有效去除，进而获得高精度的地表形变值。在实际处理过程中，PS-InSAR 技术应用的测量区域要求有较多的天然散射体（如城市和岩石裸露较多的地区）且范围不宜过大，同时要求选取的点要满足一定的密度（$\geqslant 3PS/km^2$）。

6. PolSAR 处理

极化合成孔径雷达（Polarimetric Synthetic Aperture Radar，PolSAR）影像解译是当前 SAR 影像处理领域的重要分支，可以获取更为丰富的地物散射信息。PolSAR 影像含有丰富的目标信息，但大量信息隐含在复散射矩阵无法直接获取，通过影像解译提取隐藏在影像中的地物信息变得十分重要。极化 SAR 分类为极化 SAR 图像解译的重要内容，它首先利用多种极化分解方法快速提取出不同目标散射机理，然后采用 Wishart 分类、最小距离分类、人工神经网络分类、最大似然分类等分类方法进行图像的监督、非监督分类，分类结果可用于极化 SAR 图像的目标检测与识别。下面以 PIE-SAR 软件为例，介绍 PolSAR 影像的处理流程（图 3-5），通常包括数据导入、极化合成、极化矩阵转换、极化滤波、极化分解、极化分类、目标检测、地表参数估计等环节。

1）数据导入

数据导入与"SAR 影像基础处理"小节中的数据导入处理类似，在此不再赘述。

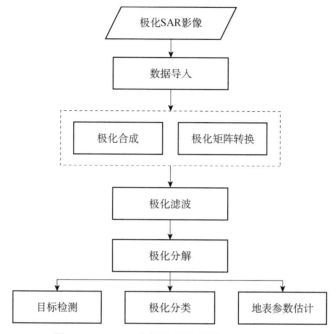

图 3-5　PolSAR 数据处理流程图（PIE-SAR）

2）极化合成

极化合成是基于散射矩阵或 Stokes 矩阵，根据收发天线的不同极化组合状态计算地物目标的最优接收功率的过程，采用极化合成方法可使全极化 SAR 影像表现出比传统单极化、双极化更加明显的优势。

3）极化矩阵转换

极化 SAR 影像处理过程一般在极化协方差矩阵或极化相干矩阵的基础上进行。极化数据矩阵包括散射矩阵 S、协方差矩阵 C、相干矩阵 T 等，极化散射矩阵 S 只能够描述所谓的相干或纯散射体，对于分布式散射体，通常采用二阶描述子进行描述，将极化散射矩阵 S 转换为极化协方差矩阵 $C3/C4$ 或极化相干矩阵 $T3/T4$，不仅能够更加充分地描述目标地物的散射特性，而且扩充了 SAR 数据的信息量。

4）极化滤波

由于雷达经过地物反射的电磁波相干产生的相干斑噪声严重降低了影像质量，大大增加了影像解译的难度，因此需要进行滤波降噪处理。极化信息不仅包括各通道的功率信息，还包括其通道间的相对相位信息。对于全极化 SAR 数据，相干斑滤波需要考虑 4 个通道（HH、HV、VH、VV）的滤波，以及 4 个通道之间的相关性。极化 SAR 滤波方法主要包括：精致极化 Lee 滤波、极化 Box 滤波、极化高斯滤波、极化白化滤波等。

5）极化分解

极化分解可以分离地物不同散射机制引起的极化特征，是基于目标极化特性进行信息提取和目标分类的有效手段，有助于利用极化散射矩阵揭示散射体的物理机理，便于分析目标复杂的散射过程。目前，常用的极化分解方法有 Freeman 分解、Pauli 分解、

H/A/Alpha 分解、Yamaguchi 分解、AnYang 分解、Huynen 分解、Krogager 分解以及 Cameron 分解等。

6）极化分类

极化分类分为监督分类和非监督分类。非监督分类是不加入任何先验知识，利用自然聚类的特性进行分类。分类结果区分了存在的差异，但不能确定类别的属性。常用的非监督分类方法有 Wishart 分类、ISODATA 分类、K-Means 分类、神经网络聚类、模糊 C 均值聚类（Fuzzy C-Means，FCM）等。监督分类是根据已知训练场地提供的样本，通过选择特征参数、建立判别函数，把图像中各像元归化到给定类中的分类处理。常用的监督分类方法有 Wishart 分类、最大似然分类、支持向量机、随机森林等。

7）目标检测

极化 SAR 接收的回波具有幅度、相位、频率与极化信息，能够完整地描述目标物理散射过程。不同目标因具有不同的后向散射强度、电介特性、几何特性，在极化 SAR 影像中表现出不同的极化特性，根据这一极化特性可进行不同目标的检测。基于极化 SAR 影像的目标检测方法主要包括基于极化特性的方法、基于散射特性的方法、基于统计模型的方法以及基于机器学习理论的方法。

8）地表参数估计

由于雷达信号对地物的介电特性和几何结构比较敏感，因此可用于表面粗糙度、土壤湿度等地形地表参数估计。

3.2.4　无人机影像处理

无人机摄影测量系统由飞行平台、飞控、地面站、影像数据后期处理等组成。其中，前几部分是为了确保获取质量较高的影像数据和全球定位系统（Global Positioning System，GPS）/惯性测量单元（Inertial Measurement Unit，IMU）数据，影像数据后期处理则是将获得的影像进行处理，拼接成一幅完整的测区地图或其他数字产品。制作数字正射影像图的方法在不同遥感系统获取的图像下不尽相同。下面分别对无人机航摄影像常规处理流程与无人机倾斜摄影测量处理流程进行介绍。

1. 无人机航摄影像常规处理

数据处理是无人机低空遥感系统的核心工作，主要包括影像匹配、空中三角测量、DEM 生成、DOM 生成、影像匀色、镶嵌线生成、影像镶嵌等步骤（图 3-6）。

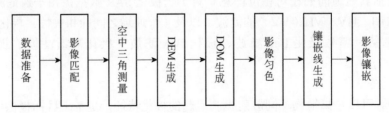

图 3-6　无人机航摄影像常规处理流程

1）影像匹配

影像匹配是利用数字相关模型寻找两幅（或多幅）影像之间同名像点的过程。尺度不变特征变换（Scale-invariant Feature Transform，SIFT）特征匹配算法因具有较快的运算速度和较好的抗噪声能力而成为目前最常用的方法。

2）空中三角测量

空中三角测量是利用少量必要的外业测量控制点，按一定的数学模型［如运动恢复结构算法］，平差解算出待定点（或加密点）的平面坐标和高程及每张像片外方位元素的测量方法。其目的是在保证测图精度的前提下，减少野外工作量，降低不易测量控制点的地形复杂地段或者危险区域的测图难度。根据平差中采用的数学模型，空中三角测量可以分为航带法空中三角测量、独立模型法空中三角测量和光束法空中三角测量，其中，光束法空中三角测量应用最为广泛。

3）DEM 生成

DEM 生成主要以空中三角测量解算的连接点三维坐标为输入，通过点云滤波处理和点云栅格化两个步骤来生成。点云滤波的目的在于自动并客观地将三维点云划分为地面点和地物点，从而分离地物点仅保留地面点用于 DEM 生产。点云栅格化使用空间插值算法来完成，空间插值算法是通过探寻已知空间点数据规律，外推或内插得到整个研究区域的数据方法，即由区域已知点值得到面值的方法，常用的空间插值算法有三角网插值算法和反距离加权插值算法等。

4）DOM 生成

DEM 生成后，利用空中三角测量加密成果和 DEM 制作 DOM。一般采用 DEM 进行数字微分纠正，即将中心投影或其他投影方式的数字影像进行逐像元投影差改正来得到 DOM。DOM 作为摄影测量的重要产品，具有信息量丰富、精度高、空间分辨率高、内容真实直观、现实性强等特点，被广泛应用于区域发展规划、国土资源管理开发、农村土地确权颁证、国家大型基础设施建设、环境动态监测等国民经济领域。

5）影像匀色

相比于卫星遥感影像，无人机影像具有数量大、分辨率高、重叠度高、获取时相一致、云雾干扰较小等特点，其数据集的整体色调一致性较高，可以直接采用全局匀色的方法平滑影像间的色差，但在低空无人机影像处理中，也常出现相邻正射影像之间存在明显地物色彩不一致的情况，需要综合使用局部匀色方法，并采用局部匀色下采样等手段减小地物色彩差异的影响。实际工程化应用中，往往采用分块并行技术以及"全局+局部匀色策略"来提高匀色效率与质量。

6）镶嵌线生成

在无人机图像处理中，单幅影像通常无法覆盖航摄测区范围，因此大范围 DOM 的生产需要对多幅影像进行镶嵌处理。镶嵌线的生成是影像镶嵌中的关键步骤。目前，镶嵌线生成算法主要分为基于 Voronoi 图的镶嵌线生成算法和基于影像内容的镶嵌线生成算法。其中，基于 Voronoi 图的镶嵌线生成算法是无人机影像镶嵌处理通常采用的算法。

7）影像镶嵌

无人机影像镶嵌的处理流程与高分辨率光学卫星影像镶嵌处理类似，此处不再赘述。

2. 无人机倾斜摄影测量处理

无人机倾斜摄影测量技术是无人机搭载多镜头相机（通常是 5 个镜头相机）对拍摄区域进行全方位拍摄，经过内业差分处理制作出具有地物准确位置和清晰纹理的高分辨率三维实景模型。处理流程包括：影像初匹配、多视影像联合区域网平差、多视影像密集匹配、不规则三角网（Triangulated Irregular Network，TIN）构建、纹理映射等。

1）影像初匹配

影像初匹配（即稀疏匹配）是通过相应的算法（一般采用 SIFT 算法）在相同地形地物的不同影像之间提取同名特征点，从而恢复影像与影像之间的相对位置关系。影像初匹配的过程如下：首先，提取影像中具有典型特征且不易误匹配的同名特征点；然后，赋予特征点可描述其特征的信息；最后，对同名特征点进行匹配，建立不同影像的特征点集间的对应关系。同名特征点的提取以特征点描述为依据，描述信息的相似度越大，两点为同名特征点的概率越大。

2）多视影像联合区域网平差

无人机倾斜摄影获取的多视影像数据包括垂直视角影像和倾斜视角影像，传统的空中三角测量系统多适用于近似垂直摄影的影像数据处理，无法较好地处理倾斜摄影影像。为了解决大视角变化引起的像片间几何变形和遮挡的问题，常采用多视影像联合平差处理方法对倾斜影像进行处理，即将像片的 POS 姿态数据作为外方位元素的初始值，与控制点数据联合进行平差。平差过程中，POS 姿态数据和控制点数据所占比重的不同，会对整体平差精度造成不同影响。

3）多视影像密集匹配

多视影像密集匹配的目的是生成密集点云，进而恢复目标三维信息。其技术流程为：在空中三角测量的基础上，利用影像匹配的方法进行密集匹配；然后，利用前方交会的方法，根据定向元素和密集点影像匹配结果计算同名像点的地面坐标，获取密集的三维离散点云；最后，利用 DEM 内插方法，如线性、双线性、多项式内插等插出格网点，建立矩形格网 DEM。倾斜影像具有多视角、影像畸变大的特点，需要多匹配基元来进行匹配，目前多视影像密集匹配常用的算法包括运动恢复结构算法、多视图聚簇算法、基于面片的密集匹配算法等。

4）TIN 构建

利用多视影像密集匹配生成的高密度点云构建不同层次细节的三维 TIN 模型。TIN 构建的过程如下：首先，进行网格初始化得到种子三角形；然后，进行不规则 Delaunay 三角网构建，得到真三维网格，常用的算法有三角网生长算法、分割合并法、逐点插入算法、凸包算法等；最后，对真三维网格上的空洞进行修补，得到最终的网格模型。每一个物体均通过构建三角网完成。三角网的大小和密集程度与航片重叠度、地物复杂程度密切相关。对于地面相对平坦的区域，可对其三角网进行优化，从而降低数据的冗余度。

5）纹理映射

为了获得具有真实视觉效果的实景三维模型，需要对构成不规则三角网的白膜数据进行纹理映射。纹理映射是建立二维纹理空间点与三维物体空间表面点对应关系的过程（姜翰青等，2015）。根据纹理表现形式的不同，映射方法分为颜色纹理、几何纹理和过程纹理。

3.3　PIE-Engine Factory 介绍

3.3.1　设计思想

PIE-Engine Factory 是一款面向国内外主流遥感卫星、航空摄影数据提供标准化产品生产、管理、调度及质检一体化服务的分布式处理平台。该平台采用先进的分布式计算、CPU 与 GPU 混合调度及可扩展流程驱动等技术，将复杂、耗时的生产环节编排成可自动化执行的生产流程，实现大规模影像数据的快速自动化生产；采用云原生技术，以微服务架构进行设计。在处理效率方面，平台基于三级并行（任务并行、数据并行和功能并行）的遥感影像集群处理思想，计算处理效率较高。在任务管理和计算调度方面，采用可视化流程监控技术，对任务包生成、任务调度、计算节点分配和流程定制等环节进行全流程生产可视化显示监控。

PIE-Engine Factory 遥感处理服务平台系统架构如图 3-7 所示，层次结构逻辑自下而上分为 IaaS 层、DaaS 层、PaaS 层、SaaS 层共四层。IaaS 层是平台架构的基础设施层，通过虚拟化技术，对物理设备进行虚拟化，将 CPU、网络、存储、内存等资源整合成为统一管理的计算资源、存储资源、网络资源，用户可以根据需要，动态增加或减少服务资源，不用考虑资源来源或者资源是否够用。DaaS 层是平台架构的数据服务层，为上层的应用系统提供各种信息资源及数据服务，具备分布式并行处理能力，包括卫星/航空影像数据库、正射/融合影像数据库、地图瓦片数据库、业务服务库、算法库、流程模型库、镜像库、日志索引库、影像索引库、资源监控库等，保障本系统的数据调用与运行处理的需求。PaaS 层是平台架构的服务层，提供了一套统一完整的面向业务的应用服务，包括算法插件管理、镜像管理、流程编排调度、数据管理、数据产品标准生产以及影像服务、地图服务、资源监控等各类支撑服务等；具有弹性可伸缩的大规模集群资源调度和管理能力、超强的海量数据并行处理能力、可视化处理流程编排和实时监控能力，为算法并行与影像数据处理提供强有力的支撑。SaaS 层是平台总体架构的应用层，支持基于遥感和地理时空数据的多行业应用，包括但不限于北斗导航、农业信息管理、应急管理服务、自然资源管理、极端天气分析、海洋环境监测等，在云上向政府、企业提供接入即用的空间信息、遥感应用解决方案与应用服务系统等。

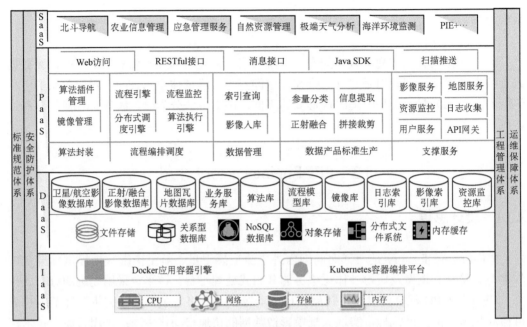

图 3-7　PIE-Engine Factory 遥感处理服务平台系统架构图

3.3.2　基本功能

　　PIE-Engine Factory 遥感处理服务平台现已发展到 2.0 版本，即 PIE-Engine Factory 2.0，该平台由信息展示、质量检查、数据管理、任务中心、资源监控、模型管理、系统管理、用户中心等模块构成，功能模块描述见表 3-5 和图 3-8。

表 3-5　PIE-Engine Factory 2.0 模块描述

模块名称	模块描述
信息展示	展示系统的基本情况，包括总处理数据量、总处理景数、总任务个数、算法总数、任务情况、资源情况及在地图上展示指定区域一段时间内的生产情况
质量检查	对入库的数据进行质量检查，支持全部检查和抽样检查；其中，抽样检查支持手动选择某些数据进行抽检，或根据抽检率进行自动抽检
数据管理	管理生产入库的数据，包括数据查询和数据维护，其中数据查询的结果可以再次加入生产任务进行数据生成
任务中心	管理任务生产线，记录所有处理加工任务的信息，实时更新任务进度；通过任务状态可分为全部任务、待执行任务、执行中任务、执行结束
资源监控	用来对系统的硬件资源进行管理、监控
模型管理	对算法及生产线进行新增、编辑、更新等
系统管理	对平台的用户账号权限、账户可用卫星影像模型、控制影像、发布影像等进行管理
用户中心	提供用户手册、系统常见问题、个人信息、修改密码、版本查看、认证授权等服务

图 3-8　PIE-Engine Factory 遥感处理服务平台界面

3.3.3　操作方法

PIE-Engine Factory 2.0 遥感处理服务平台提供了丰富的算法和生产线模板：支持光学、高光谱、SAR 等影像数据标准产品自动化、批量化生产。平台操作流程包括：算法注册、流程编辑、任务提交、任务监控、结果查看（图 3-9）。

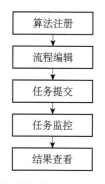

图 3-9　PIE-Engine Factory 2.0 遥感处理服务平台处理流程

1. 算法注册

算法注册主要用于可见光、高光谱、SAR 等多源数据处理、植被生态变量反演、地表物理变量反演、图像分类算法等多类型算法的上传、注册；其分为一键上传和详细信息注册两种方式：一键上传是将已经打包封装好的 zip 格式算法压缩包进行上传，算法压缩包由 json 格式的算法描述文件和算法插件两部分构成；详细信息注册添加是将算法插件上传，其他信息由用户通过平台页面在线填写补充的形式生成 json 格式算法描述文件，进而实现算法的注册。平台支持对使用 Python、C++、IDL、MATLAB 等多种语言在 Linux 环境下编写的算法插件进行封装，并且注册的算法数量不受限制。下面将主要对一键上传方式的算法注册过程进行介绍。

在【模型管理】模块下的【算法管理】模块中进行算法的注册，点击【+算法】按钮，弹出【添加算法】对话框，在这里我们需要选择算法的分类（图 3-10、图 3-11）。然后选择需要上传的算法，目前平台支持 zip 压缩包格式的单个算法或批量算法上传。上传完成后，【添加算法】窗口会显示所上传算法的基本信息，见图 3-12。

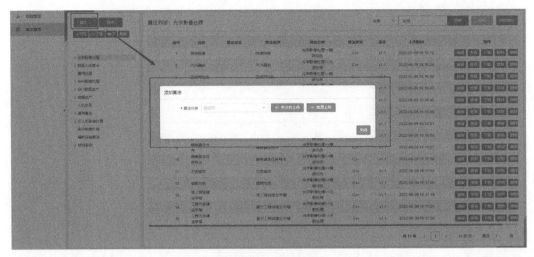

图 3-10　添加算法

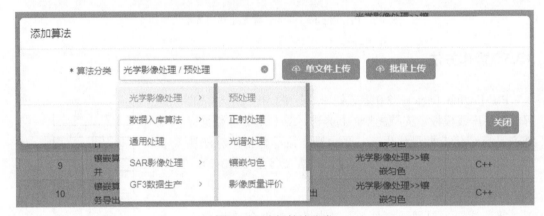

图 3-11　选择算法分类

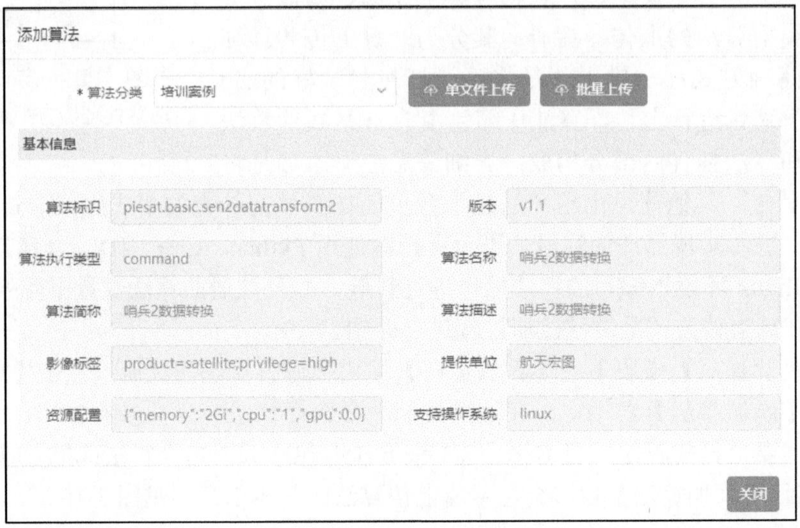

图 3-12　上传算法的基本信息

上传完成后，在预处理算法列表中可以对该算法进行执行、编辑、查看、下载、复制和删除（图 3-13）。

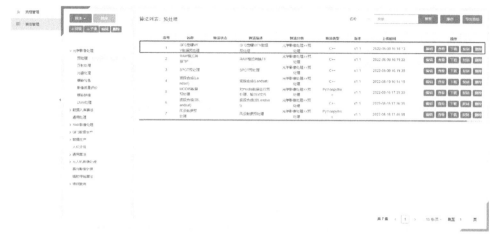

图 3-13 算法编辑

算法上传完成后，要进行流程编辑，流程编辑主要是根据用户业务需求，使用流程线组合各种算法定制数据处理流程，实现海量遥感数据的高效处理。

在【模型管理】模块下的【流程管理】下选中流程列表，点击【+流程线】进入流程编辑界面（图 3-14）。

图 3-14 创建流程线

搜索并选择所需的算法，将其拖拽在编辑面板上，将各功能算法按顺序用连接线进行连接，对每个算法的参数进行设置，按照流程拖拽参数实现传参，完成流程的创建，设置完成后将其保存（图 3-15）。

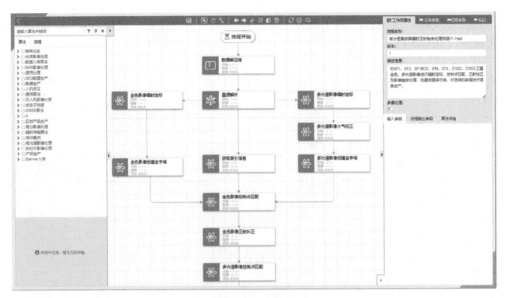

图 3-15　流程线

2. 任务提交

任务主要是为了进行加工处理而创建的事务，分为常规任务和推送任务两大类。常规任务是指通过选择流程线、处理数据及设置处理参数后手动提交的任务；推送任务是指根据系统中设置的推送规则，对指定目录进行扫描并自动创建的任务。

1）创建常规任务

创建常规任务有两种方式：一种是单击流程线编辑界面右上角的创建任务按钮，弹出【任务创建】界面，并进行参数设置，完成生产线任务的创建（图 3-16、图 3-17）。

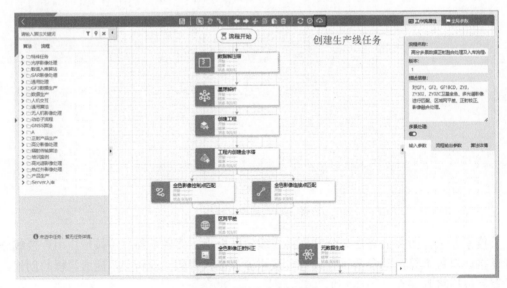

图 3-16　创建生产线任务

图 3-17　创建生产线任务——参数设置

另一种是将流程保存后，去往任务中心，选择上一步创建流程的流程列表，点击创建任务按钮，弹出【任务创建】界面，设置好参数，点击执行即可完成任务创建（图 3-18）。

图 3-18　加工处理任务创建

点击【执行】进行任务创建，提交成功后会有提示【提交任务成功】，在【任务列表】下方显示刚提交任务的列表信息，处理数据时，会将数据的数据框显示在地图上，可以对数据生产过程进行监控（图 3-19）。

图 3-19 任务执行界面

2）创建推送任务

推送任务可对推送到指定目录的数据进行扫描并自动创建处理任务。用户可根据推送数据的处理需求，设定扫描目录/生产目录、扫描间隔、数据后缀、完整标识、处理规则、选择流程。下面以 GF（高分）、ZY（资源）系列卫星推送数据自动化处理任务为例，介绍推送任务创建的过程。首先，跳转到【创建推送任务】界面进行任务参数的设置。

（1）任务参数设置：输入任务名称、任务描述，选择创建人，设置任务优先级（图 3-20）。

图 3-20 一般参数设置

（2）扫描目录/生产目录：点击对应参数后的 ▣ 按钮，弹出选择相应目录对话框进行设置，选择被扫描的目录文件夹，设置扫描目录和生产目录（图 3-21）。

（3）扫描间隔：系统扫描文件目录的时间间隔；扫描间隔分为四种（按分钟、按小时、按天、按月），左侧设置时间，右侧输入框设置次数（图 3-22）。

（4）匹配后缀：数据传输完成的标识文件（图 3-23）。若数据传输完成，系统检测到此文件则会自动触发处理流程，非必填参数。若数据量大，推荐使用【匹配后缀】参数设置，【匹配后缀】参数设置可保证扫描操作后处理用户数据的精确性和完整性。在此需要注意的是：标识文件命名必须包含数据压缩包的全部名称，包括后缀'.tar''.tar.gz'等。

图 3-21　扫描目录选择窗口

图 3-22　选择扫描间隔

图 3-23　数据传输完成的标识文件

设置完成后，在【创建推送任务】界面，进行匹配后缀参数设置（图 3-24）。

（5）填写完整标识，如果有标识，则填写相应的标识，有标识才能触发任务；如果没有标识，则可以不用填写。其优先级比数据后缀高。

（6）设置处理规则，包括文件开头、文件结尾、文件包含、文件不包含、自定义，右侧输入相应的字符串，如图 3-25 所示。

图 3-24　匹配后缀参数设置完成　　　　　　图 3-25　处理规则设置完成

（7）选择流程，点击右侧输入框展开下拉框，下拉框中有多个流程，在输入框中可输入关键字进行过滤得到过滤后的流程（图 3-26）。

图 3-26　流程关键字过滤

选择所要进行推送的流程，下方会显示其对应的参数，进行参数设置（图 3-27），在需要进行数据录入的参数后选中【扫描目录】，在数据生产输出参数后选中生产目录，选中后输入框中为空白，也可进行自定义路径，点击 ▉ 进行路径选择，会将相应的路径填充到相应的输入框中。高级设置中可设置计算分配策略和执行跳过环节。

设置完成后，点击右上角的【确定】，提交任务后，系统检测到【扫描目录】内有新的数据产生会自动进行数据处理。

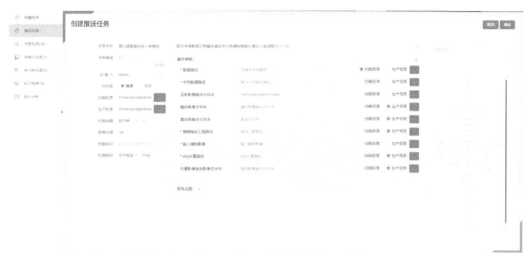

图 3-27　流程参数设置

3. 任务监控

任务监控主要是对平台上的流程任务的执行状态进行监控。

点击【监控】，进入监控界面（图 3-28），在该界面可以看到流程执行状态和各个步骤的状态，分为成功、失败、警告、待执行、执行中、跳过；流程图中的绿色部分为已处理任务，红色部分为失败任务，黄色部分为警告，灰色部分为待执行，蓝色部分为执行中任务。若流程显示为黄色（即警告），说明当前算法处理任务"部分失败"，可以对数据处理流程中的多个处理步骤（在此将数据处理流程中的某个处理步骤称为"节点"）进行重试、错误重试、停止、重启和查看流程操作。

图 3-28　监控界面

点击任意节点可以查看该节点步骤的信息，这里分为【任务详情】、【参数设置】

和【影像查看】，可以对其任务状态、日志和参数的设置以及生成的影像进行查看（图 3-29）。

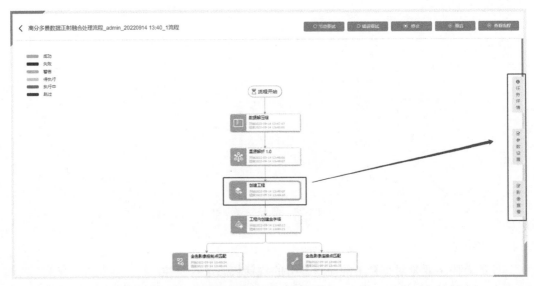

图 3-29　节点步骤信息

在【任务详情】界面中，可以查看开始时间、结束时间、进度、状态和任务日志（图 3-30）；可以根据处理状态对每一条任务进行查询，点击任务详情窗口中的 ⬚ 按钮，即可获取任务日志（图 3-31）。

图 3-30　任务详情

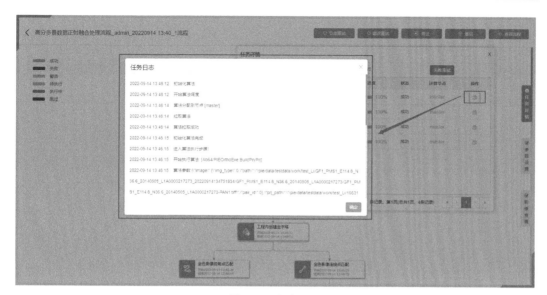

图 3-31　任务日志

【参数设置】界面中显示了该节点步骤的输入参数和输出参数，可以点击【编辑】对上述参数进行修改，修改完毕后点击【保存】即可。如果进行了参数的修改，参数修改完毕后需要点击【节点重试】重新提交任务；点击【查看文件】可以查看相关参数文件（图 3-32）。

图 3-32　参数设置

选中一个有影像输出的算法，点击【影像查看】，进入【影像查看】界面，可对该处理节点的输入、输出影像及系统管理配置的发布影像进行查看；可使用地图显示区左上方的工具栏对影像进行查看，在"左上 Map 窗口"中可以选择要显示的影像，包括算法中输入输出的影像，以及系统发布的影像，如参考影像、DEM 影像等，勾选期望的影像就可以使其在地图显示区中显示（图 3-33）。

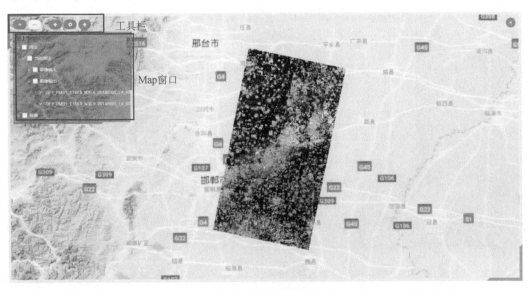

图 3-33　影像查看界面

可以使用卷帘工具进行查看，点击卷帘工具 ，打开卷帘，左侧出现"右下 map"
窗口。当卷帘工具的方向为横向/纵向时，"左上 map"窗口控制的是卷帘工具左侧/上侧
的影像，"右下 map"窗口控制的是卷帘工具右侧/下侧的影像。选择相应地图的影像，
进行卷帘查看，见图 3-34。

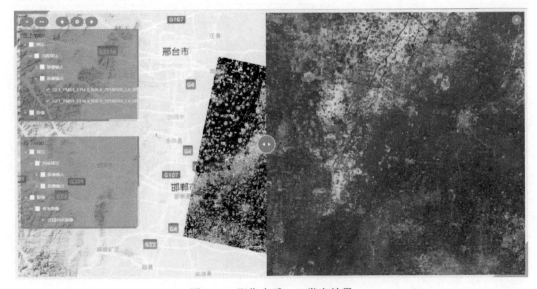

图 3-34　影像查看——卷帘效果

任务中有节点发生错误，修改完参数后可以进行节点重试，不必点击该节点，直接
点击【错误重试】，系统会自动检索到错误的节点进行重试（图 3-35）。

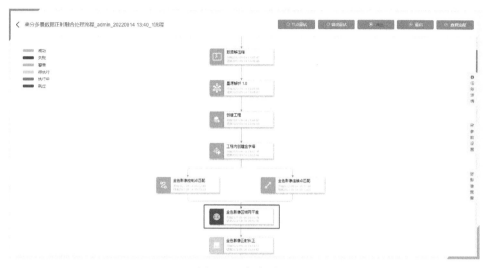

图 3-35　任务错误

点击【终止】，让正在执行的任务停止，执行中节点立即失败。

点击【重启】，让任务重新开始执行，参数和一开始设置的参数相同。只有执行成功或执行失败的任务能够重启，执行中的任务无法重启，需要先终止。

点击右上角的【查看流程】，可以查看该任务的流程、流程详细的参数设置和详细的信息。

当监控界面流程为全绿的通过状态时就意味着数据生产成功。

任务完成后，在任务中心进行结果查看，在任务列表里可对任务名称、开始日期、结束日期、优先级、任务状态进行查询（图 3-36）。在要查询的任务后点击【查看】，即可进入任务监控界面，可进行任务的下载、交互和删除。点击【下载】按钮，弹出【下载列表】对话框，可以选择需要的数据进行下载，同时，还可以对任务列表执行中的任务与待执行的任务修改优先级，使其优于其他执行任务。

任务列表

任务名称　开始日期　结束日期　优先级 全部 普通 优先

数据名称　任务状态 全部 执行中 待执行 成功 失败 部分失败　搜索 重置 重试 重启

序号	任务名称	任务来源	用户名	开始时间	结束时间	优先级	景数(成功/失败)	状态	操作
1	高分多景数据正射融合处理流程_admin_20220914 13:40	手动提交	admin	2022-09-14 13:46:26	2022-09-14 14:11:59	普通	2 (2/0)	成功	查看 下载 删除
2	treeh0914_mabowen_20220914 13:24	手动提交	mabowen	2022-09-14 13:27:46	2022-09-14 13:28:35	普通	1 (1/0)	成功	查看 下载 删除
3	ZY1E AHSI数据预处理辐射校正正射处理流程V1.2_guotingting_20220913 19:5	手动提交	guotingting	2022-09-13 19:06:12	2022-09-13 19:14:36	普通	2 (2/0)	成功	查看 下载 删除
4	影像自动拼接v1.2_guotingting_20220913 19:4	手动提交	guotingting	2022-09-13 19:05:15	2022-09-13 19:14:00	普通	2 (2/0)	成功	查看 下载 删除
5	GF5-AHSI数据预处理辐射校正正射处理流程V1.2_admin_20220913 18:53	手动提交	admin	2022-09-13 18:53:56	2022-09-13 19:08:48	普通	2 (2/0)	成功	查看 下载 删除
6	3dd_admin_20220913 17:13	手动提交	admin	2022-09-13 17:15:00	2022-09-13 23:21:59	普通	0 (0/0)	成功	查看 下载 删除
7	2D_guotingting_20220913 13:38	手动提交	guotingting	2022-09-13 13:39:47	2022-09-13 13:52:31	普通	0 (0/0)	成功	查看 下载 删除
8	高分正射纠正_admin_20220908 17:3	手动提交	admin	2022-09-08 17:04:11	2022-09-08 17:18:03	普通	2 (2/0)	成功	查看 下载 删除
9	植被提取0908_admin_20220908 11:31	手动提交	admin	2022-09-08 11:32:02	2022-09-08 14:27:35	普通	0 (0/0)	成功	查看 下载 删除
10	GF3C_maliangting_20220908 11:25	手动提交	maliangting	2022-09-08 11:26:02	2022-09-08 11:26:55	普通	1 (1/0)	成功	查看 下载 删除
11	植被提取0908_admin_20220908 10:37	手动提交	admin	2022-09-08 10:37:45	2022-09-08 11:16:17	普通	0 (0/0)	成功	查看 下载 删除
12	任务拆分测试_admin_20220907 15:33	手动提交	admin	2022-09-07 15:33:32	2022-09-07 15:33:48	普通	0 (0/0)	成功	查看 下载 删除
13	任务拆分测试_admin_20220907 15:29	手动提交	admin	2022-09-07 15:30:00	2022-09-07 15:30:14	普通	0 (0/0)	成功	查看 下载 删除
14	任务拆分测试_admin_20220907 15:20	手动提交	admin	2022-09-07 15:23:44	2022-09-07 15:23:53	普通	0 (0/0)	成功	查看 下载 删除
15	任务拆分测试_admin_20220907 15:18	手动提交	admin	2022-09-07 15:18:55	2022-09-07 15:19:04	普通	0 (0/0)	成功	查看 下载 删除

共 1175 条　‹ 1 2 3 … 79 ›　15 条/页　跳至 1 页

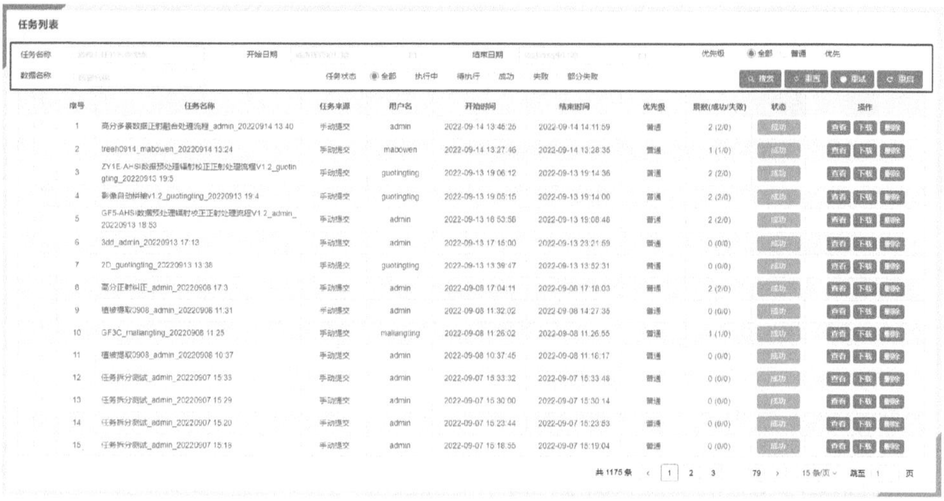

图 3-36　任务查询

只要数据处理流程中有入库的算法，即可进入数据查询界面进行结果查看，在数据查询模块中，可根据条件进行数据查询，找到生产的数据，也可以进行数据的缩略图（图 3-37）、时相、云量等信息的查看，还可以将数据发布为服务进行查看。点击数据名称就可查看该数据的详细信息（图 3-38）。

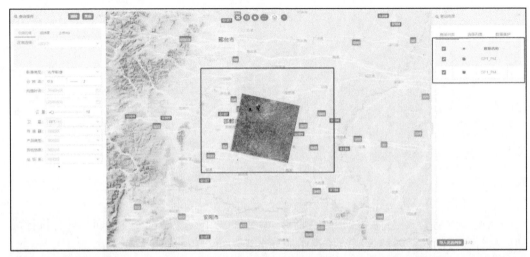

图 3-37　数据缩略图查看

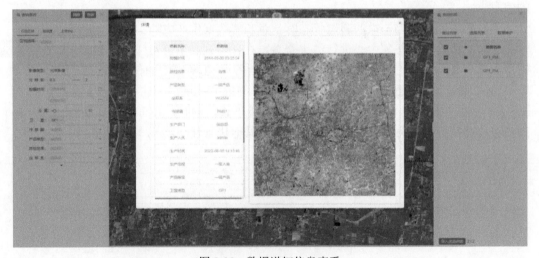

图 3-38　数据详细信息查看

3.4　应用实例——数字正射影像图（DOM）生产

PIE-Engine Factory 2.0 平台已构建多条面向海量多源、多分辨率遥感影像的标准产品、生产线，其支持 4 个一级、10 个二级、35 个三级、102 个四级产品的生产（表 3-6），用户也可以根据业务需要灵活定制生产线。

表 3-6　PIE-Engine Factory 2.0 平台涉及的产品数据类型

一级产品	二级产品	三级产品
影像产品	光学影像产品	几何校正产品、正射校正产品、影像融合产品、影像镶嵌产品、分幅产品
	雷达影像产品	辐射校正产品、地理编码产品
	高光谱影像产品	辐射校正产品、大气校正产品、几何校正产品
参数产品	植被生物参量产品	辐射校正产品、大气校正产品、NDVI 产品、植被覆盖度产品、生物量产品、NPP 产品、NEP 产品
	地表物理参量产品	地表温度产品、地表蒸散发产品、地表反射率产品、归一化土壤水分指数产品、不透水地表产品、水体指数产品
	海洋生态参量产品	海表温度产品、叶绿素 a 浓度产品、泥沙悬浮物浓度产品、海水透明度产品
分类产品	生态系统分类产品	一级生态系统分类产品、二级生态系统分类产品、三级生态系统分类产品
	土地利用分类产品	一级土地利用/覆被产品、二级土地利用/覆被产品
信息提取产品	信息提取产品	目标提取产品
	变化检测产品	精细目标提取产品、快速变化检测

本节将以 2018 年宁夏、河南两区域 DOM 的生产为例，详细介绍基于 PIE-Engine Factory 2.0 平台的数据处理过程。DOM 产品的生产主要是利用收集到的满足 DOM 生产要求的原始影像数据资料，基于传感器参数、辐射校正系数、数字高程模型、基准底图等基础控制资料，对原始卫星影像进行辐射校正、正射校正、配准、全色影像和多光谱影像数据融合、匀色、镶嵌等一系列的处理，生成覆盖测区范围的遥感数字正射影像，并按照行政区划范围或标准分幅进行裁切，制作成遥感数字正射影像成果。该成果可广泛应用于国土、测绘、农业、林业、水利、军事等相关行业。

1. 实例处理过程

1）使用数据与硬件环境

A. 数据信息

本实例选择的区域为宁夏、河南两区域，使用的数据源主要为 GF-1、GF-2 卫星遥感影像。数据详细信息如表 3-7 所示。

表 3-7　实验数据详细信息

区域名称	宁夏区域	河南区域
待测试数据	GF-2	GF-1
待处理数据量	238 景	510 景
参考影像	2m 底图	2m 底图
参考 DEM	全球 90m SRTM	全球 90m SRTM
成图比例尺分母	50000	50000
坐标系统	CGCS2000	CGCS2000

实验区域影像略图如图 3-39、图 3-40 所示。

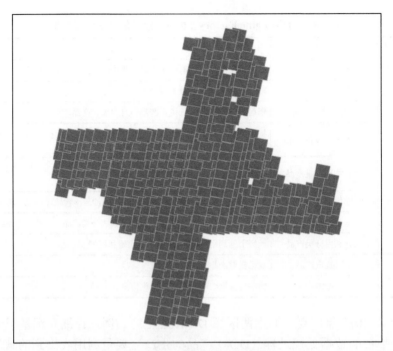

图 3-39　宁夏区域影像略图

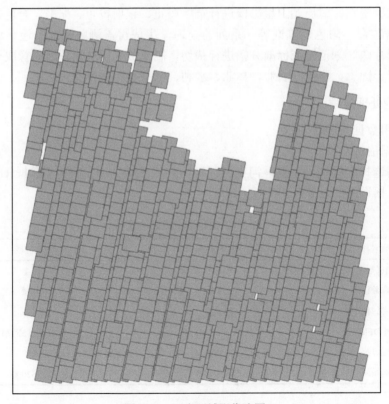

图 3-40　河南区域影像略图

B. 硬件环境

本实例硬件环境配置如表 3-8 所示。

表 3-8　实验硬件环境配置表

配置项	数量	配置
主控节点	1	CPU：Intel 8 核 内存：64G 硬盘：500G 操作系统：Centos7.6
服务器	6	CPU：Intel 48 核 内存：128G 硬盘：500G 操作系统：Centos7.6
计算节点	19	CPU：Intel 8 核 内存：32G 硬盘：500G 操作系统：Centos7.6
网络	—	万兆网

2）处理流程

结合使用数据的实际情况，本实例选取 PIE-Engine Factory 2.0 平台上已构建且经过多次测试验证的针对国产高分系列、资源系列的遥感卫星影像标准正射融合产品生产流程，即 GF/ZY 系列卫星标准融合影像产品生产流程，进行 DOM 的生产，数据处理过程见图 3-41。

3）详细操作

选择 PIE-Engine Factory 2.0 平台中已构建的且经过多区域遥感影像测试验证的生产流程，即 GF/ZY 系列卫星标准融合影像产品的生产流程，如果系统中没有符合要求的数据流程，也可以根据需要自行构建。

A. 数据解压缩

数据解压缩功能可实现遥感卫星影像原始数据压缩包的解压缩处理，其参数设置界面如图 3-42 所示。

在【数据路径】中选择原始数据压缩包的存放路径，全局参数的添加及关联过程不再重复介绍。

在【输出路径】中设置解压缩后数据的存放路径。

在【输出过滤】中可选择只输出特定文件数据，如输入*.xml 则表示只输出格式为 xml 的文件。

B. 星源解析

星源解析处理可以从解压缩后的原始数据文件夹中自动识别文件对应的卫星及传感器类型（图 3-43），并可以根据需要对各种数据类型进行输出，星源解析参数设置界面如图 3-44 所示。

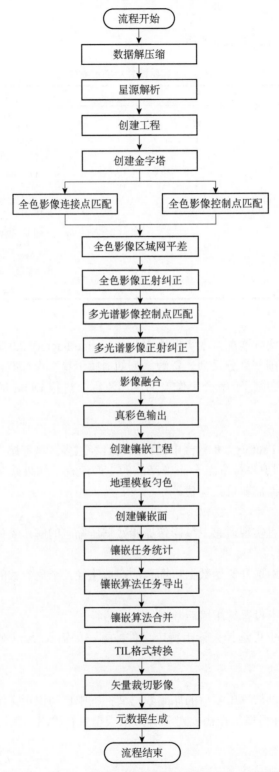

图 3-41　GF/ZY 系列卫星标准融合影像产品生产流程图

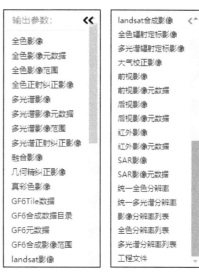

图 3-42　数据解压缩参数设置界面　　　　　　　　　图 3-43　星源解析输出项目

图 3-44　星源解析参数设置界面

在【文件列表】中选择解压缩后的原始数据，此处关联至数据解压缩步骤输出结果中的"输出文件"项。

在【工程路径】中设置 DOM 生产工程的工程文件保存路径。

【是否匹配元数据】中选择是否匹配元数据，默认为否，即不强制匹配元数据文件。如果设置为是，则必须强制匹配元数据文件，若匹配失败则算法执行失败并结束流程作业。

C. 创建工程

该步骤用于创建工程文件，参数设置如图 3-45 所示。

在【工程文件】中选择已建好的工程文件路径，关联至星源解析步骤输出结果中的"工程文件"项。

在【全色影像】中关联至星源解析输出结果中的"全色影像"项。

在【多光谱影像】中关联至星源解析输出结果中的"多光谱影像"项。

在【基准影像】中选择工程中使用的基准影像文件，可以为空，若为空则不能进行控制点匹配操作。

在【DEM 数据】中选择工程中使用的 DEM 数据，可以为空，若为空则正射纠正步骤中不使用 DEM 进行纠正处理。

在【全色影像分辨率】中关联至星源解析输出结果中的"统一全色分辨率"项，由系统自动识别即可。

在【多光谱影像分辨率】中关联至星源解析输出结果中的"统一多光谱分辨率"项。

在【分辨率单位】中设置分辨率的单位，可选择"米"或者"度"。

在【输出坐标系】中设置工程输出结果数据的坐标系信息。

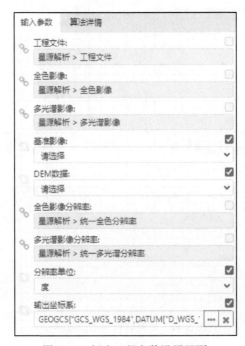

图 3-45　创建工程参数设置界面

D. 创建金字塔

金字塔功能可为工程中的影像数据自动创建金字塔，以提高数据的加载速度，参数设置如图 3-46 所示。

图 3-46　构建金字塔参数设置界面

在【工程路径】中选择已建立好的工程文件路径，关联至创建工程步骤输出结果中的"工程路径"项。

在【工程影像】中选择要构建金字塔的影像数据，关联至创建工程步骤输出结果中的"工程影像"项。

E. 全色影像连接点匹配

连接点是影像与影像之间的同名点位，系统可以根据影像间的初始位置关系建立初始地理拓扑，根据影像间的纹理特征自动生成连接点。其参数设置如图 3-47 所示。

图 3-47　连接点匹配参数设置

在【工程文件】中选择已建立的工程文件的保存路径。

在【像对数组】中选择要进行连接点生成的影像数据，此处关联至构建金字塔后的全色影像数据，表示对所有全色影像之间进行连接点的匹配。

在【匹配模式】中根据上一参数的设置情况选择对应的选项，此处界面设置为"只匹配全色影像"。

在【匹配算法】中选择生成连接点的匹配算法，可选择相关系数匹配算法或频率域匹配法。相关系数匹配算法的基本思想是利用目标窗口在搜索影像上连续滑动，计算目标窗口与搜索窗口的相关系数，相关系数最大者为搜索影像上与目标窗口相匹配的区域；频率域匹配法首先将待匹配影像通过一定的算法（如快速傅里叶变换等）转换到频率域，然后在频率域进行影像间的匹配。对于影像中存在较多重复结构的纹理特征或相关像素领域内存在遮挡的情况，频率域匹配法能够取得较好的匹配效果。

【纹理质量】参数用来描述待匹配影像和基准影像间的纹理相似程度，默认为【一般】，如果工程内影像多为异源、纹理特征相差较大或位于弱纹理地区，可选择【较差】。同时相或者时相接近的影像，可选择【较好】。

【最小重叠度】参数用来描述影像间最小重叠度，通过设置该参数可以调整连接点的密度，默认为 3%。如果影像间重叠范围很小，可将影像重叠度相应地调小，系统会生成分布更密的连接点。

在【线程数量】中设置同时进行匹配的线程数量，默认为 4。

在【CPU】中设置算法执行占用的 CPU 数量，默认为 2。

在【内存】中设置算法执行耗费的内存大小，默认为 4Gi。

F. 全色影像控制点匹配

控制点是原始影像与基准影像之间的同名点位，系统可以根据影像间的初始位置关系建立初始地理拓扑，根据影像间的纹理特征自动生成控制点。该步骤参数设置界面如图 3-48 所示。

图 3-48　控制点匹配参数设置界面

通过设置【种子点数量】参数来预设每景影像上同名点匹配的种子点数量，值越大，最终生成的控制点数量也就越多，软件运行速度也会越慢，影像纹理质量较差的情况下，预设种子点数量需相应调大。

在【纹理质量】中根据影像实际情况设置。

在【搜索窗口半径】中设置基于种子点的点位匹配窗口的像素大小，值越大计算量越大。

在【RPC 模型误差阈值】中设置标准的 RPC/RPB（多项式几何校正参数）模型误差阈值，超过该阈值的控制点会自动予以剔除，其相当于几何均匀度的量化指标，数字越大代表阈值越宽松，点位会相应增多，但不排除会有错点存在。通常全色影像与基准影像匹配时取值为 5，多光谱影像与全色影像正射配准时取值为 3。

G. 全色影像区域网平差

区域网平差根据全色影像、多光谱影像数据的连接点以及控制点，经过平差算法，将各个影像统一成一个精度体系，修正每景影像的 RPC/RPB 参数，并精确计算每个连接点的 X、Y，高程值需要借助历史 DEM。其参数设置如图 3-49 所示。

图 3-49　区域网平差参数设置界面

在【工程路径】中选择已建立的工程文件保存路径。

在【平差模式】中根据工程进程选择对应的平差模式，提供"只平差全色影像""只平差多光谱影像""全部影像参与平差"三个选项。

在【连接点误差阈值】中设置平差模型的误差阈值，设置的值越小代表平差精度越高，删除的连接点越多，其默认值为 1，可调整范围为 0.5～100，一般设置为 1。

H. 全色影像正射纠正

数字正射影像是利用 DEM 数据对原始影像进行正射纠正，即工程需要有 DEM 数据。如果没有，则需要手动输入一个影像区域的平均高度（DEM 常值），这个高度要求尽可能准确。完成点位匹配及区域网平差后，首先需要基于基准数据对全色影像进行正射纠正处理。其参数设置如图 3-50 所示。

图 3-50　全色影像正射纠正参数设置界面

在【工程路径】中选择已建立的工程文件保存路径。

在【像对数组】中选择已构建金字塔的全色影像数据。

在【是否使用小面元模型】中可选择是否使用小面元模型进行纠正，一般选择不使用。当基准影像内部几何均匀度不均匀（如经过 PS 等软件拖拽而成）或者原始影像本身内部几何精度较差，不符合标准的 RPC+仿射变换模型，则可选择使用小面元模型。小面元纠正对控制点的要求是绝对正确并且均匀分布，纠正后的影像与基准影像贴合度较好；勾选小面元纠正后，影像正射输出时，以小面元的算法进行正射输出。

在【重采样方式】中选择正射输出的重采样方式。其提供"双线性插值"以及"最邻近插值"两种方法。其中，最邻近插值法较为简单，计算速度快，但是视觉效应差；双线性插值会使图像轮廓模糊。

在【是否建立金字塔】中选择是否为正射输出结果自动构建金字塔文件。

在【输出路径类型】中设置输出结果存放路径的类型，可选择"全路径"或"文件夹"。

在【输出文件夹】根据上一参数的设置情况，选择对应的输出路径参数。

在【DEM 常值】中设置影像区域内的平均高程值，当工程文件中无 DEM 数据时生效，取值范围为−200～8500。

【分辨率列表】为可选参数，当影像分辨率不一致时，可根据星源解析输出的分辨率列表来进行传参。默认为−1 时，则用创建工程中设置的分辨率信息。

完成全色影像正射纠正后，对多光谱影像进行控制点匹配及正射纠正处理，此时基准影像选择正射纠正后的全色影像输出结果，其他参数设置与全色正射纠正过程类似，在此不再过多叙述。

I. 影像融合

影像融合功能就是将全色正射影像与多光谱正射影像进行配准融合，这样融合后的 DOM 成果既具有全色影像的高空间分辨率，又具有较高的光谱分辨率。平台提供色彩标准化融合、SFIM 融合、PCA 融合、HIS 融合、Pansharp 融合等多种融合方法，可根据实际情况选择合适的融合方法，此处以 Pansharp 融合为例进行介绍（图3-51）。

图 3-51　Pansharp 融合参数设置

在【工程路径】中选择已建立的工程文件保存路径。

在【配对索引】中设置全色影像与多光谱影像的配对关系索引，由创建工程时系统自动读取数据并建立，此处直接进行关联即可。

在【输出路径类型】设置输出结果存放路径的类型，可选择"全路径"或"文件夹"，在此选择"文件夹"。

根据上一步参数的设置情况，在【融合影像文件夹】中选择输出的融合影像存放的文件夹。

在【是否建立金字塔】中选择是否为正射输出结果自动构建金字塔文件。

在【是否输出 8 位融合结果】中选择是否输出 8 位图像融合输出成果，默认为否。

J. 真彩色输出

真彩色功能用于将四波段（蓝、绿、红、近红外）16 bit 的多光谱影像转换为三波段真彩色 8 bit 影像进行输出，可根据需要设置，突出植被或水体特征，自定义是否对处理结果拉伸输出（图 3-52）。

图 3-52　真彩色输出参数设置

在【多光谱影像】中选择图像融合输出结果。

在【是否拉伸】选择是否对真彩色输出结果进行拉伸处理，在此选择"否"。

在【植被增强系数】中设置植被增强系数，可对影像内的植被区域进行突出显示，默认值为 0.1。

在【输出路径类型】中设置输出结果存放路径的类型，可选择"全路径"或"文件夹"，在此选择"文件夹"。

根据上一步参数的设置情况，在【输出文件夹】中设置输出的真彩色影像的存放文件夹。

在【是否建立金字塔】中选择是否为真彩色输出结果自动构建金字塔，默认为否。

K. 创建镶嵌工程

完成图像的正射纠正及融合处理后，还需要对多景数据进行匀色镶嵌处理。影像匀色的目的是消除不同区域之间正射影像色彩的差异，匀色后达到影像间色调均匀、反差适中、色彩自然、光谱信息丰富，保证一定区域范围影像的整体美观效果。影像镶嵌是在一定的数学基础的控制下，将两景或多景遥感影像（有可能是在不同的摄影条件下获得的）按照统一的坐标系和灰度要求拼接成一幅整体影像的过程。

在进行图像镶嵌时，首先需要创建一个用于匀色及镶嵌处理的工程。参数设置见图 3-53。

图 3-53　创建镶嵌工程参数设置

在【输入影像数组】中选择工程的输入文件，此处选择真彩色输出结果。

在【输出波段顺序】中可指定波段组合顺序，对于高分数据、资源数据，按照 321 顺序进行组合，表示以真彩色合成方式输出。

在【输出工程路径】中设置匀色镶嵌工程的保存路径。

在【内存】中设置算法占用的内存上限，在此设置为 8Gi。

L. 匀色处理

平台提供模板匀色、区域网匀色以及地理模板匀色三种自动匀色处理方法。模板匀色技术是基于 Wallis 滤波法的匀色方法，即以匀色模板的波段统计信息为依据，通过对目标影像进行逐波段的色彩调节，使得目标影像整体的色调与匀色模板一致，其主要应用在影像整体出现偏色或者色彩不自然的情况下，经过模板匀色处理后的待拼接影像和参考影像具有相同的亮度变化规律。区域网匀色是采用区域网平差理论来对有重叠的多景影像进行自动色彩调整的算法，在所有正射影像的交集范围内利用连接点构建颜色区域网，并进行色彩区域网平差，可指定颜色模板（选取若干色彩控制影像）进行有控区域网匀色，亦可均衡化自适应匀色（无控区域网匀色），以各个重叠区连接点色彩差异最小为迭代条件，最终能够达到影像接边处色彩过渡自然的目的。地理模板匀色与模板匀色算法原理相同，是基于模板影像对选中的待匀色影像进行自动匀色，其中，使用的模板影像必须与待匀色影像在地理位置上有一定的重叠区域。此处以地理模板匀色为例，参数设置见图 3-54。

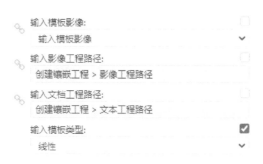

图 3-54　地理模板匀色参数设置

在【输入模板影像】中选择进行匀色处理的模板影像，模板必须与待匀色影像在地理范围上相交。

在【输入影像工程路径】中设置待匀色处理影像数据的存放路径。

在【输入文档工程路径】中设置待匀色处理文本数据的存放路径。

在【输入模板类型】中提供"加性""线性"两种类型："加性"是以模板影像为参考，对待匀色影像的色彩进行加减，使匀色后影像的色彩与模板影像的色彩接近；"线性"是以模板影像为参考，在对待匀色影像的色彩进行加减的基础上，进行色彩的线性拟合，匀色后的影像色彩更加柔和，在此选择"线性"。

M. 图像镶嵌

DOM 生产流程中的图像镶嵌功能包括创建镶嵌面（图 3-55）、镶嵌任务统计（图 3-56）、镶嵌算法任务导出（图 3-57）、镶嵌算法合并（图 3-58）四个步骤。

图 3-55　创建镶嵌面参数设置

在【输入影像工程路径】中设置对应于已建立的匀色镶嵌工程文件中的影像数据。

在【输入文档工程路径】中设置对应于已建立的匀色镶嵌工程文件中的文本数据。

在【输入镶嵌类型】中提供"简单线"和"智能线"两种镶嵌线生成方式："简单线"是用简单直线的方式快速在重叠区域生成镶嵌线；"智能线"是根据地物特征在重叠区域自动躲避特征地物，生成镶嵌线，生成时间比较长，镶嵌线可避开大部分地物，此处选择"智能线"。

在【内存】中设置算法占用的内存上限，在此设置为 8Gi。

图 3-56　镶嵌任务统计参数设置

在【输出分辨率】中设置镶嵌结果的影像分辨率，可手动输入，也可以从已完成流程中选取系统自动读取的分辨率信息，在此设置为 0.00002°。

在【输入影像工程路径】中设置输出镶嵌影像工程的路径。

在【文档工程文件路径】中设置输出镶嵌文档工程的路径。

在【输出路径】中设置输出的镶嵌结果的存放路径。

在【输出文件名】中设置输出的镶嵌结果的文件名称。

在【任务分块大小】中设置图像镶嵌任务的影像分块大小。

在【波段类型】中可选择与原始格式一致或者指定"3 波段 8 位"，在此选择"3 波段 8 位"。

在【内存】中设置算法占用的内存上限，在此设置为 8Gi。

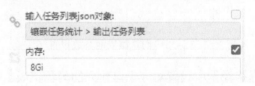

图 3-57　镶嵌算法任务导出参数设置

在【输入任务列表 json 对象】中设置镶嵌任务列表，主要是接收镶嵌任务统计算法的输出结果，此处选择系统默认。

在【内存】中设置算法占用的内存上限，此处设置为 8Gi。

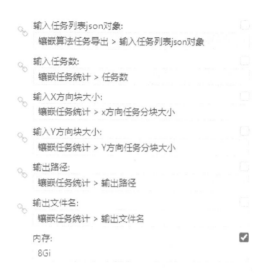

图 3-58　镶嵌算法合并参数设置

　　在【输入任务列表 json 对象】中设置输入任务列表 json 对象，主要是接收镶嵌任务导出算法的输出结果，此处选择系统默认。

　　在【输入任务数】中设置镶嵌任务数，主要是接收镶嵌任务统计算法的输出结果，此处选择系统默认。

　　在【输入 X 方向块大小】中设置镶嵌任务 X 方向任务分块大小，主要是接收镶嵌任务统计算法的输出结果，此处选择系统默认。

　　在【输入 Y 方向块大小】中设置镶嵌任务 Y 方向任务分块大小，主要是接收镶嵌任务统计算法的输出结果，此处选择系统默认。

　　在【输出路径】中设置输出的图像镶嵌结果的存放路径。

　　在【输出文件名】中设置输出的图像镶嵌结果的文件名称。

　　在【内存】中设置算法占用的内存上限，在此设置为 8Gi。

　　N. 存储格式转换

　　完成镶嵌处理后，可对影像数据的存储格式进行转换，该步骤为可选操作（图 3-59）。

图 3-59　格式转换参数设置

　　在【输入 til 文件】中选择镶嵌输出结果的存放路径。

　　在【输出类型】中自定义转换后文件后缀名，此处输入 tif，即转换结果为*.tif 文件。

　　O. 图像裁剪

　　图像裁剪功能可按照一定的矢量 shp 文件对输出成果进行裁剪，该步骤为可选操作（图 3-60）。

图 3-60　图像裁剪参数设置

在【影像路径】中选择格式转换后的输出影像文件。

在【shp 矢量路径】中选择要进行裁剪的矢量 shp 文件存放路径。

在【输出路径类型】中设置输出结果存放路径的类型，可选择"全路径"或"文件夹"，在此设置为"文件夹"。

根据上一参数的设置情况，在【输出影像文件夹】中选择对应的输出路径参数。

在【是否建立金字塔】中选择是否为输出结果自动构建金字塔，默认为否。

P. 元数据生成

完成 DOM 产品的生产流程后，可选择为影像文件生产元数据 xml 文件。其参数设置见图 3-61。

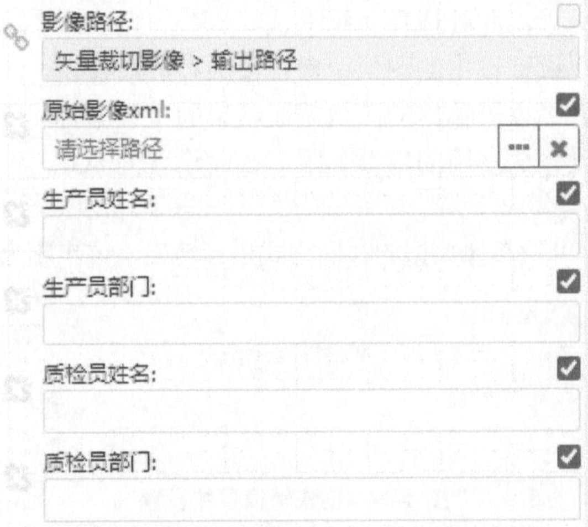

图 3-61　元数据生成参数设置

在【影像路径】中选择裁剪后的输出结果数据。

在【原始影像 xml】中，从文件存储列表中选择原始影像的元数据 xml 文件。

根据实际情况选填【生产员姓名】【生产员部门】【质检员姓名】【质检员部门】，也可不填。

所有参数设置完成后，即可运行该数据处理流程进行标准数据产品的生产。

2. 实例成果展示

1）指标统计

按照上述生产流程完成数据的处理后，分别对空中三角测量平差结果和生成的 DOM 的精度进行评测。

A. 空中三角测量平差结果精度评测

宁夏、河南两区域的空中三角测量平差结果检查点评测统计结果见表 3-9。

表 3-9　空中三角测量平差结果检查点评测统计表

区域	ΔX/m	ΔY/m	ΔXY/m
宁夏区域	2.4002	2.3007	3.3248
河南区域	2.0187	1.8248	2.7212

B. 正射影像产品几何精度评测

以已有的国产高精度正射卫星影像（基础底图）作为卫星影像成果的平面位置相对精度检查资料，分别对生成的宁夏、河南两区域的 DOM 地物点相对于控制资料的同名点点位中误差精度进行评测，其评测统计结果见表 3-10。

表 3-10　DOM 点位中误差精度统计表

区域	ΔX/m	ΔY/m	ΔXY/m
宁夏区域	2.69388	3.34110	4.2917
河南区域	1.7039	2.02601	2.6473

C. 实例效率统计

分别对宁夏、河南两区域的正射影像产品生产效率进行了统计，见表 3-11。

表 3-11　实例效率统计表

区域	测试流程	景数	并行数	总耗时	单景耗时
宁夏区域	GF1/GF2 批量任务影像融合	238	48	5h23min	1min22s
河南区域	GF1/GF2 批量任务影像融合	510	48	3h10min	23s

2）成果展示

生成的河南、宁夏两区域的 2m 正射融合影像产品成果见图 3-62、图 3-63，其成果精度优于行业 1∶50000 DOM 生产行业规范要求，系统处理效率优于同类软件。

图 3-62　2018 年河南 2m 正射融合影像产品成果图（覆盖面积 16.7 万 km²）

图 3-63　2018 年宁夏 2m 正射融合影像产品成果图（覆盖面积 6.64 万 km²）

思考题

1. 光学遥感影像数据的处理过程主要包括哪些环节？

2. 高光谱遥感影像数据的处理过程主要包括哪些环节？高光谱遥感影像处理与光学遥感影像处理有什么区别？

3. SAR 影像粗配准和精配准的最大区别是什么？

4. DInSAR 技术提取地表形变信息的处理过程主要包括哪些步骤？与 InSAR 干涉测量技术相比，二者的主要区别是什么？

5. 时序差分雷达干涉分析方法主要有哪些？PS-InSAR 和 SBAS-InSAR 的处理过程主要包括哪些步骤？二者的主要区别是什么？

6. 无人机倾斜摄影测量遥感影像的处理流程包括哪些步骤？

参考文献

杜培军, 谭琨, 夏俊士. 2012. 高光谱遥感影像分类与支持向量机应用研究. 北京: 科学出版社.

方留杨. 2015. CPU/GPU 协同的光学卫星遥感数据高性能处理方法研究. 武汉: 武汉大学.

耿修瑞. 2005. 高光谱遥感影像目标探测与分类技术研究. 北京: 中国科学院遥感应用研究所.

姜翰青, 王博胜, 章国锋, 等. 2015. 面向复杂三维场景的高质量纹理映射. 计算机学报, 38 (12): 2349-2360.

金伟, 葛宏立, 杜华强, 等. 2009. 无人机遥感发展与应用概况. 遥感信息, (1): 88-92.

靳国旺, 张红敏, 徐青. 2015. 雷达摄影测量. 北京: 测绘出版社.

刘大伟, 韩玲, 韩晓勇. 2016. 基于深度学习的高分辨率遥感影像分类研究. 光学学报, 36 (4): 298-306.

刘国祥, 陈强, 罗小军, 等. 2019. InSAR 原理与应用. 北京: 科学出版社.

童庆禧, 张兵, 郑兰芬. 2006. 高光谱遥感——原理、技术与应用. 北京: 高等教育出版社.

王超, 张红, 刘智. 2002. 星载合成孔径雷达干涉测量. 北京: 科学出版社.

王润生, 熊盛青, 聂洪峰, 等. 2011. 遥感地质勘查技术与应用研究. 地质学报, 85 (11): 1699-1743.

王长耀, 牛铮. 2001. 对地观测技术与精细农业. 北京: 科学出版社.

武晓波, 王世新, 肖春生. 2000. 一种生成 Delaunay 三角网的合成算法. 遥感学报, (1): 33-36.

余旭初, 冯伍法, 杨国鹏, 等. 2013. 高光谱影像分析与应用. 北京: 科学出版社.

张兵, 高连如. 2011. 高光谱图像分类与目标探测. 北京: 科学出版社.

张过, 李扬, 祝小勇, 等. 2010. 有理函数模型在光学卫星影像几何纠正中的应用. 航天返回与遥感, 31 (4): 51-57.

张红, 王超, 吴涛, 等. 2009. 基于相干目标的 DInSAR 方法研究. 北京: 科学出版社.

张良培. 2011. 高光谱遥感. 北京: 测绘出版社.

赵英时. 2013. 遥感应用分析原理与方法. 北京: 科学出版社.

Ashton E A, Schaum A. 1998. Algorithms for the detection of sub-pixel targets in multispectral image. Photogrammetric Engineering and Remote Sensing, 64 (7): 723-731.

Behrens R T, Scharf L L. 1994. Signal processing applications of oblique projection operators. IEEE

Transactions on Signal Processing, 42 (6): 1413-1424.

Brumbley C, Chang C. 1999. An unsupervised vector quantization-based target subspace projection approach to mixed pixel detection and classification in unknown background for remotely sensed imagery. Pattern Recognition, 32 (7): 1161-1174.

Harsanyi J C. 1993. Detection and Classification of Subpixel Spectral Signatures in Hyperspectral Image Sequences. Baltimore: Univ. Maryland, Baltimore County.

Kazuo O. 2013. Recent trend and advance of Synthetic Aperture Radar with selected topics. Remote Sensing, 5 (2): 716-807.

Mou L, Ghamisi P, Xiao X Z. 2017. Deep recurrent neural networks for hyperspectral image classification. IEEE Transactions on Geoscience & Remote Sensing, 55 (7): 3639-3655.

Reed I S, Yu X. 1990. Adaptive multiple-band CFAR detection of an optical pattern with unknown spectral distribution. IEEE Trans A coust Speech Signal Process, 38 (10): 1760-1770.

Thomas M, Ralph W, Jonathan W. 2016. 遥感与图像解译. 北京: 电子工业出版社.

Winter M E. 1999. N-FINDR: An algorithm for fast autonomous spectral end-member determination in hyperspectral data. Proceedings of SPIE-The International Society for Optical Engineering, 3753: 266-275.

Xing F, Yao H, Liu Y, et al. 2017. Recent developments and applications of hyperspectral imaging for rapid detection of mycotoxins and mycotoxigenic fungi in food products. Critical Reviews in Food Science and Nutrition, 59 (1): 1-8.

第4章 遥感数据科学分析

海量数据的存储、处理与共享需要大量的存储与计算资源。云计算基于"按需分配"和"共享资源"的理念，为海量遥感数据的存储、快速处理和分析提供了可能，使遥感专用的云计算平台应运而生（付东杰等，2021）。本章以遥感云计算服务平台为例，详细介绍该平台的关键技术、设计思想、数据集、基本功能以及进行计算分析的操作方法。

4.1 概　　述

遥感云计算服务平台的出现让用户不再花大量精力和网络流量下载数据，存储和计算也不再依赖单独的服务器，可直接在网页浏览器上编程进行云计算，这样加速了算法测试的迭代与全球尺度的快速分析应用。其他行业的遥感用户也不再被多源遥感数据的存储格式、空间分辨率和投影方式不一致的问题困扰，遥感数据的使用门槛有所降低。数据处理效率的提高也使得全球尺度、高分辨率、长时间序列数据的快速分析和应用成为可能，成为研究土地利用、生态、环境和气候变化等地学领域前沿问题的重要工具（董金玮等，2020）。

4.2 遥感在线并行计算

遥感影像的并行计算效率受到影像读取、动态脚本解译以及计算执行速度的影响，如何提高影像读取效率，程序编译与服务解析速度以及算法执行速度是解决遥感影像实时并行计算的关键。

4.2.1 遥感数据存储模型

传统的影像存储是直接使用完整文件存储，通过文件路径索引访问，每次加载读取影像都需要加载完整的影像数据，耗时及耗费内存，且一次只能加载少量的影像数据，不能做海量遥感影像计算。为了解决遥感数据读取问题，PIE-Engine Studio 平台建立了一套遥感数据存储模型。运用金字塔模型对每幅影像进行切片操作，生成离散的影像瓦片，采用分布式对象存储[①]来存储瓦片；同时，基于云原生分布式数据库构建瓦片影像

---

① 对象存储：对象以 Hash 结构存储的，用<Key，Value>键值对表示对象的属性，Key 的数据类型为字符串，Value 的数据类型是结构体，即对象是以<String，Object>类型的 HashMap 结构存储的。

数据集索引。瓦片地图金字塔模型是一种多分辨率层次模型，从瓦片金字塔的底层到顶层，分辨率越来越低，但表示的地理范围不变，如图 4-1 所示。

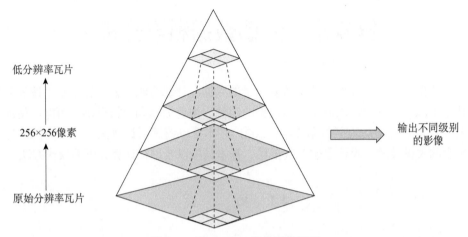

图 4-1　PIE-Engine 影像切片原理

在云环境下影像瓦片均使用对象存储存储数据，对象存储以<Key，Value>形式组织，Key 包含所属的影像、层级及位置信息，Value 包含压缩方式、版本、保护等级以及原始的像素值。同时，基于云原生+分布式数据库构建了影像数据集索引，以便于通过脚本进行查询和过滤所需的影像。

当执行影像计算分析程序时，PIE-Engine Studio 平台将前端脚本代码传入的影像分辨率、层级和范围等参数传给后端服务，后端根据传递的参数筛选出对应的影像瓦片（256×256 像素），然后对这些瓦片进行相应处理。采用分布式并行计算的处理方式，执行过程耗时短、效率高。

4.2.2　计算执行和优化技术

基于动态脚本的遥感影像并行计算技术，解决了云上海量遥感数据存储管理和批量处理的难题，实现了遥感影像数据高效、快速计算。

PIE-Engine Studio 运行的流程如下：

（1）用户在网页前端编写动态脚本，用脚本代码描述遥感影像的计算过程。

（2）点击"运行"按钮，脚本代码自动构建初步的链式结构调用语法树（即图 4-2 所示的采用了中间码技术的数据结构）；然后通过后台的计算过程优化对无效计算内容进行过滤，生成并缓存所需数据结果的执行计划；通过调度中心，按一定的调度策略将计算任务进行分配，分配给多个节点上的计算服务。

（3）当脚本中出现特定的前端请求或者算子（print、addLayer、Export）时则会触发实际的计算，后台以分布式方式完成计算，并将计算结果返回给前端界面，得到可视化图层或者结果文件。

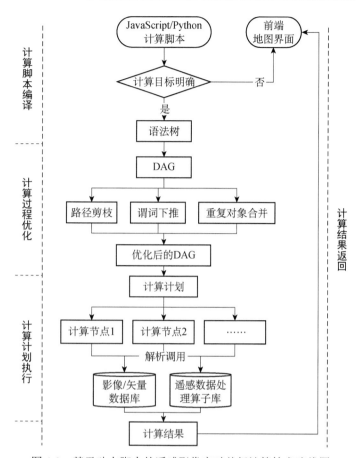

图 4-2　基于动态脚本的遥感影像实时并行计算技术路线图

1. 计算脚本编译

PIE-Engine Studio 的执行由计算脚本驱动，脚本是用户在前端编辑器中编写或者通过 RESTful API 提交的，将脚本转换成后台可识别的 C++计算指令后在服务器上并行执行。为此，平台设计了一套中间码技术用以实现脚本语言的编译、优化以及分布式执行。中间码技术的核心是构造一个树形结构的调用依赖关系。

其中，树形结构上的每个节点都是数据对象或者预定义的算子，后续的计算过程优化和计算计划生成都依赖于这个树形结构。

前端接收到动态脚本后，首先识别待计算的最终目标对象，对于没有计算目标的脚本（如仅操作前端 UI 部件）则不进行计算；对于计算目标明确的脚本，则执行计算脚本编译任务，并通过触发计算的算子确定输出结果形式。

1）单个算子的编译

单个算子的编译是通过前端脚本代码对单个算子进行构造，获取算子的类型、名称以及参数列表，实现该算子的语法树描述信息。例如，执行影像加法运算的算子 addImage（imageA，imageB）可编译为图 4-3（a）所示的中间码（程伟等，2022）。

2）组合算子的编译

对于链式调用的组合算子，首先前端通过算子类型、名称和参数列表对每个算子进行构造，得到相应的语法树描述信息；然后根据算子链式调用顺序把前一个算子的描述信息作为后一个算子的输入参数，依次类推构建组合算子的语法树描述信息。例如，执行影像波段筛选的组合算子 var image = pie.Image("LC08/01/T1/LC08_121031_20170101").select（"B1"）可编译为图 4-3（b）所示的中间码（程伟等，2022）。

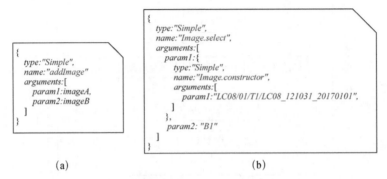

图 4-3　单个算子编译结果（a）及组合算子编译结果（b）

2. 计算过程优化

PIE-Engine Studio 解决了海量遥感数据批量执行的问题，其计算逻辑十分复杂，因此要实现高效的运算，计算过程优化就显得非常重要。平台根据语法树的计算目标，构建计算执行路径的有向无环图（DAG）。为了提升计算效率，平台采用了多种技术对 DAG 进行优化，主要包括：

（1）通过计算路径剪枝，移除不必要的计算过程；

（2）通过谓词下推[①]，把对影像的过滤条件尽可能下推至靠近数据源的位置，从源头减少计算所需的数据量；

（3）通过重复对象合并，将不同计算分支上的相同对象合并，避免重复计算。

在代码层面实现这些优化，减少了计算冗余，提高了平台执行速度和资源利用率。最后，根据优化后的 DAG 生成执行计划并缓存等待调用。

3. 计算计划执行

1）计算任务解析

计算计划生成后需要转换为可执行的 C++函数才可与后台算子库中的算子匹配，根据算子名称调用算子库中对应算子执行计算。计算服务通过解析语法树中每一个变量包含的表达式，获取表达式对应的具体内容，然后通过递归方式逐步获取变量最终的 C++调用函数。

---

① 谓词下推（Predicate Pushdown, PPD），即在不影响结果的情况下，尽量将过滤条件提前执行。谓词下推后，过滤条件在 map 端执行，减少了 map 端的输出，降低了数据在集群上传输的量，节约了集群的资源，也提升了任务的性能。

A. 单个算子解析过程

通过算子的语法树描述信息，解析出算子的类型、名称及参数列表等信息，构建算子的调用函数。例如，根据图 4-3（a）中的语法树描述信息，首先解析出该算子的类型为 Simple，名称为 addImage，参数为 imageA 和 imageB，通过解析出来的信息即可得出算子的 C++调用函数为 addImage（imageA，imageB），然后解析出单个算子的描述信息。

B. 组合算子解析过程

解析链式调用的组合算子语法树描述信息时，首先需要识别各个算子之间的嵌套关系，即内层算子的返回值作为外层算子的参数，通过解析外部算子的参数，判断该算子的参数是其他算子的描述信息还是值。如果是其他算子的描述信息就需要按照单个算子的解析过程构建该算子的 C++调用函数，如果是值则该参数直接赋值即可。例如，根据图 4-3（b）中的语法树描述信息，首先解析出外层算子的类型为 Simple，名称为 Image.select，参数列表为其他算子描述信息和"B1"。由于第一个参数是其他算子描述信息，则需要按照单个算子解析过程继续进行解析；第二个参数为"B1"，则不需要继续解析，直接将它作为参数赋值即可。通过解析得到两个算子的 C++调用函数分别为：pie.Image（"LC08/01/T1/LC08_121031_20170101"）和 Image.select（"B1"），代码进一步精简合并为：pie.Image（"LC08/01/T1/LC08_121031_20170101"）. select（"B1"），通过此方法即可解析链式调用的组合算子描述信息。

PIE-Engine Studio 采用的是按需计算，也即用户明确调用了上下文程序之后才会启动计算。例如，当用户将计算的影像结果输出（Export）或者添加到交互地图上（Map.addLayer）时，计算服务依据传入的脚本中的影像 ID、当前可视区域范围、当前地图的缩放级别等，查找所有对应的瓦片，根据计划动态计算当前可见区域对应的结果。假如计算结果是另外一个计算过程的输入，计算服务则会对另一个计算过程的计算结果自动重新采样，使得两者可以正常运算，整个处理过程在后台是自动进行的，不需要用户干预。

在缓存处理上，为节省计算量，平台对已经计算过的对象进行缓存（约 5min），如果需要计算的对象存在缓存，则后台程序直接提取计算结果替换对象的整个计算过程。这种方式既避免了短时间内重复执行计算效率的降低，又避免了长期无人访问的无效缓存占用存储空间。

2）计算任务调度

平台针对不同级别的任务提供了不同的调度策略，主要有轮询调度（Round Robin）、资源利用均衡、请求数均衡三种策略。其中，轮询调度算法的主要思想是把用户每次提交的任务请求，依次分配到内部的所有服务器中，不必关心每台服务器的当前连接数和响应速度。其他两种方式目标分别是在各个计算服务器的计算资源和请求数之间取得平衡。当计算节点接收到调度（RESTful API）的计算请求后，根据请求中的脚本唯一标识到缓存中检索对应的执行计划并完成实际的计算（程伟等，2022）。

3）并行计算策略

当计算节点接收到计算请求后，根据请求中的脚本唯一标识到缓存中检索对应的执行计划并完成计算。实时计算任务执行时，其总执行计划与算子进行绑定，实现多线程、并行 IO 的计算方式。针对复杂度不同的算子，采取的并行计算策略也不一样。对于简单算子，仅通过单块影像即可计算，采用直接计算的方式；对于稍微复杂算子，即需要统计整体影像的算法，采用 map-reduce 计算的方式；对于特别复杂的运算，如滤波运算，需要先对单块影像的边界进行扩充，再采用 map-reduce 的计算方式。

4. 计算结果返回

对于实时计算服务，将后台计算的结果返回前端，并在浏览器地图界面显示，同时将结果输出到结果输出窗口中。

对于异步计算服务，则生成相关导出任务，在后台异步执行，直到任务导出结束，相关结果会根据用户代码中的函数设置导出至云端的用户资源目录中。

4.3　PIE-Engine Studio 介绍

4.3.1　设计思想

PIE-Engine Studio 是基于容器云技术面向地球科学领域的时空遥感云计算平台，包含自动管理的弹性大数据环境，数据容量可根据需求动态变化，集成了多源遥感数据处理、分布式资源调度、实时计算、批量计算和深度学习框架等技术。用户能够在任意时间范围或空间范围研究算法模型并采取交互式编程验证，快速实现探索地表特征、发现其变化趋势。

PIE-Engine Studio 遥感云计算平台系统架构如图 4-4 所示，平台提供了 JavaScript 和 Python 两种版本的 API，可以在 Web 开发编辑器（JavaScript）或者 Jupyter Notebook（Python）中编写脚本，实现对多源遥感影像和矢量数据的处理分析。在 API 库的支持下，RESTful API 接口负责连接前端和后台的通信，既可将前端脚本发送给后台，又可将后台计算结果返回给前端显示，也可将计算结果加载到第三方应用程序中进行展示或进一步分析。

分布式数据计算服务负责对脚本进行编译，对计算过程进行优化，对计算计划进行执行，并将计算结果通过 API 接口返回到前端。平台提供的分布式数据计算服务分为两种：①实时计算服务，负责将计算结果实时显示到前端地图界面或者输出窗口；②异步计算服务，负责将数据以任务的形式导出到后台。分布式数据计算服务的执行依赖于平台分布式存储的多源遥感数据以及对这些遥感数据进行处理的算子库。

分布式数据存储与访问服务负责多源数据的存储与访问，多源数据包括以瓦片形式存储的影像数据、矢量要素数据、元数据以及用户个人数据。算子库则包括常用的遥感影像处理分析算法，如统计、过滤、机器学习等，采用这些算法进行影像裁切、统计分析、分类、主成分分析、缨帽变换等，实现数据处理以及图像运算。

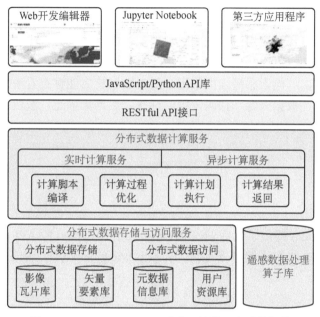

图 4-4　PIE-Engine Studio 遥感云计算平台系统架构

4.3.2　数据集

　　PIE-Engine Studio 的公共数据资源涵盖光学影像数据、雷达影像数据、气象数据、海洋数据、地球物理数据、矢量数据及遥感产品数据等共计 160 多种数据，包括美国的 Landsat 系列与 MODIS 系列数据，欧洲的哨兵系列数据，日本的气象系列数据，国产的高分系列数据、海洋系列数据及高校和科研院所提供的遥感产品数据等，数据资源页如图 4-5 所示。截至 2022 年 6 月，平台数据总量已达 7PB、1000 多万景影像，且每日持续更新数据。PIE-Engine Studio 公共数据资源列表详见本书附录一。

图 4-5　数据资源页

数据资源中的数据均经过了投影转换、格式转换等预处理，可以随时导入代码编辑器中进行分析研究及行业应用。与此同时，用户可在个人资源目录中上传自己的私有数据，并根据需要与其他用户共享。

在数据资源页，可检索感兴趣的数据，双击数据集后能够查看数据集详情，包括时间范围、空间范围、数据来源、代码片段、标签、数据集描述、波段信息、属性信息、示例代码等。

4.3.3　基本功能

1. 平台页面简介

PIE-Engine Studio 提供了包括 JavaScript 版 API 和 Python 版 API 两种语言接口，提供的 JavaScript API 的在线编辑器地址为：https://engine.piesat.cn/engine/home，页面如图 4-6 所示。

图 4-6　在线编辑器页面

整个工作台包括七大部分：数据搜索区、资源存储区、代码编辑区、运行交互区、地图展示区、结果输出区、用户中心。

1）数据搜索区

数据搜索主要负责对平台数据集中的数据资源进行搜索调用。该模块提供资源搜索窗口，通过输入关键字或查看资源列表实现对影像数据、矢量数据及地点等数据资源的检索与查找（图 4-7、图 4-8）。

针对感兴趣的数据，用户可以点击查看数据的详细信息，包括数据描述、波段信息、属性信息等。系统支持平台数据集直接导入编辑器进行引用。

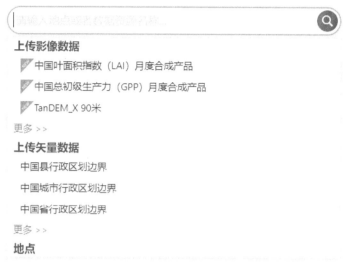

图 4-7 数据资源检索

高分1号(GF-1)多光谱地表反射率产品
高分1号(GF-1)多光谱地表反射率产品分辨率为8米，经过了辐射校正和大气校正的单景正射影像，该数据集由中国四维测绘技术有限公司提供。

导入 >>

高分1号BCD卫星(GF1_BCD)多光谱地表反射率产品
高分1号BCD卫星(GF1_BCD)多光谱地表反射率产品分辨率为8米，经过了辐射校正和大气校正的单景正射影像，该数据集由中国四维测绘技术有限公司提供。

导入 >>

高分6号(GF-6)多光谱地表反射率产品
高分6号(GF-6)多光谱地表反射率产品分辨率为8米，经过了辐射校正和大气校正的单景正射影像，该数据集由中国四维测绘技术有限公司提供。

导入 >>

图 4-8 数据资源列表

2）资源存储区

资源存储主要存储系统自带代码和函数、用户编写/上传的代码资源、用户上传/导出的数据资源等，存储的资源主要包括运行脚本、函数和影像矢量等资源信息。

A. 脚本标签页

脚本标签模块负责对系统提供的参考示例及用户自己编写的代码进行存储和调用。

B. 函数标签页

函数标签模块提供数据处理算法，对常用的处理算法以封装好的算法形式进行存储，用户可以直接对算法函数进行调用。系统提供 300 多种常见算法，支持对算法的查询、检索和调用（图 4-9）。

图 4-9　函数标签页

　　用户可以通过搜索窗口检索算法，也可以点击方法列表查看具体算法的功能和参数要求，如图 4-10 所示。

图 4-10　函数详情页

C. 资源标签页

资源标签模块支持用户资源存放目录的自主创建、影像集合目录的创建、上传影像/矢量数据，并可对个人数据集进行共享/编辑/删除等操作（图4-11）。

D. 云盘标签页

云盘标签模块支持用户将资源导出至个人云盘及下载，适用于快速导出数据至本地场景。由于导出至云盘的数据未切片，故相对导出资源目录，其导出至云盘速度更快，但无法在代码中直接引用（图4-12）。

图 4-11 数据资源共享/编辑/删除   图 4-12 云盘标签页

3）代码编辑区

代码编辑模块提供了一个编程环境，用户使用编程语言实现数据资源查询调用、数据计算处理、成果保存等功能。代码编辑模块提供轻量、简洁、高效的 JavaScript 或 Python 语言编辑器，实现代码的编辑处理，同时能够实现关键字、函数、变量等代码高亮显示，提供拼写检查、错误提示及多主题样式更换等功能（图4-13）。

4）运行交互区

运行交互模块主要实现与代码相关的服务交互处理，包括服务链接管理、代码分享、保存、运行、重置、代码清空、发布 APP、编辑器设置等功能。

实际开发中执行代码的流程是：新建目录→新建脚本文件→编写代码→保存代码→执行调试代码。

5）地图展示区

地图展示模块提供与在线地图展示相关的功能，包括地图展示、地图切换、地图缩放、图形绘制、格网生成等功能。

```
HelloPIE                                              ↻ 🖫 ▷ ↻ 🗑 🔯 ⚙
 1 ∨ /**
 2    * @File    :  HelloPIE
 3    * @Time    :  2020/7/21
 4    * @Author  :  piesat
 5    * @Version :  1.0
 6    * @Contact :  400-890-0662
 7    * @License :  (C)Copyright 航天宏图信息技术股份有限公司
 8    * @Desc    :  时空计算云服务平台的入门程序
 9    */
10    //地图居中并且缩放到第6级别
11    Map.setCenter(120.254, 41.726, 6);
12    //设置显示参数
13 ∨ var visParam = {
14       min: 0,
15       max: 3000,
16       bands: ["B4","B3","B2"]
17    };
18    //加载指定的影像数据，筛选特定的波段数据
19 ∨ var image = pie.Image("LC08/01/T1/LC08_121031_20170101")
20                 .select(["B4","B3","B2"]);
21    //输出影像的信息
22    print("image", image);
23    //加载显示影像
24    Map.addLayer(image, visParam, "image");
```

图 4-13　代码编辑

6）结果输出区

结果输出模块主要对脚本运行结果进行输出，输出内容包含信息、结果、任务三个方面，具体描述如下。

信息：用于显示地图展示区当前鼠标点位置的相关信息；当点击地图上加载的图层时，信息标签页中会输出当前点击点的经纬度、缩放级别、具体像素值等信息（图 4-14）。

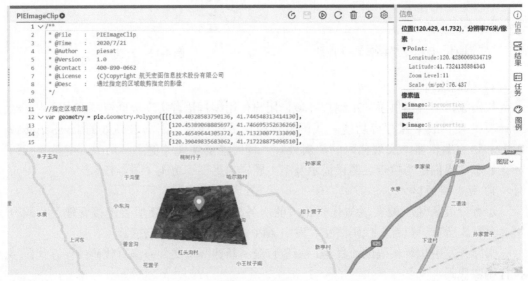

图 4-14　信息显示

结果：用于显示代码和代码执行异常等信息；执行代码过程中，代码运行结果会输出到控制台上（图 4-15）。

任务：用于显示上传数据或者使用 Export 导出数据生成的任务列表，其能够显示任务名称、任务执行状态及任务运行时间。点击任务名称，弹出对话框显示更多细节信

息（图 4-16）。

图 4-15　结果显示

图 4-16　任务显示

7）用户中心

用户中心模块显示用户名称、用户级别、当前积分等信息，包括用户中心、在线帮助、数据集、授权码管理、退出登录等。

2. 数据类型及基础算子简介

1）影像

影像（Image）是 PIE-Engine 中的栅格影像对象，可直接添加到地图中进行显示。PIE-Engine Studio 提供影像相关算法，包括但不限于影像加载、获取影像属性及几何信息、正反三角函数运算、按位运算、四则运算、逻辑运算、关系运算、掩膜计算、格式转换运算。

影像由类型、影像 ID、波段列表及属性信息组成（图 4-17）。

（1）影像类型是进行资源管理时需要的标识，影像 ID 是查找平台中影像的唯一标识。

（2）波段列表展示了影像中所有波段的信息，包括波段名称、类型、幅宽、投影、无效值等信息。

（3）属性信息包含该影像的基本信息，如云量、拍摄日期、景 ID、传感器、Path、Row 等信息。

```
▼ Object:
  type:"Image"
  id:"LC08/01/T1/LC08_121031_20181019"
  version:0
  ▼ properties:
    cloudCover:0.12
    date:"2018-10-19"
    sceneId:"LC812103120182921GN00"
    sensorId:"OLI_TIRS"
    wrsPath:"121"
    wrsRow:"31"
  ▼ bands:
    ▶ 0:10 properties
    ▶ 1:10 properties
    ▶ 2:10 properties
    ▶ 3:10 properties
    ▶ 4:10 properties
    ▶ 5:10 properties
    ▶ 6:10 properties
    ▶ 7:10 properties
    ▶ 8:10 properties
    ▶ 9:10 properties
    ▶ 10:10 properties
    ▶ 11:10 properties
```

图 4-17　影像信息

2）影像集合

影像集合（Image Collection）是 PIE-Engine 中的栅格影像集对象，是将多个影像数据作为一个列表对象存储。平台提供了多种公开免费数据集合，也支持用户自定义影像集合。影像集合使得数据可以归类存储，方便管理；也方便用户进行数据的检索查询。通过对影像集合的空间范围、时间范围、云量信息等筛选，用户可以快速加载显示研究区的影像。

影像集合信息由类型、影像集合 ID、影像集合中影像列表组成（图 4-18）。

（1）类型是进行资源管理时需要的标识，影像集合 ID 是查找平台中影像集合的唯一标识。

（2）影像集合中影像列表展示了影像集合中所有影像。每景影像都可进一步查看其详细信息，包括波段、属性、投影、无效值等信息。

```
▼Object:
  type:"ImageCollection"
  id:""
  version:0
  ▶ properties:
  ▼ elements:
    ▼ 0:
      type:"Image"
      id:"LC08/02/SR/LC08_122032_20130825"
      version:0
      ▼ properties:
        cloud_cover:0.17
        collection_category:"T1"
        collection_number:"02"
        date:"2013-08-25"
        date_acquired:"2013-08-25"
        landsat_product_id:"LC08_L2SP_122032_20130825_20200913_02_T1"
        processing_level:"L2SP"
        sensor_id:"OLI_TIRS"
        sun_azimuth:143.67199925
        sun_elevation:55.54408683
        wrs_path:"122"
        wrs_row:"32"
      ▼ bands:
        ▶ 0:10 properties
        ▶ 1:10 properties
        ▶ 2:10 properties
```

图 4-18 影像集合信息

3）矢量数据

矢量数据使用点、线和多边形来表示具有清晰空间位置和边界的空间要素，如控制点、河流和宗地等，每个要素被赋予一个 ID，以便与其属性相关联。矢量数据具有定位明显、属性隐含、数据结构紧凑、冗余度低、表达精度高、图形显示质量好、有利于网络和检索分析等优点。

平台中矢量数据主要分为三大类，分别为几何图形类（Geometry）、矢量数据类（Feature）、矢量数据集合类（FeatureCollection）。

A. Geometry

Geometry 是指几何图形，包括点、线、面、复合点、复合线、复合面等。

a. 点

```
var geometry0 = pie.Geometry.Point([
  116.29172360010307,
```

```
    39.20761115994853], null);
print(geometry0)
```

输出结果如下所示。

```
Object:
type:"Point"
coordinates:
0:116.291724
1:39.207611
```

b. 线

```
var geometry0 = pie.Geometry.LineString([
    [104.0629549145425,36.84120934236556],
    [111.17883324449758,39.93893192688543],
    [116.55527464935699,37.513168159857955]], null);
print(geometry0)
```

输出结果如下所示。

```
Object:
type:"LineString"
coordinates:
0:
0:104.062955
1:36.841209
1:
0:111.178833
1:39.938932
2:
0:116.555275
1:37.513168
```

c. 面

```
var geometry0 = pie.Geometry.Polygon([
    [[109.28126568984959,39.28924976849822],
    [115.18480919321678,39.08497512546606],
    [114.44686625529584,35.307588936802986],
    [109.65023715880494,36.205837351378435 ],
    [109.28126568984959,39.28924976849822]]], null);
print(geometry0)
```

输出结果如下所示。

```
Object:
type:"Polygon"
coordinates:
0:
0:
0:109.281266
1:39.28925
1:
0:115.184809
1:39.084975
2:
0:114.446866
1:35.307589
3:
0:109.650237
1:36.205837
4:
0:109.281266
1:39.28925
```

d. 复合点

```
var geometry0 = pie.Geometry.MultiPoint([
    [116.3921, 39.9224],
    [116.4014, 39.9227],
    [116.4017, 39.9138],
    [116.3929, 39.9135]]);
print(geometry0)
```

输出结果如下所示。

```
Object:
type:"MultiPoint"
coordinates:
0:
0:116.3921
1:39.9224
1:
0:116.4014
1:39.9227
2:
0:116.4017
1:39.9138
3:
```

```
0:116.3929
1:39.9135
```

　　e. 复合线
　　示例 1:

```
var geometry0 = pie.Geometry.MultiLineString([
    [[103.16688134706925,38.427314008281144],
     [109.86107799820809,39.37079331441075],
     [111.86406597256769,35.86484368888979]],
    [[104.85360806231415,35.95023047002512],
     [108.54332275192866,36.205837351378435],
     [110.38818009672588,34.22510533543645]]], null);
print(geometry0)
```

　　输出结果如图 4-19 所示。

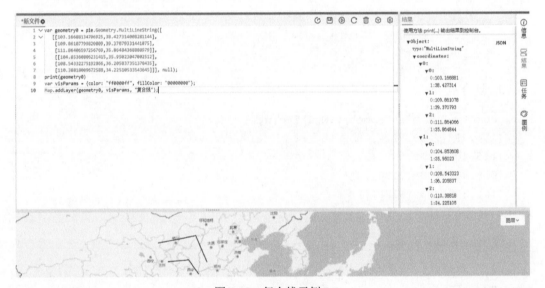

图 4-19　复合线示例 1

　　示例 2:

```
var geometry0 = pie.Geometry.LinearRing(
        [[116.39242623998143, 39.91321497621612],
         [116.39195417119481, 39.92269436041402],
         [116.40178178502538, 39.9230234821268],
         [116.40212510777928, 39.91357706013058],
         [116.39242623998143, 39.91321497621612]]);
print(geometry0)
var visParams = {color: "ff0000ff", fillColor: "00000000"};
```

```
Map.centerObject(geometry0,14)
Map.addLayer(geometry0, visParams, "复合线 2");
```

输出结果如图 4-20 所示。

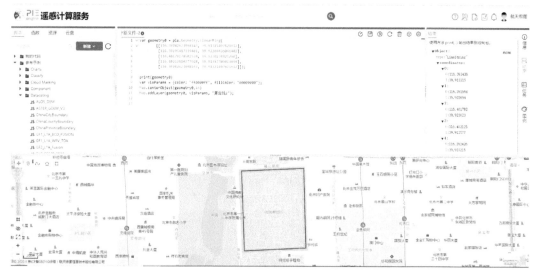

图 4-20　复合线示例 2

f. 复合面

示例 1：

```
var geometry0 = pie.Geometry.Polygon([
    [[116.32683332570286,39.97946945216313],
    [116.38238737544492,39.97946945216313],
    [116.38238737544492,39.95108378316763],
    [116.32683332570286,39.95108378316763],
    [116.32683332570286,39.97946945216313]]], null);
print(geometry0)
var visParams = {color: "ff0000ff", fillColor: "00000000"};
Map.addLayer(geometry0, visParams, "复合面");
```

输出结果如图 4-21 所示。

图 4-21　复合面示例 1

示例 2：

```
var geometry0 = pie.Geometry.Polygon([
        [[116.39179060756112, 39.922576684295926],
        [116.39230559169198, 39.913064366936894],
        [116.40213320552255, 39.91352520169099],
        [116.40161822139169, 39.92297163084022],
        [116.39179060756112, 39.922576684295926]],
        [[116.39483759700204, 39.91961451259886],
        [116.39496634303475, 39.91648763678902],
        [116.39900038539315, 39.916553467224674],
        [116.39874289332772, 39.91977908105491],
        [116.39483759700204, 39.91961451259886]]]);
print(geometry0)
var visParams = {color: "ff0000ff", fillColor: "00000000"};
Map.centerObject(geometry0,14)
Map.addLayer(geometry0, visParams, "复合面2");
```

输出结果如图 4-22 所示。

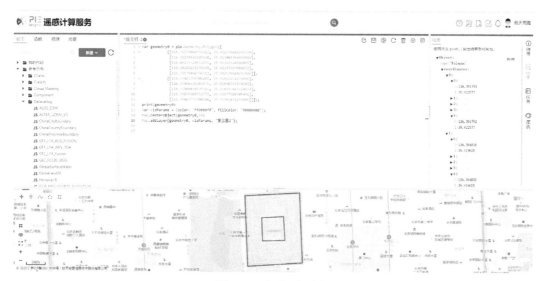

图 4-22　复合面示例 2

B. Feature

Feature 由 Geometry 加上属性字段信息构成，其包括矢量点、矢量线、矢量面等。在平台上绘制矢量图形（图 4-23），可给绘制的矢量范围添加属性信息字段（图 4-24）。Feature 函数参数及说明见表 4-1。

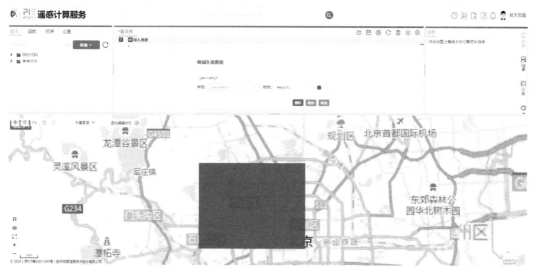

图 4-23　绘制矢量范围

图 4-24　给绘制的矢量范围添加属性信息字段

表 4-1　Feature 函数参数及说明

函数		返回值
feature(geometry,properties)		Feature
参数	类型	说明
geometry	Geometry	几何形体对象
properties	JSON	属性信息字段

保存之后，得到的代码片断如下。

```
var geometry0 = pie.Feature(pie.Geometry.Polygon([
    [[116.20972558593701,40.016469450509646],
     [116.41571923828172, 40.016469450509646],
     [116.41571923828172,39.89225034526413],
     [116.20972558593701,39.89225034526413],
     [116.20972558593701,40.016469450509646]]], null),
    {"所属范围": "北京"});
```

C. FeatureCollection

FeatureCollection 是矢量 Feature 的集合，包括矢量点集合、矢量线集合、矢量面集合等。FeatureCollection 函数参数及说明见表 4-2。

表 4-2　FeatureCollection 函数参数及说明

函数		返回值
FeatureCollection(args,columns)		FeatureCollection
参数	类型	说明
args	String|ui.Geometry|ui.Feature|Array	矢量数据路径或单个 ui.Geometry 对象或单个 ui.Feature 对象或 ui.Feature 对象 Array

```
//新图层 geometry0 后，采集点，并选择类型为 Feature，添加属性 type，并设置属性 type 的
//值为地物 1
var geometry0 = pie.Feature(pie.Geometry.MultiPoint([
    [115.77576562497444,40.0774435766744],
    [115.94330712888427,39.95965141877846],
    [115.83893701169785,39.86274151232038],
    [115.67139550778813,39.970176841829186]], null),
{"type": "地物 1"});
//新图层 geometry1 后，采集点，并选择类型为 Feature，添加属性 type，并设置属性 type 的
//值为地物 2
var geometry1 = pie.Feature(pie.Geometry.MultiPoint([
    [116.05866357420086,40.10055742497556],
    [116.44043847654837,40.0900521032917],
    [116.36628076169472,39.928065427790585],
    [116.09162255857456,39.97649131783925]], null),
{"type": "地物 2"});
//构造一个矢量集合
var feature = pie.FeatureCollection([geometry0,geometry1]);
print(feature);
//在地图上加载显示 geometry0，颜色显示为红色（FF000000 为十六进制颜色码，红色），点的
//大小为 10pixel，图层名称为"geometry0"
Map.addLayer(geometry0,{color:'FF000000',width:10},"geometry0")
//在地图上加载显示 geometry0，颜色显示为红色（0000FFFF 为十六进制颜色码，蓝色），点的
//大小为 10pixel，图层名称为"geometry1"
Map.addLayer(geometry1,{color:'0000FFFF',width:10},"geometry1")
```

　　上述 FeatureCollection 代码运行结果如图 4-25。

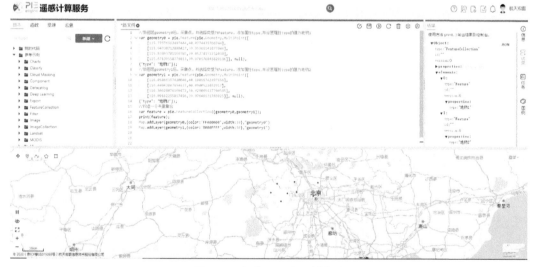

图 4-25　加载显示点矢量集合

4）过滤筛选

过滤筛选是从集合中筛选出满足要求的数据。目前，平台提供的过滤筛选函数有
20 多种，最常见的过滤筛选方式有：filterBounds 空间范围过滤筛选（表 4-3）、
filterDate 时间范围过滤筛选（表 4-4）、filter 属性字段过滤筛选（表 4-5）。

表 4-3　filterBounds 函数参数及说明

函数		返回值
filterBounds(geometry)		ImageCollection
参数	类型	说明
geometry	Geometry	过滤空间范围

表 4-4　filterDate 函数参数及说明

函数		返回值
filterDate(start,end)		ImageCollection
参数	类型	说明
start	String	过滤起始时间
end	String	过滤终止时间

表 4-5　filter 函数参数及说明

函数		返回值
filter（filter）		ImageCollection
参数	类型	说明
filter	Filter	Filter 过滤对象

示例代码如下所示。

```
//1.加载并显示北京市范围
var bj = pie.FeatureCollection("NGCC/CHINA_CITY_BOUNDARY")
        .filter(pie.Filter.eq("name", "北京市"))
        .first()
        .geometry();
Map.centerObject(bj, 6);
//设置矢量参数并加载
Map.addLayer(bj, {color: 'FF0000', fillColor: '00000000', width: 1}, "bj")
;
```

示例代码如下所示。

```
//2.调用 Landsat8 TOA 数据集，设定筛选条件：日期、区域、云量，并进行镶嵌，裁剪
var img = pie.ImageCollection("LC08/01/T1")
        .filterBounds(bj) ///
        .filterDate("2019-06-01", "2019-09-01")///按日期筛选
```

```
      .filter(pie.Filter.lte("cloudCover", 5))///按云量筛选
      .select(["B2", "B3", "B4", "B5"])///
      .max()
      .clip(bj);
```

5）统计计算

用 reducer 来统计计算或者执行聚合的对象（表 4-6）。用户可按照时间、空间、波段、数组或其他数据结构进行数据聚合和统计。PIE-Engine Studio 遥感计算服务提供 max()最大值、min()最小值、mean()平均值、sum()求和、linearRegression 线性回归等相关算法（表 4-7）。

表 4-6　reduce 函数参数及说明

函数		返回值
reduce(reducer)		Image
参数	类型	说明
this	ImageCollection	过滤空间范围

表 4-7　linearRegression 函数参数及说明

函数		返回值
linearRegression(num$X$,num$Y$)		Reducer
参数	类型	说明
num$X$	Number	自变量的个数
num$Y$	Number	因变量的个数

创建一个计算有 num$X$ 个自变量和 num$Y$ 个因变量的最小二乘法线性回归统计器。每个输入元组包含自变量和因变量的值。输出的结果是一个多波段的影像，波段命名根据因变量和自变量的个数命名，如 coefficients_Y0_A0，表示第一个因变量的第一个自变量系数。

```
// 平均值统计-Reducer(ImageCollection)
var imageCollection = pie.ImageCollection("LC08/01/T1_SR")
                        .filterDate("2019-10-01", "2020-01-01")
                        .filter(filterCloud)
                        .select(["B1","B2","B3"]);
var image = imageCollection.reduce(pie.Reducer.mean());
```

6）循环遍历

可通过 for、while 语句或 map 算子来实现循环遍历。for/while 循环语句是通用的写法，在云计算平台上处理影像时常用 map 算子，处理效率会更快。map 算子可以对集合（List、FeatureCollection、ImageCollection）中的每一个元素进行遍历操作，操作完成返回的结果仍是一个集合对象。

FeatureCollection 调用 map 算子，其基本形式如下。

```
var featureCol = pie.FeatureCollection('NGCC/CHINA_PROVINCE_BOUNDARY');
var featureColNew = featureCol.map(function (feature) {
  var geometry = feature.geometry();
  var featureNew = pie.Feature(geometry.centroid());
  return featureNew;
})
```

上述代码取出 featureCol 中的每一个 feature，然后求取各 feature 的几何中心，得到一个新的矢量集合 featureColNew。

ImageCollection 调用 map 算子，其基本形式如下。

```
//筛选影像，通过时间过滤
var imageCollection = pie.ImageCollection("LC08/01/T1")
                           .filter(pie.Filter.date("2020-12-01", "2020-12-
05"));
//循环计算每景影像的 NDVI
var imageCollectionNDVI = imageCollection.map(function (image) {
    // NDVI 计算
    var img_Nir = image.select("B5");
    var img_Red = image.select("B4");
    var img_NDVI = img_Nir.subtract(img_Red).divide(img_Nir.add(img_Red));
    return img_NDVI.rename("NDVI");
});
//设置加载样式
var visParam = {
    min: -0.588317,
    max: 0.794508,
    palette: 'a3171e,c56e12,e8c507,dfff00,7fff00,1fff00,15e235,34b784'
};
//选择计算出来的 NDVI 波段，并合成
var imageNDVI = imageCollectionNDVI.select("NDVI").mosaic();
//加载影像
Map.addLayer(imageNDVI,visParam,"Layer_NDVI",true);
Map.setCenter(121.8,40.95,6);
```

上述代码取出 ImageCollection 中的每一个 image，然后计算每个 image 的 NDVI，得到一个新的 NDVI 影像集合 imageNDVI，并进行合成。

7）动画

A. 生成图层动画

加载在图层上的影像数据可以以动画形式进行显示，动态展示长时间序列数据的变化情况。通过 playLayersAnimation 函数生成图层动画，利用 ui.Button 函数进行播放速

度的控制、暂停、重新播放、移除动画图层等操作（表 4-8）。

表 4-8　playLayersAnimation 函数参数及说明

函数		返回值
playLayersAnimation(layers,time,loop,callFunc)		Null
参数	类型	说明
layers	List|Object	图层的名称列表或者图层的配置信息，使用图层配置需要配置 layer（图层的数据）、name（图层名称）、style（图层样式）
time	Number	动画循环时间
loop	Number	动画循环次数，−1 是无限循环
callFunc	Object	动画每一帧回调方法

```
//动画显示
Map.playLayersAnimation(layers, 1, -1);
//移除动画
function clickRemoveBtn() {
    Map.pauseLayersAnimation();
}
var remove = ui.Button({
    label: "移除",
    type: "error",///
    onClick: clickRemoveBtn,
});
```

B. 生成 GIF 缩略图动画

利用 Thumbnail 组件可实现 GIS 缩略图动画，主要用到的函数为 ui.Thumbnail()（表 4-9）。

表 4-9　ui.Thumbnail 函数参数及说明

函数		返回值
ui.Thumbnail（image，params，style，onClick）		ui.Thumbnail
参数	类型	说明
image	Image|ImageCollection	缩略图的影像或者影像集合
params	Object	缩略图样式参数
style	Object	组件的样式
onClick	Function	点击回调方法

```
var img = ui.Thumbnail({
    image: images,//等展示的影像，需要自己先定义
    params: {
```

```
        min: -15,
        max: 35,
        palette: [
            '0A21DF', '1B96FC', '32F8FC', 'CDFFFF', 'FFFAAA',
            'FBFD45', 'F69369', 'EE6C6D', 'DE1418', '92070B'
        ],
        region: roi,
        dimensions: "400x350",
        framesPerSecond: 2,
        text: title,
        textSize: "16px",
        textColor: "#ffffff",//文本的颜色,
        textHorizontal: "right",   // 文本的水平对齐方式 left center right
        textVertical: "bottom",    // 文本的垂直对齐方式 top center bottom
    }
});
```

C. 矢量动画

平台提供了一系列矢量动画基本功能函数 animateAlongLine、animateLine、animatePulsing、animateRoute，分别实现矢量点沿着指定的路径运动动画、矢量线运动动画、矢量点闪烁动画、两点之间运动动画，同时提供了一系列与动画操作相关的函数，包括播放动画 playLayersAnimation、暂停动画 pauseAnimation、移除动画 removeAnimation、重启动画 restartAnimation、停止动画 stopLayersAnimation。

a. animateAlongLine

矢量动画函数 animateAlongLine 的参数及说明如图 4-26。

animateAlongLine

矢量点沿着指定的路径运动动画。

函数		返回值
animateAlongLine(icon,path,speed,loop,isShowRoute,callFunc)		Null

参数	类型	说明
icon	String	图标名称，可选项参数。
path	List|Geometry|Feature|FeatureCollection	路径点列表或者是路径线矢量数据，必选项参数。
speed	Number	点运动速度，默认1秒，可选项参数。
loop	Number	动画循环次数，默认-1是无限循环，可选项参数。
isShowRoute	Boolean	是否显示路径，默认false，可选项参数。
callFunc	Function	动画启动后的回调方法，返回值是动画运行参数，可选项参数。

图 4-26　矢量动画函数 animateAlongLine 的参数及说明

```
//指定路径动画
//台风路径展示
var typhoon = pie.FeatureCollection("TYPHOON/CMABST")
            .filter(pie.Filter.eq("Year", 2018))
            .filter(pie.Filter.eq("TLName", "BEBINCA"));
```

```
Map.centerObject(typhoon, 4);
Map.animateAlongLine({
    path:typhoon,
    speed: 0.5,
    loop: 1,
    isShowRoute: true
});
```

b. animateLine

矢量线运动动画函数 animateLine 的参数及说明，以及其应用示例如图 4-27 和图 4-28。

animateLine

矢量线运动动画。

函数		返回值
animateLine(route,speed,loop,callFunc)		Null

参数	类型	说明
route	List|Geometry|Feature|FeatureCollection	线的点坐标列表或者是路径线矢量数据，必选项参数。
speed	Number	线运动速度，默认1秒，可选项参数。
loop	Number	动画循环次数，默认-1是无限循环，可选项参数。
callFunc	Function	动画启动后的回调方法，返回值是动画运行参数，可选项参数。

图 4-27　矢量线运动动画函数 animateLine 的参数及说明

```
var path = pie.Geometry.LineString([
    [115.85541650391605,39.88635618041721],
    [116.07514306641696,39.95165759320176],
    [116.22620507813735,39.92849325213615],
    [116.4541713867306,39.85684481089862],
    [116.78376123047912,39.920067911253426],
    [116.95404931641485,40.002170751121145],
    [117.2891323242306,40.03582544434863],
    [117.59400292969656,39.92638701411701]], null);
Map.animateLine({
    route:path,
    speed: 0.5,
    loop: 10
})
```

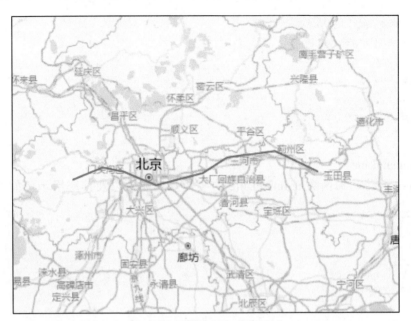

图 4-28　矢量线运行动画示例

c. animatePulsing

矢量点闪烁动画函数 animatePulsing 的参数及说明，以及其应用示例如图 4-29 和图 4-30。

animatePulsing

矢量点闪烁动画。

函数		返回值
animatePulsing(icon,point,duration,radius,loop,count,callFunc)		Null

参数	类型	说明
icon	String	图标名称，可选项参数。
point	List|Geometry|Feature|FeatureCollection	点坐标数组或者是点矢量数据，必选项参数。
duration	Number	点运动持续时间，默认3秒，可选项参数。
radius	Number	点最大闪烁半径，默认10，可选项参数。
loop	Number	动画循环次数，默认-1是无限循环，可选项参数。
count	Number	同一时间最多显示点的数量，默认3，可选项参数。
callFunc	Function	动画启动后的回调方法，返回值是动画运行参数，可选项参数。

图 4-29　矢量点闪烁动画函数 animatePulsing 的参数及说明

```
//单点闪烁动画例子
var point = [116.416, 39.911];
Map.animatePulsing({
    icon: "airport-15",
    point: point,
    duration: 2,
    radius: 30
});
```

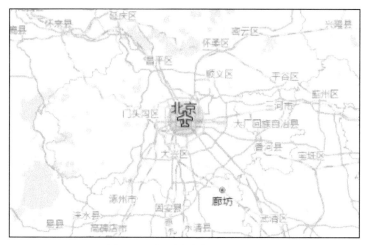

图 4-30 矢量点闪烁动画示例

d. animateRoute

两点之间运动动画函数 animateRoute 的参数及说明，以及其应用示例如图 4-31 和图 4-32。

animateRoute

指定图标或者点从起始点运动到截止点的矢量动画。

函数	返回值
animateRoute(icon,origin,destination,steps,loop,isShowRoute)	Object

参数	类型	说明
icon	String	图标名称，可选项参数。
origin	List	运动起始点位置，经纬度数组列表，必选项参数。
destination	List	运动终止点位置，经纬度数组列表，必选项参数。
steps	Number	从起始点到终止点运行需要多少步，默认500，可选项参数。
loop	Number	动画循环次数，默认-1是无限循环，可选项参数。
isShowRoute	Boolean	是否显示路径，默认false，可选项参数。

图 4-31 两点之间运动动画函数 animateRoute 的参数及说明

```
//两点间动画
var origin = [116.416, 39.911];
var destination = [117.847,39.945];
var info =Map.animateRoute({
    icon:"airport-15",//
    origin:origin,
    destination:destination,
    steps:500, //
    loop:-1,//
```

```
    isShowRoute:true
})
```

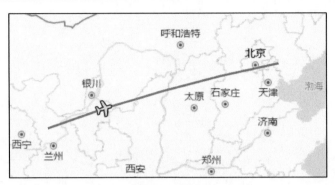

图 4-32　两点之间运动动画示例

e. playLayersAnimation

图层动画播放函数 playLayersAnimation 的参数及说明，以及其应用示例如图 4-33 和图 4-34。

playLayersAnimation

播放生成的图层动画。

函数		返回值
playLayersAnimation(data,time,loop,callFunc)		Null

参数	类型	说明
data	Object	动画数据
time	Number	动画循环时间
loop	Number	动画循环次数，-1是无限循环
callFunc	Function	动画每一帧回调方法，回调方法返回参数有两个，分别是：图层名称 name 和 当前帧的索引 index。

图 4-33　图层动画播放函数 playLayersAnimation 的参数及说明

```
/长时间序列变化影像动画
//研究区域
var roi = pie.Geometry.Polygon([
    [[121.39569077003858,39.321525470976724],
    [121.95838538332868,39.321525470976724],
    [121.95838538332868,38.969949379129645],
    [121.39569077003858,38.969949379129645],
    [121.39569077003858,39.321525470976724]]], null);
//加载显示研究区域
Map.addLayer(roi, {color: "red", fillColor:"00000000"}, "roi");
Map.centerObject(roi, 8);
//设置图层显示参数
var layers = [];
var vis = {
    min:0,
    max:0.3,
```

```
        bands: ["B4","B3","B2"]
};
for (var year=2013; year<=2021; year++) {
    //加载 Landsat 8 SR
    var l8Col = pie.ImageCollection("LC08/02/SR")
                    .filterDate(year+"-01-01", year+"-12-31")
                    .filterBounds(roi)
                    .filter(pie.Filter.lte('cloud_cover', 10));
    var image = l8Col.select(["B4","B3","B2"]).median().clip(roi);
    image = image.select(["B4","B3","B2"]).multiply(0.0000275).subtract(0.2);
    layers.push({
        layer: image,
        name: year.toString(),
        style: vis
    })
}
var label = ui.Label("")
label = label.setStyle({
    backgroundColor: "white"
})
Map.addUI(label);

//动画显示
Map.playLayersAnimation(layers, 1, -1, function(name, index) {
    label = label.setValue("2013-2021 年影像变化："+name+"年");
  });
```

图 4-34　2013～2021 年影像变化动画示例

8）UI 组件

PIE-Engine Studio 中提供丰富的交互式 UI 组件，UI 组件的出现为专业用户提供了一个可以直接使用、分享以及探讨遥感技术的方式，为广大非专业的用户降低了应用遥感数据和算法的门槛。

UI 组件包括按钮、复选框、颜色提取器、日期选择器、数字输入框、文本、下拉列表、滑块等（表 4-10）。

表 4-10　PIE-Engine Studio UI 组件列表

名称	函数	说明
按钮	ui.Button	返回一个按钮，可设置按钮文本、按钮样式、按钮类型、显示状态等
级联选择器	ui.Cascader	返回一个级联选择器，即多级菜单选择器，可设置级联菜单的内容、选择不同值触发的方法、下拉列表、组件的样式等
图表	ui.Chart	ui.Chart.array 用于返回一个数据图表，ui.Chart.PIEArray 返回一个数据集合图表，ui.Chart.PIEFeature 通过矢量属性绘制图表，ui.Chart.PIEImage 根据指定的类型进行统计分类，ui.Chart.image 用户返回一个影像图列表。通过样式配置，如设置图表标题、图表类型（条形图、柱状图、饼图、散点图、折线图）、图例、坐标轴数据及名称等，将数据/影像列表以不同的图表进行显示
复选框	ui.Checkbox	返回一个复选框，可设置复选框对应的文本内容、值、不同的状态、可用性、样式等
颜色提取器	ui.ColorPicker	返回一个颜色提取器，可设置颜色面板的标题、样式等
日期选择器	ui.DateSelect	返回一个日期选择器，可设置日期的类型、触发的事件、显示状态等
数字输入框	ui.InputNumber	返回一个数字输入框，可设置提示信息，输入框组件样式，显示的最大、最小值，步长等
文本	ui.Lable	返回文本，可设置文本标签的内容、组件的样式、指定跳转的 url 路径等
布局	ui.Layout	返回一个绝对布局组件，可设置布局的方向、样式等
图例	ui.Legend	返回一个图例，可设置图例名称、图例颜色、图例数据、图例位置、图例类型等
地图	ui.Map	地图组件，可设置加载/移除图层、加载/移除组件、居中、缩放级别、动画展示等操作。ui.Map.Linker 联动地图可实现多个地图的联动
分页	ui.Page	返回一个分页，可显示当前页码、总页数、每页数据等
容器	ui.Panel	返回一个容器组件，可设置容器的布局、样式、是否显示等
单选按钮	ui.Radio	返回一个单选按钮，可设置按钮的样式、是否选中状态、标签内容等
根组件	ui.root	返回一个根组件，可设置组件的布局样式、组件类型
下拉列表	ui.Select	返回一个下拉列表，可设置列表样式、可用性、列表值、选项对应的文本等
滑块	ui.Slider	返回一个滑动条，可设置滑动条的最大值、最小值、当前值、步长、样式等
地图分屏	ui.SplitMap	返回一个地图分屏组件，可设置地图组件样式、数组列表、展示方向、鼠标事件等
切换按钮	ui.Switch	返回一个切换按钮，可设置按钮样式、显示值、禁用状态及选择不同值时的触发方法
表格	ui.Table	返回一个表格，可设置表格的样式、列表名称、数据等
文本输入框	ui.TextBox	返回一个文本输入框，可设置选项卡的样式、每个选项卡的值及方法等
缩略图	ui.Thumbnail	返回一个缩略图，可设置缩略图的样式、显示的数据、缩略图的布局等

对于这些 UI 组件的详细介绍，可通过在线帮助—函数说明—JavaScript 函数说明—ui 里查看函数原型，在使用时根据说明更改相关参数。

9）发布 APP

在 PIE-Engine Studio 开发完成的成果可以通过发布 APP 来实现共享。

（1）编写代码，将代码中用到的数据资源设置为公共资源；

（2）新建 APP，填入必要的参数内容；

（3）发布 APP，通过网页 APP 地址查看 APP。

图 4-35 展示了风云 4A（FY-4A）卫星的一个在线 APP。代码链接：https://engine.piesat.cn/engine/home?sourceId=18230ec5155d4520afe256d9e27ba6f7。

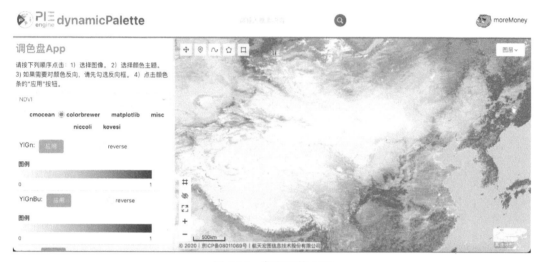

图 4-35　发布后的 APP

10）公共库

PIE-Engine Studio 提供了公共方法库功能，在代码开发过程中可以将通用的、重复的功能编写为公共类，再在代码中进行引用，实现编写多次、多次引用。其优点如下：

（1）实现公共代码复用；

（2）优化结构易于测试；

（3）便于多人分工协作；

（4）代码结构清晰，便于移植和阅读。

公共库开发常用关键字为 require 和 exports。require 为导入外部的公共库，参数为公共库的地址。exports 是将指定的方法或属性导出为外部可用的公共库方法。

A. 导出定义的库

在资源目录下，点击"新建"按钮，新建名称为 pubLib 的脚本。编写代码如下所示。

```
//自定义函数 NDVI
function NDVI(image) {
    var b4 = image.select("B4");
    var b5 = image.select("B5");
```

```
    var ndvi = b5.subtract(b4).divide(b5.add(b4));
    return ndvi.rename("NDVI");
}
exports.NDVI = NDVI;
```

代码中定义的 exports.NDVI = NDVI 就是将定义的函数 NDVI 导出为公共库方法。

B. 引入指定的库

用户可通过定义变量 lib 来引入外部库: var lib = require（"pieadmin/教学视频/pubLib"）。通过定义的变量 lib 来调用公共库方法 NDVI,即 lib.NDVI()。

```
var lib = require("pieadmin/教学视频/pubLib");
//加载影像
var image = pie.Image("LC08/01/T1/LC08_121031_20181019");
//设置影像 NDVI 的显示参数
var visParamNDVI = {
    min: -0.2,
    max: 0.8,
    opacity: 1,
    palette: [
'FFFFFF', 'CE7E45', 'DF923D', 'F1B555', 'FCD163', '99B718', '74A901',
'66A000', '529400', '3E8601', '207401', '056201', '004C00', '023B01',
'012E01', '011D01', '011301'   ]
};
//调用第(1)步自定义的函数 NDVI
var ndvi = lib.NDVI(image);
//定位地图中心
Map.setCenter(120.3, 41.86, 6);
//显示 NDVI
Map.addLayer(ndvi, visParamNDVI, "NDVI");
```

其中,公开分享的外部库需要将其内部使用的资源设置为公共的。

4.3.4 操作方法

1. 数据的加载、显示、导出

在 PIE-Engine Studio 中通过数据集的 ID 加载平台上已有的数据集,数据集的 ID 可以通过代码编辑区上面的数据集搜索框进行查询,也可以通过数据资源网页（https://engine.piesat.cn/dataset-list）进行查询。

利用 Map.addLayer 加载影像,在加载影像时,须进行波段的选择,addLayer() 的参数如图 4-36 所示。

addLayer

对象作为一个图层添加到地图中，返回一个Layer对象。

函数		返回值
addLayer(image, style =null,name = null,visible= true)		Layer

参数	类型	说明
image	Image|FeatureCollection	要添加到地图中的对象
style	Json对象	数据可视化样式，默认无，参考测试用例
name	String	图层的名称，默认无
visible	Boolean	图层是否可见，默认可见

图 4-36　addLayer()的参数

加载 Landsat 8 TOA 影像的示例如下所示。

```
//按数据集 ID 加载 Landsat 8 TOA 单景影像
var img = pie.Image("LC08/01/T1/LC08_121031_20181019")
          .select(["B4", "B3", "B2"]);
print(img);//输出影像信息
Map.centerObject(img, 6);//定位地图中心
Map.addLayer(img, {min: 0, max: 3000}, "img");//加载显示影像
```

对于加载后的影像数据，可以进行导出，采用 Export.image 算子，其参数如图 4-37 所示。

image

创建批量任务，用于导出指定的Image到个人资源目录下，方便后续的直接使用，任务会被显示在任务控制栏上。

函数		返回值
image(image,description,assetId,pyramidingPolicy, dimensions, region, scale, crs, crsTransform, maxPixels)		Export

参数	类型	说明
image	Image	要导出的Image对象
description	String	导出后Image对象的描述信息
assetId	String	导出后Image对象的ID信息
pyramidingPolicy	Object	目前无效
dimensions	String|Number	可用的最多任务数
region	Geometry	导出的范围，不设置表示当前可视范围
scale	Number	设置导出影像的分辨率，单位为米
crs	String	目前未启用。要导出数据的坐标系
crsTransform	List	目前未启用
maxPixels	Number	目前未启用

图 4-37　Export.image()的参数

导出影像的示例代码如下：

```
Export.image({
```

```
    image: img,
    description: "ExportImage",
    assetId: "test",
    region: img.geometry(),
    scale: 30
});
```

　　运行上面代码后会发现在任务菜单中增加了导出任务，点击执行，选择导出文件路径，对影像进行导出（图 4-38）。

图 4-38　导出任务

　　用户可以上传自己的数据，在资源目录下，通过【新建/上传】菜单，可以新建文件目录，然后上传影像和矢量数据。
　　资源目录下用户上传或者导出的影像与平台上其他公有数据集一样，可以通过数据的 ID 在代码中进行引用（图 4-39）、加载显示等操作，也可以下载这些数据。

图 4-39　数据引用

2. 图表的生成及加载

图表是展示数据分析结果非常重要的手段之一，在 PIE-Engine Studio 平台上提供了多种图表展示方式，其中 ChartArray 算子可通过数组在控制台绘制统计图表，支持条形图（Bar）、柱状图（Column）、线状图（Line）、饼状图（Pie）和散点图（Scatter）的绘制，利用与控制台的交互操作可以保存该图片。

以绘制柱状图为例，通过指定 chartType 参数来更改图表类型。

```
var column_options = {
    title: '世界人口总量',//图表标题
    legend: ["2011 年", "2012 年"],//图例
    xAxis: ["巴西", "印尼", "美国", "印度", "中国", "世界"],///x 轴数据
    yAxisName: "人口（百万）",//y 轴名称
    xAxisName: "地区",//x 轴名称
    series: [
        [182.03, 234.89, 290.34, 1049.70, 1317.44, 6302.30],
        [193.25, 234.38, 310.00, 1215.94, 1341.41, 6818.07]
    ],// y 轴数据，二维数组
    chartType: "column"///图表类型
};
//调用绘制方法
ChartArray(column_options);
```

绘制结果如图 4-40 所示。

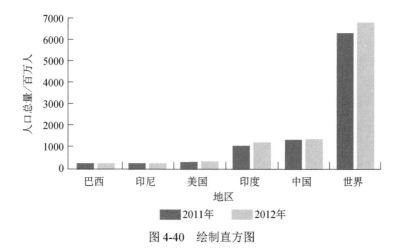

图 4-40　绘制直方图

通过 ChartImage 算子将影像计算结果绘制成折线图，如下代码输出两景 Landsat 8 影像 B1 波段在感兴趣区内的 DN 最大值并绘制成图表的形式。

```
//感兴趣区域
var geometry = pie.Geometry.Polygon([
```

```
    [
        [120.14843750000063,41.78937765652833],
        [120.78564453125199,41.97750297114209],
        [120.77465820312324,41.53494144776468],
        [120.33520507812159,41.56782841155561],
        [120.14843750000063,41.78937765652833]
]], null);
//影像的 ID
var id_A = "LC08/01/T1/LC08_121031_20170117";
var imageA = pie.Image(id_A).select('B1').clip(geometry);
//统计计算指定区域内的最大值
var imageA_max = imageA.reduceRegion(pie.Reducer.max(), geometry, 30);
print("imageA_max",imageA_max);
var id_B = "LC08/01/T1/LC08_121031_20180410";
var imageB = pie.Image(id_B).select('B1').clip(geometry);
var imageB_max = imageB.reduceRegion(pie.Reducer.max(), geometry, 30);
print("imageB_max",imageB_max);
//配置折线图的样式
var line_options = {
    title: '影像 DN 值',
    legend: ['DN 值'],
    xAxisName: "日期",
    yAxisName: "DN 值",
    chartType: "line"
};
var images_max = [imageA_max, imageB_max];
var xSeries = ["2017", "2018"];
//调用影像绘图的方法绘制折线图
ChartImage(images_max,  xSeries, line_options);
```

绘制结果如图 4-41 所示。

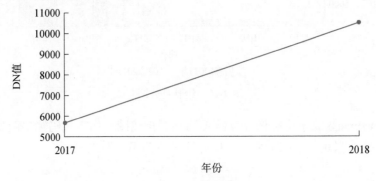

图 4-41　绘制折线图

3. 影像去云

在影像级别筛选含云量符合条件的影像，也可以在像素级别掩膜掉有云的像素。

1）影像级别去云

影像级别去云就是通过云量覆盖百分比属性筛选影像含云量，对于 Landsat 8 TOA 系列，云量覆盖百分比属性表示为"cloudCover"，可据此筛选出影像整体含云量在某个范围内的影像。

以"cloudCover"属性筛选 Landsat TOA 影像含云量，代码如下所示。

```
var Imgcol = pie.ImageCollection("LC08/01/T1")
            .filterDate("2020-05-01", "2020-07-01")//时间筛选
            .filterBounds(geometry0) //空间筛选
            .filter(pie.Filter.lte('cloudCover', 5));//总含云量筛选
```

在对特定日期、特定区域的影像进行云量筛选之前，共有 9 景符合条件的影像，增加含云量≤5%的筛选条件后（lte：less than and equal），只有两景影像符合条件，含云量分别为 0.04%和 3.37%（图 4-42）。

图 4-42　输出显示云量信息

注意，不同影像集合，其云量覆盖百分比属性字段的表示不完全一样，如 Landsat 8

C2 SR 影像集合，其云量覆盖百分比属性以"cloud_cover"表示。

2）像素级别去云

像素级别去云方式主要有两种：通过 QA 波段去云和使用算法去云。

A. 通过 QA 波段去云

一些影像提供了 QA 波段来表示该影像质量的相关信息，如 Landsat 8 TOA 的"BQA"波段，其各比特位的含义如表 4-11 所示。

表 4-11　Landsat 8 TOA 的"BQA"波段各比特位的含义

比特位	含义	描述
0	填充	0：否 1：是
1	地形遮挡	0：否 1：是
2~3	辐射饱和度	0：没有波段包含饱和度 1：1~2 个波段包含饱和度 2：3~4 个波段包含饱和度 3：5 个或者更多波段包含饱和度
4	云量	0：否 1：是
5~6	云量置信度	0：未定义/条件不存在 1：低（0~33%置信度） 2：中（34%~66%置信度） 3：高（67%~100%置信度）
7~8	云阴影置信度	0：未定义/条件不存在 1：低（0~33%置信度） 2：中（34%~6%置信度） 3：高（67%~100%置信度）
9~10	雪/冰置信度	0：未定义/条件不存在 1：低（0~33%置信度） 2：中（34%~6%置信度） 3：高（67%~100%置信度）
11~12	卷云置信度	0：未定义/条件不存在 1：低（0~33%置信度） 2：中（34%~66%置信度） 3：高（67%~100%置信度）

不同影像集合的 QA 波段的表示不完全一样，且不同影像集合 QA 波段的各比特位含义也不相同。例如，Landsat 8 C1 SR 的 QA 波段表示为"pixel_qa"，而 Landsat 8 C2 SR 的 QA 波段表示为"QA_PIXEL"。

利用不同影像 QA 波段的比特位信息去云时用到的两个主要操作如下。

（1）bitwiseAnd：Image 按位与运算，返回一个 Image 对象，核心是对二进制像素值做按位与运算（&）。

（2）位移运算符：（左移<<、右移>>），其中左移运算符（<<）是按二进制形式把所有的数字向左移动对应的位数，高位移出（舍弃），低位的空位补 0。例如，1<<4，即先将 1 转换为二进制 01，然后将 01 向左移 4 位，低位补 0，得到 010000（十进制为 16）。

下面来介绍影像去云操作步骤（图 4-43）：

图 4-43　影像去云操作步骤

（1）筛选影像，获取指定波段。

（2）提取 QA 波段，将 QA 波段与（1<<4）（即 00010000）进行按位与运算，根据 bit 4 Cloud 比特位的含义，得到 0 为无云，1 为有云的二值图；为得到无云掩膜，再对其进行判断 ［eq（0）］，若等于 0（无云），则结果为真，返回值为 1（无云），得到无云掩膜（图 4-44）。

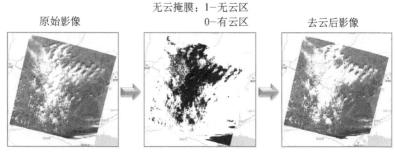

图 4-44　去云流程

（3）最后将原影像与无云掩膜进行叠加，得到去云后的影像。

B. 通过算法去云

对 于 Landsat TOA 系 列， PIE-Engine Studio 提 供 了 专 用 的 去 云 函 数：pie.Algorithm.Landsat8.cloudMask()，以更为便捷的方式去云。

其内部封装了对以 "BQA" 表示的 QA 波段去云的操作，识别出是云（bit 4 Cloud）或者云的置信度比较高（bit 5～6 云量置信度）的区域。

虽然 bit 5 和 bit 6 一起表示云量置信度，但只需和 bit 5 做按位与运算即可得到置信度比较高的区域（图 4-45）。

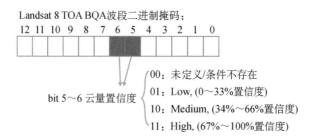

图 4-45　Landsat 8 TOA BQA 波段第 5～6 比特位云量置信度

通过调用 cloudMask() 即可得到无云掩膜，其步骤分为三步（图 4-46），具体代码如下。

图 4-46　去云流程图

4. 时间序列数据合成

时间序列合成是将多期卫星影像合成年度数据或月度数据，是计算研究区时间序列变化的常用方式，可通过 for 循环来实现。

1）年度合成

以 2013～2019 年合成北京市 VIIRS_VCMCFG 夜间灯光数据为例。

```
//加载中国省市行政边界矢量数据
var chn = pie.FeatureCollection('NGCC/CHINA_CITY_BOUNDARY');
//按数据对应属性加载北京市边界矢量数据
var bjgeometry = chn.filter(pie.Filter.eq("name", "北京市"));
//定位地图中心
Map.centerObject(bjgeometry, 7)
var visCity = {color: "37a9ddff", fillColor: "00000000", width:1};
Map.addLayer(bjgeometry, visCity, "beijing");
var bj = bjgeometry.getAt(0).geometry();
var visParam1 = {
    min: 0,
    max: 60,
    palette:['000000', '212208', '3e400f', '5c5f16', '80841e', 'a1a626',
            'c1c72d', 'e5ec36', 'f7ff3a'
    ]};
for(var i=2013; i<2020;i++){
    var night_list = pie.ImageCollection('VIIRS_VCMCFG/NIGHTTIME_LIGHTS')
                    .filterDate(i+"-01-01", i+"-12-02")
                    .map(function(image) {
                        return image.select("avg_rad").divide(1000).r
ename("avg_rad");
            });
    var night_mean = night_list.mean().clip(bj);
    Map.addLayer(night_mean,visParam1,String(i),true);
```

```
print(String(i),night_mean);
}
```

合成结果如图 4-47 所示。

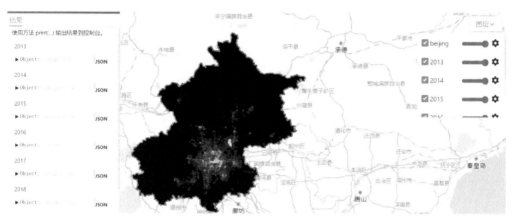

图 4-47　年度合成结果显示

2）月度合成

平台也提供了 Filter.calendarRange()算子，方便进行数据筛选，以下代码展示了对 2019 年、2020 年 7～8 月北京的 Landsat 8 影像进行时间和范围的筛选。

```
//加载中国省市行政边界矢量数据
    var chn = pie.FeatureCollection('NGCC/CHINA_CITY_BOUNDARY');
//按数据对应属性加载北京市边界矢量数据
    var bjgeometry = chn.filter(pie.Filter.eq("name", "北京市"));
//定位地图中心
    Map.centerObject(bjgeometry, 7)
    var visCity = {color: "37a9ddff", fillColor: "00000000", width:1};
    Map.addLayer(bjgeometry, visCity, "beijing");
    var bj = bjgeometry.getAt(0).geometry();
    var imageCollection = pie.ImageCollection("LC08/01/T1");
    var filter1 = pie.Filter.calendarRange(2019, 2020,"year")
    var filter2 = pie.Filter.calendarRange(7, 8,"month");
    var images_result = imageCollection.filter(filter1).filter(filter2).fi
lterBounds(bj);
    print(images_result);
```

5. 统计分析

统计研究区内影像的覆盖度是常用的影像级别的统计，而统计研究区内同一像元不同波段间的极值或者同一波段不同像元的极值是常用的像素级别的统计，下面将对其详细介绍。

1）统计研究区影像覆盖度

统计 2013 年 6～9 月北京市 Landsat 8 影像的覆盖度，代码如下所示。

```
//加载中国省市行政边界矢量数据
var chn = pie.FeatureCollection('NGCC/CHINA_CITY_BOUNDARY');
//按数据对应属性加载北京市边界矢量数据
var bjgeometry = chn.filter(pie.Filter.eq("name", "北京市"));
//定位地图中心
Map.centerObject(bjgeometry, 7)
var visCity = {color: "37a9ddff", fillColor: "00000000", width:1};
Map.addLayer(bjgeometry, visCity, "beijing");
var bj = bjgeometry.getAt(0).geometry();
//加载 Landsat 8 影像数据集合
var totalImgs = pie.ImageCollection("LC08/01/T1")
                 .filterDate("2013-6-1", "2013-9-1")
                 .filterBounds(bj)
                 .select(["B1"])
                 .map(function(image) {
                     return image.gt(0);
                 })
                 ;
print(totalImgs.size());
//计算并绘制影像覆盖度,把实际景数拉伸到 1-15 之间
var countVis = {
  min:1,
  max:15,
  palette: [
    "df2a29","f9612f","fbc140","fbf14b","a0f860",
    "3bf888","2db8f7","2284f8","1136d5"
  ]
};
var totalPixelCount = totalImgs.sum().clip(bj);
print(totalImgs.sum());
  Map.addLayer(totalPixelCount, countVis, "count");
```

统计结果如图 4-48 所示，不同颜色代表了不同数量的影像覆盖。

2）研究区极值统计

在实际应用中，求取研究区内的极值可以使用 image.reduce()、image.reduceRegion() 算子，其中 reduce 用来实现同一像元不同波段间的极值统计，结果为一单波段影像；而 reduceRegion 用来实现同一波段不同像元的极值统计，结果为单一的值。

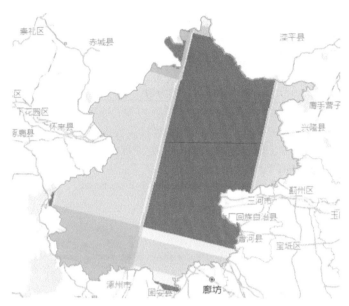

图 4-48　统计研究区影像覆盖度结果显示

代码展示了使用 reduce（image）对同一像元处不同波段的极大值进行统计。

```
var image = pie.Image("LC08/01/T1/LC08_121031_20181019").select(['B3','B4'
,"B5"]);
var image2 = image.reduce(pie.Reducer.max());
Map.addLayer(image2.select("max"),{min:100,max:5000});
Map.setCenter(120.230, 41.810,7);
```

输出结果如图 4-49 所示。

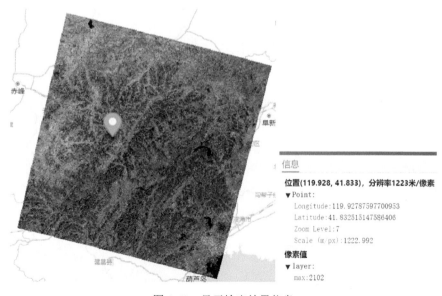

图 4-49　显示输出结果信息

　　如下代码展示了使用 reduceRegion()进行同一波段不同像元间的极值统计。

```
var image = pie.Image("LC08/01/T1/LC08_121031_20181019").select(['B4',"B3"
,"B2"]);
Map.addLayer(image,{min:0,max:3000},"img")
var geometry = pie.Geometry.Polygon([[[119.5, 41.5], [120, 41.5], [120, 42
],[119.5,42],[119.5, 41.5]]], null);
var image_Min = image.reduceRegion(pie.Reducer.min(), geometry, 300);
print("image_Min:",image_Min);
var image_Max = image.reduceRegion(pie.Reducer.max(), geometry, 300);
print("image_Max:",image_Max);
```

　　输出结果如图 4-50 所示。

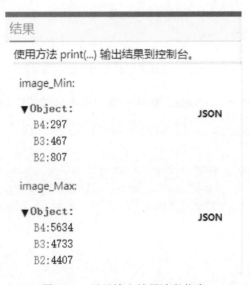

图 4-50　显示输出结果波段信息

6. 动画展示

　　PIE-Engine Studio 提供了 Map.playLayersAnimation()算子来动态展示不同的图层，如下代码动态展示了某区域（roi）2013～2020 年 Landsat 8 影像中值的真彩色影像。

```
//研究区域
    Map.addLayer(roi, {color: "red", fillColor:"00000000"}, "roi");
    Map.centerObject(roi, 8);
    var layerNames = [];
    var vis = {
    min:0,
    max:0.3,
    bands: ["B4","B3","B2"]
        };
```

```
for (var year=2013; year<=2021; year++) {
//加载 Landsat 8 SR
var l8Col = pie.ImageCollection("LC08/02/SR")
                .filterDate(year+"-01-01", year+"-12-31")
                .filterBounds(roi)
                .filter(pie.Filter.lte('cloud_cover', 10));
var image = l8Col.select(["B4","B3","B2"]).median().clip(roi)
image = image.select(["B4","B3","B2"]).multiply(0.0000275).subtract(0.
2);
Map.addLayer(image, vis, year.toString(), false);
layerNames.push(year.toString());
}
var label = ui.Label("")
label = label.setStyle({
    backgroundColor: "white"
})
Map.addUI(label);
//动画显示
Map.playLayersAnimation(layerNames, 1, -1, function(name, index) {
    label = label.setValue("2013-2021 年影像变化："+name+"年");
    });
```

7. 基于机器学习的影像分类

利用机器学习方法进行遥感数据处理可以分为监督分类和非监督分类两种。

监督分类（Supervised Classification）是用确认类别的样本像元识别未知类别的像元。监督分类的基本步骤：选择训练样本、提取统计信息以及选择分类算法。分类器包括：

（1）正态贝叶斯（Normal Bayes）分类器可以处理连续数值特征值的分类问题。由训练样本数据估计每个分类的协方差矩阵和均值向量，把这两组变量代入对数函数公式中，从而得到每个分类完整的对数似然函数。当需要预测样本时，把样本的特征属性值分别代入全部分类的对数似然函数中，最大的对数似然函数对应的分类就是该样本的分类结果。

（2）随机森林（Random Forest）是由决策树构成的集成算法。其对异常值和噪声具有很好的容忍度。

（3）支持向量机（Support Vector Machine，SVM）是一种建立在统计学理论、VC维（Vapnik-Chervonenkis Dimension）理论以及结构风险最小化原理基础上的机器学习方法，是按监督学习方式对数据进行二元分类的广义线性分类器，在解决小样本、非线性和高维模式识别的问题中表现出优势，能在很大程度上克服"维数灾难"和"过学习"等问题。

非监督分类（Unsupervised Classification）是指分类过程不施加任何的先验知识，

仅凭自然聚类的特性（遥感影像地物光谱特征的分布规律）进行"盲目"分类。非监督分类只能把样本区分为若干类别，而不能给出样本的描述；其类别的属性是通过分类结束后目视判读或实地调查确定的。非监督分类也称聚类分析。先选择若干个模式点作为聚类的中心。每一个中心代表一个类别，按照某种相似性度量方法（如最小距离方法）将各模式归于各聚类中心所代表的类别，形成初始分类。然后，由聚类准则判断初始分类是否合理，如果不合理就修改分类，如此反复迭代运算，直到合理为止。主要的分类算法是 K 均值聚类算法（K-Means Clustering Algorithm）和最大期望算法（Expectation-Maximization Algorithm，EM）。其中，EM 是通过迭代进行极大似然估计的优化算法，通常作为牛顿迭代法的替代，用于对含隐变量或缺失数据的概率模型进行参数估计。EM 算法的标准计算框架由 E 步（Expectation Step）和 M 步（Maximization Step）交替组成，算法的收敛性可以确保迭代至少逼近局部极大值。

下边分别选取一种监督分类算法（随机森林算法）和一种非监督算法（K 均值聚类算法）进行详细介绍。

1）基于 K 均值聚类算法的影像分类

K 均值聚类算法是一种迭代求解的聚类分析算法。其过程是：将数据分为 K 组，随机选取 K 个对象作为初始的聚类中心，然后计算每个对象与各个种子聚类中心之间的距离，把每个对象分配给距离它最近的聚类中心，聚类中心以及分配给它们的对象就代表一个聚类。每分配一个样本，聚类中心会根据聚类中现有的对象被重新计算。这个过程将不断重复直到满足某个终止条件。终止条件可以是没有（或最小数目）对象被重新分配给不同的聚类，没有（或最小数目）聚类中心再发生变化，误差平方和局部最小。

A. 核心代码示例

```
// 数据范围设置
var geometry = pie.Geometry.Polygon([
  [
    [111.41,33.14],
    [111.55,33.14],
    [111.55,33.05],
    [111.41,33.05],
    [111.41,33.14]
  ]
], null);
Map.centerObject(geometry,12);
// 数据选择，计算 NDVI 和 NDWI 指数
var image = pie.Image("GF1/L1A/BCD_FUSION/GF1B_PMS_E111.3_N33.0_20201210_L
1A1227906788").select(["B3","B2","B1","B4"]).clip(geometry);
var b1 = image.select("B1");
var b2 = image.select("B2");
var b3 = image.select("B3");
```

```
var b4 = image.select("B4");
var ndvi = (b4.subtract(b3)).divide(b4.add(b3)).rename("NDVI").multiply(10
00);
var ndwi = (b2.subtract(b4)).divide(b2.add(b4)).rename("NDWI").multiply(10
00);
image = image.addBands(ndvi).addBands(ndwi);
// 随机采集样本，采样分辨率设置为 30 米，样点个数设置为 200
var training = image.sample(geometry,30,"","",200);
// 创建 K-Means 分类器，并进行训练
var cluster = pie.Clusterer.kMeans(6).train(training);
// 分类数据并显示
var resultImage = image.cluster(cluster,"clusterA");
var visParam = {
    opacity:1,
    classify:'0,1,2,3,4,5,6',
    palette: 'FF0000,00FFFF,00FF00,FF00FF,0000FF,FFFF00,FF8000,00AAFF'
};
Map.addLayer(resultImage,visParam);
Map.addLayer(image,{min:[334,539,561],max:[787,889,864]});
```

B. 结果展示

使用 PIE-Engine 遥感计算云平台的实现效果如图 4-51 所示。

(a) 原始影像

(b) 分类结果

图 4-51　K 均值算法的分类结果

2）基于随机森林算法的影像分类

随机森林（Random Forest）是由决策树（Decision Tree）构成的集成算法。决策树是一种树形结构，树内部每个节点表示一个属性上的测试，每个分支代表一个测试输出，每个叶节点代表一个分类类别。通过训练数据构建决策树，可以对未知数据进行分类。尽管随机森林由许多决策树构成，但不同决策树之间并无关联。当进行分类任务时，新的输入样本进入，就让森林中的每一棵决策树分别进行判断和分类，每个决策树会得到一个自己的分类结果，决策树的分类结果中哪一个分类最多，随机森林就会把这个结果作为最终结果。

A. 核心代码示例

```
// 获得样本点
var featureCollection = pie.FeatureCollection('user/17090142114/PGDB001/pi
eTrainROI');
Map.centerObject(featureCollection,11);

// 构建查询数据
var image1 = pie.Image('user/17090142114/PGDB001/pieTrainImageNew2').selec
t("B1").multiply(10000);
```

```
var image2 = pie.Image('user/17090142114/PGDB001/pieTrainImageNew2').selec
t("B2").multiply(10000);
var image3 = pie.Image('user/17090142114/PGDB001/pieTrainImageNew2').selec
t("B3").multiply(10000);
var image = image1.addBands(image2).addBands(image3);

// 获得训练样本，按照 7∶3 分成训练样本和验证样本
var sampleFeatureCollection = image.sampleRegions(featureCollection, ["lan
dcover"], 30);
sampleFeatureCollection = sampleFeatureCollection.randomColumn('random');
var sampleTrainingFeatures = sampleFeatureCollection.filter(pie.Filter.lte
("random", 0.7));
var sampleTestingFeatures = sampleFeatureCollection.filter(pie.Filter.gt("
random", 0.7));
// 构建随机森林分类器，并训练样本
var classifer = pie.Classifier.rTrees().train(sampleTrainingFeatures, "lan
dcover", ["B1", "B2", "B3"]);
// 影像分类，并显示分类结果
var resultImage = image.classify(classifer, "classifyA");
var visParam = {
    opacity:1,
    uniqueValue:'0,1,2',
    palette: 'FAFFC8,00a15c,00477d'
};
Map.addLayer(resultImage,visParam, "ClassifyImage");
Map.addLayer(image,{min:[900,600,370],max:[1500,1200,1100]},"SrcImage");
// 添加图例
var data = {title: "土地利用分类",
  colors: ['#FAFFC8','#00a15c','#00477d'],
  labels: ["建筑", "绿地", "海洋"],
  step: 1};
var style = {
    bottom: "10px",
    right: "450px",
    width: "350px",
    height: "70px"
};
var legend = ui.Legend(data, style);
Map.addUI(legend);
// 评估训练样本的精度
var checkM = classifer.confusionMatrix();
print("训练矩阵：",checkM);
```

```
print("训练矩阵-ACC系数: ",checkM.acc()," 训练矩阵-Kappa系数:
",checkM.kappa());
// 评估验证样本的精度
var predictResult = sampleTestingFeatures.classify(classifer,"classificati
on");
var errorM=predictResult.errorMatrix("landcover","classification");
print("验证矩阵: ",errorM);
print(" 验证矩阵-ACC系数: ",errorM.acc()," 验证矩阵-Kappa系数:
",errorM.kappa());
```

B. 案例中主要涉及的算子

（1）pie.Classifier.rTrees().train()：构建随机森林分类器并训练样本，参数如图 4-52 所示。

train

监督分类分类器训练。

函数	返回值
train(features,classProperty,inputProperties,subsampling,subsamplingSeed)	监督分类器训练结果

参数	类型	说明
features	FeatureCollection	样本点
classProperty	String	分类类别字段
inputProperties	List	分类计算字段
subsampling	Float	未启用
subsamplingSeed	Int	未启用

图 4-52　pie.Classifier.rTrees().train()函数的参数

（2）image.classify()：计算分类结果，参数如图 4-53 所示。

classify

进行监督分类，返回结果为分类后的影像。

函数	返回值
classify(classifier, outputName)	Image

参数	类型	说明
classifier	Classifier	监督分类分类器
outputName	String	分类影像的波段名称，"classfiy"为默认值

图 4-53　image.classify()函数的参数

（3）confusionMatrix()：构建混淆矩阵，参数如图 4-54 所示。

confusionMatrix

构造函数，返回一个由给定参数构建的混合矩阵对象。

函数	返回值
confusionMatrix(type=null, array=null)	ConfusionMatrix

参数	类型	说明
type	Array	混合矩阵中类型的数组对象，默认为null
array	Array	混合矩阵的数组对象，默认为null

图 4-54   confusionMatrix()函数的参数

（4）errorMatrix()：构建误差矩阵，参数如图 4-55 所示。

errorMatrix

通过比较FeatureCollection的两列（一列包含实际值，另一列包含预测值），计算FeatureCollection的二维错误矩阵，其中数值从0开始。矩阵的轴0（行）对应于实际值，轴1（列）对应于预测值。

函数	返回值
errorMatrix(actual, predicted, order)	ConfusionMatrix

参数	类型	说明
actual	String	包含实际值的属性的名称
predicted	String	包含预测值的属性的名称
order	List	未启用

图 4-55   errorMatrix()函数的参数

（5）kappa()：计算 Kappa 系数，参数如图 4-56 所示。

kappa

返回混合矩阵的精确度。

函数	返回值
kappa()	混合矩阵的kappa系数计算结果

图 4-56   kappa()函数的参数

C. 结果分析展示

使用 PIE-Engine 遥感计算云平台的实现效果如图 4-57 所示。

(a) 原始影像

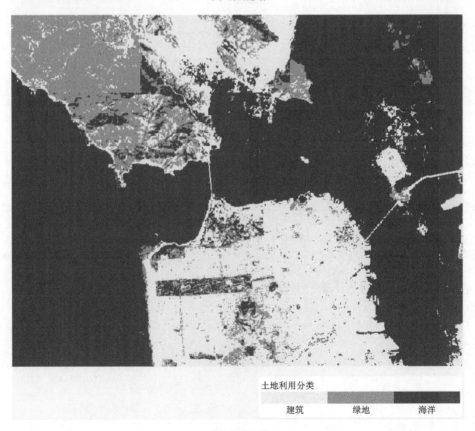

(b) 分类结果

图 4-57　随机森林算法的分类结果

4.4　应用实例——净初级生产力（NPP）分析

遥感手段辅助实现碳中和是目前重要的研究工作，净初级生产力（NPP）是指单位时间内生物通过光合作用所吸收的碳除植物自身呼吸的碳损耗所剩的部分，NPP 与异养物质呼吸速率的平衡［即净生态系统生产力（NEP）］决定了是否有生物圈对过量大气二氧化碳的累积，所以准确估计 NPP 有助于了解全球碳循环。

下面利用 PIE-Engine Studio 对 NPP 做数据分析，平台上有很多与碳相关的数据集，包括气候变化和人类活动对中国植被固碳的贡献量化数据年度合成产品、气候变化和人类活动对中国植被固碳的贡献量化数据月度合成产品、中国陆地生态系统服务价值空间分布产品、中国净生态系统生产力产品等。

1. 不同区域的 NPP 统计分析

1）数据介绍

A. NPP 数据集

PIE-Engine Studio 中"气候变化和人类活动对中国植被固碳的贡献量化数据年度合成产品"数据 ID 为："TPDC/CNYVC"，包括中国 2001～2018 年地表短波波段反照率、植被光合有效辐射吸收比、叶面积指数、森林覆盖度和非森林植被覆盖度、地表温度、地表净辐射、地表蒸散发、地上部分自养呼吸、地下部分自养呼吸、总初级生产力和 NPP 数据。空间分辨率为 0.1°。

B. 土地覆盖数据

PIE-Engine Studio 中"全球十米土地覆盖产品（ESA-2020）"的数据 ID 为：ESA/WORLD_COVER_2020。该数据源于欧洲太空局，是基于哨兵一号、哨兵二号数据制作的 2020 年 10m 分辨率的全球土地覆盖数据。土地利用数据一共分为 11 类，分别是：林地、灌木、草地、耕地、建筑、荒漠、冰雪、水体、湿地、红树林、苔藓和地衣，数据精度达到 74.4%。

通过上述数据集统计不同行政区的 NPP 值，以及不同土地覆盖产品对应的 NPP 值。

2）实现代码

以下代码计算了河南省各市的 2018 年 NPP 均值。

```
1. //加载研究区域的市级行政区划
2. var cities = pie.FeatureCollection("NGCC/CHINA_CITY_BOUNDARY")
3.                  .filter(pie.Filter.eq("pcode", "410000"));
4. print(cities)
5. Map.addLayer(cities, {color: "orange", fillColor:"00000000"},
   "cities");
6.    //加载研究区域省
7. var province = pie.FeatureCollection("NGCC/CHINA_PROVINCE_BOUNDARY")
8.                  .filter(pie.Filter.eq("code", "410000"))
```

```
9.                        .first()
10.                        .geometry();
11.  Map.centerObject(province, 5);
12.      //加载欧空局2020年10米土地覆盖产品，并且将其按照指定区域裁剪
13.  var landcover = pie.ImageCollection("ESA/WORLD_COVER_2020")
14.                         .filterBounds(province)
15.                         .select("B1")
16.                         .mosaic()
17.                         .clip(province);
18.  //展示土地覆盖数据
19.  var vis = {
20.      classify:'10,20,30,40,50,60,70,80,90,95,100',
21.      palette: ["#09630B","#FEBA39","#FFFD5D","#EF99FD","#F70C1A",
22.      "#B4B4B4","#F0F0F0","#0F67C5","#16969F","#20CE78","#FAE5A4"]
23.  }
24.  Map.addLayer(landcover, vis, "landcover", false);
25.  //展示2018年的NPP数据
26.  var visNPP = {
27.      min:0,
28.      max:1000,
29.      palette: ['#eff3da', '#d3e1b0', '#9bba6d', '#76aa52', '#3a8726',
      '#0d6010']
30.  };
31.  var npp = pie.ImageCollection("TPDC/CNYVC")
32.                      .filterDate("2018-01-01", "2018-12-31")
33.                      .select("NPP-ACT-MODIS")
34.                      .mosaic()
35.  Map.addLayer(npp, visNPP, "npp");
36.
37.  //增加图层图例配置
38.  var data = {
39.      title: "净初级生产力NPP(gC/m2)",
40.      colors: ['#eff3da', '#d3e1b0', '#9bba6d', '#76aa52', '#3a8726',
      '#0d6010'],
41.      labels: ["0","200","400","600","800","1000"],
42.      step: 30
43.  };
44.  //图例的位置信息
45.  var style = {
46.      right: "100px",
47.      bottom: "10px",
48.      height: "65px",
```

```
49.      width: "300px"
50. };
51. var legend = ui.Legend(data, style);
52. //添加图层
53. Map.addUI(legend);
54.
55. //统计河南省每一个市对应的 NPP 年均值
56. var chart = ui.Chart.PIEImage.regions({
57.          image: npp,
58.          regions: cities,
59.          reducer: pie.Reducer.mean(),
60.          scale: 5000,
61.          seriesProperty: "name",
62.          xLabels: [
63.              { band: "NPP-ACT-MODIS", value: ""}
64.          ]
65.      }).setChartType("column")
66.      .setOptions({
67.          title: {
68.              name: "河南省各个市 NPP 统计"
69.          },
70.          xAxis: {
71.              name: "地区"
72.          },
73.          yAxis: {
74.              name: "NPP(gC/m2)"
75.          }
76.      });
77. print(chart);
78.
79. //单独计算河南省整个省的 NPP 均值
80.
    var nppValue = npp.reduceRegion(pie.Reducer.mean(), province, 5000);
81. print("河南省 NPP 均值: ", nppValue);
```

3）代码解释

本小节对上面的程序做一个简单介绍。

（1）加载研究区域，参考代码 1～11 行；

（2）加载土地覆盖数据，参考代码 12～24 行；

（3）加载 2018 年 NPP 数据，参考代码 25～35 行；

（4）加载 NPP 的图例，参考代码 37～53 行；

（5）绘制每一个区域计算的直方图，参考代码 55～77 行；

（6）如果只统计单独的一个区域，可以直接使用 reduceRegion 来计算，参考代码 79～81 行。

4）运行效果

2018 年河南省各市 NPP 统计直方图以及统计计算结果如图 4-58 和图 4-59 所示。

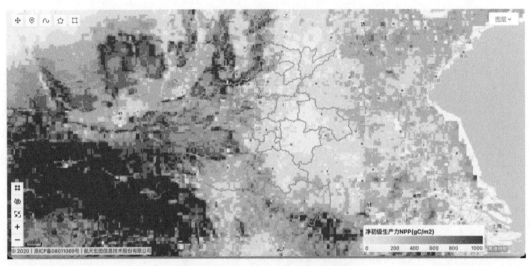

图 4-58　2018 年河南省各市 NPP

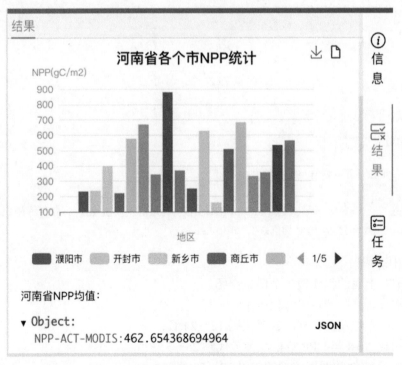

图 4-59　2018 年河南省各市 NPP 统计直方图及统计计算结果

2. 指定区域长时间序列数据统计分析

上文展示了如何统计分析计算单张影像的分析结果，实际过程中最常用的是采用长时间序列数据统计分析计算，接下来利用上述 NPP 数据，展示如何使用 PIE-Engine Studio 交互查看指定区域的 NPP 长时间序列统计结果。

1）实现代码

```
1.  //加载研究区域省
2.  var roi = pie.FeatureCollection("NGCC/CHINA_PROVINCE_BOUNDARY")
3.              .filter(pie.Filter.eq("code", "410000"))
4.              .first()
5.              .geometry();
6.  Map.addLayer(roi, {color:"red", fillColor: "00000000"}, "roi");
7.  Map.centerObject(roi, 5);
8.
9.  var visNPP = {
10.     min:0,
11.     max:1000,
12.     palette: ['#eff3da', '#d3e1b0', '#9bba6d', '#76aa52', '#3a8726',
    '#0d6010']
13. };
14. var npps = pie.ImageCollection("TPDC/CNYVC")
15.             .select("NPP-ACT-MODIS")
16. //展示一年的 NPP 数据
17. var npp = npps.filterDate("2018-1-1", "2018-12-31")
18.             .mosaic()
19. Map.addLayer(npp, visNPP, "npp");
20.
21. //增加图层图例配置
22. var data = {
23.     title: "净初级生产力 NPP(gC/m2)",
24.     colors: ['#eff3da', '#d3e1b0', '#9bba6d', '#76aa52', '#3a8726',
    '#0d6010'],
25.     labels: ["0","200","400","600","800","1000"],
26.     step: 30
27. };
28. //图例的位置信息
29. var style = {
30.     right: "100px",
31.     bottom: "10px",
32.     height: "65px",
33.     width: "300px"
34. };
```

```
35.  var legend = ui.Legend(data, style);
36.  //添加图层
37.  Map.addUI(legend);
38.
39.  //计算指定区域的 NPP 列表
40.  var chart = ui.Chart.PIEImage.series({
41.          imageCollection: npps,
42.          region: roi,
43.          reducer: pie.Reducer.mean(),
44.          scale: 5000,
45.          xProperty: "date"
46.      }).setChartType("line")
47.      .setSeriesNames(["NPP"])
48.      .setOptions({
49.          title: {
50.              name: "河南地区 NPP 变化"
51.          },
52.          xAxis: {
53.              name: "日期"
54.          },
55.          yAxis: {
56.              name: "NPP(gC/m2)"
57.          },
58.          series: {
59.              0: {
60.                  showSymbol: true,
61.                  symbolSize: 4,
62.                  color: "orange",
63.                  lineColor: "green",
64.                  smooth: true
65.              }
66.          },
67.          trendLine: {
68.              //'linear', 'exponential', 'logarithmic', 'polynomial'
69.              0: {
70.                  type: "linear",
71.                  smooth: true,
72.                  lineColor: "red"
73.              }
74.          }
75.      })
76.  print(chart);
```

2）代码解释

本小节对上面的程序做一个简单介绍。

（1）加载研究区域，参考代码 1～7 行；

（2）加载展示 NPP 数据，参考代码 9～19 行；

（3）加载 NPP 的图例，参考代码 21～37 行；

（4）统计展示指定区域长时间序列数据展示，参考代码 39～76 行。

3）运行效果

图 4-60 是 2018 年河南省 NPP 融合结果。

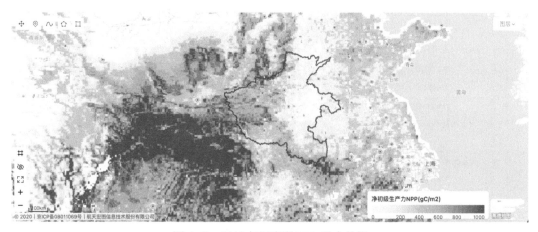

图 4-60　2018 年河南省 NPP 融合结果

图 4-61 是 NPP 绘制的折线图，其中绿色线段是实际的折线图，红色线段是趋势线，上侧显示的是趋势线计算函数。

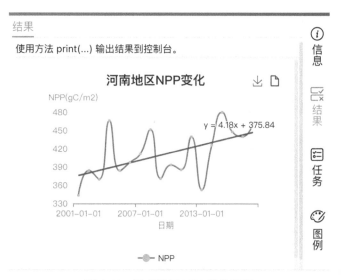

图 4-61　河南地区 NPP 变化情况

3. 任意区域查询长时间序列数据统计分析

1）实现代码

```
1.  //加载研究区域省
2.  var roi = pie.FeatureCollection("NGCC/CHINA_PROVINCE_BOUNDARY")
3.              .filter(pie.Filter.eq("code", "410000"))
4.              .first()
5.              .geometry();
6.  Map.addLayer(roi, {color:"red", fillColor: "00000000"}, "roi");
7.  Map.centerObject(roi, 5);
8.
9.  var visNPP = {
10.     min:0,
11.     max:1000,
12.     palette: ['#eff3da', '#d3e1b0', '#9bba6d', '#76aa52', '#3a8726',
        '#0d6010']
13. };
14. var npps = pie.ImageCollection("TPDC/CNYVC")
15.             .select("NPP-ACT-MODIS")
16. //展示一年的 NPP 数据
17. var npp = npps.filterDate("2018-1-1", "2018-12-31")
18.             .mosaic()
19. Map.addLayer(npp, visNPP, "npp");
20.
21. //增加图层图例配置
22. var data = {
23.     title: "净初级生产力 NPP(gC/m2)",
24.     colors: ['#eff3da', '#d3e1b0', '#9bba6d', '#76aa52', '#3a8726',
        '#0d6010'],
25.     labels: ["0","200","400","600","800","1000"],
26.     step: 30
27. };
28. //图例的位置信息
29. var style = {
30.     right: "100px",
31.     bottom: "10px",
32.     height: "65px",
33.     width: "300px"
34. };
35. var legend = ui.Legend(data, style);
36. //添加图层
37. Map.addUI(legend);
```

```
38.
39.  //点击指定地点展示 NPP 序列
40.  var chart = null;
41.  var pointKey = null;
42.  print("启动程序 ...");
43.  Map.onClick(function(pos) {
44.      print("点击位置", pos);
45.      if (chart != null) {
46.          Map.removeUI(chart);
47.          chart = null;
48.      }
49.
50.      var point = pie.Geometry.Point([pos.lon, pos.lat], null);
51.      if (pointKey != null) {
52.          Map.removeLayer(pointKey);
53.      }
54.      pointKey = Map.addLayer(point, {color: "red"}, "point");
55.      //指定区域的 NPP 列表
56.      chart = ui.Chart.PIEImage.series({
57.          imageCollection: npps,
58.          region: point,
59.          reducer: pie.Reducer.mean(),
60.          scale: 5000,
61.          xProperty: "date"
62.      }).setChartType("line")
63.      .setSeriesNames(["NPP"])
64.      .setOptions({
65.          title: {
66.              name: "指定区域 NPP 数据变化"
67.          },
68.          xAxis: {
69.              name: "日期"
70.          },
71.          yAxis: {
72.              name: "NPP(gC/m2)"
73.          },
74.          series: {
75.              0: {
76.                  showSymbol: true,
77.                  symbolSize: 4,
78.                  color: "orange",
79.                  lineColor: "green",
```

```
80.                smooth: true
81.              }
82.            }
83.        }).setStyle({ width: "450px", left: "100px", top: "50px"});
84.        Map.addUI(chart);
85. });
```

2）代码解释

本小节对上面的程序做一个简单介绍。

（1）加载研究区域，参考代码 1～7 行；

（2）加载展示 NPP 数据，参考代码 9～19 行；

（3）加载 NPP 的图例，参考代码 21～37 行；

（4）点击任意地点展示统计分析，参考代码 39～85 行。

3）运行效果

上述代码运行结果如图 4-62 所示，图中显示 2018 年河南省指定区域 NPP 数据变化。

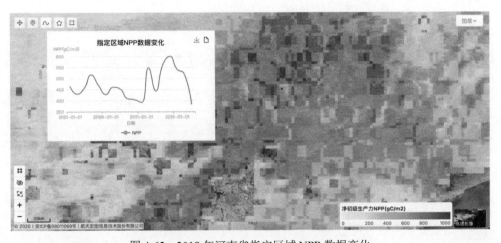

图 4-62　2018 年河南省指定区域 NPP 数据变化

思考题

1. 相比传统的本地计算分析，简述遥感云计算服务的优劣势。

2. 罗列常见的系列卫星数据。

3. 简述 image 和 imageCollection 的区别。

4. 简述 Geometry、Feature、FeatureCollection 三者的关系。

5. 列举常见的分类算法。

6. 简述 Landsat8 Collection2 Level2 数据使用 QA 波段去云的原理。

7. 监督分类中为什么要把样本点做 7∶3 分或者 8∶2 分？

参考文献

程伟, 钱晓明, 李世卫, 等. 2022. 时空遥感云计算平台 PIE-Engine Studio 的研究与应用. 遥感学报, 26 (2): 335-347.

董金玮, 李世卫, 曾也鲁, 等. 2020. 遥感云计算与科学分析——应用与实践. 北京: 科学出版社.

付东杰, 肖寒, 苏奋振, 等. 2021. 遥感云计算平台发展及地球科学应用. 遥感学报, 25 (1): 220-230.

李德仁. 2016. 展望大数据时代的地球空间信息学. 测绘学报, 45 (4): 379-384.

李德仁, 张良培, 夏桂松. 2014. 遥感大数据自动分析与数据挖掘. 测绘学报, 43 (12): 1211-1216.

第5章 全栈式遥感智能解译

随着人工智能技术的发展，深度学习得到普遍关注和大力发展，其中神经网络由于其强大的学习能力日渐成为一种有效的遥感图像处理方法。通过人工神经网络训练得到的深层网络模型具有复杂的多层非线性变换特性，泛化能力强，适合海量数据环境下复杂地物识别和提取的处理。由于遥感领域深度学习数据和算法处理的特殊性和复杂性，很多公开的模型并不适用于地物的识别和提取。目前，一些服务器提供商（包括云服务器厂商）在售出服务器的同时，附带 AI 开发功能数据管理平台和训练平台，但是 AI 算法均部署在服务器上，单机单卡应用较窄。集成服务器端和客户端的全栈式思想在各领域广泛流行，适用于复杂多元的环境，因此研发一款用于遥感领域全栈式智能解译的深度学习云平台意义重大。

5.1 概 述

智能解译服务依托深度学习、大数据和云计算等人工智能核心技术，借助云服务平台环境，采用浏览器/服务器（Browser/Server，B/S）服务模式，从海量遥感数据集中实时的自动化提取遥感地物/目标信息；在此基础上，结合大数据分析、知识图谱等技术，实现遥感地物/目标信息的智能分析、智能检索。

智能解译服务实现了端到端的模型自主训练和解译过程，整个学习的流程不进行人为的子问题划分，完全交给深度学习模型直接学习从原始数据到期望输出的映射，主要包括：在线协同标注、模型自主训练、智能解译、模型部署发布等模块。其中，在线协同标注提供多人在线协同标注样本的功能，并对样本数据进行统一组织和管理，为模型自主训练提供样本数据源；模型自主训练通过建立个人工程或多人协作工程，基于标注数据集迭代训练不同的 AI 任务，可视化整个训练过程，为用户提供一站式全流程的深度学习业务服务，并从环境部署→网络结构搭建→模型训练一站式解决，为遥感领域提供一套完整的深度学习模型生产工具链；智能解译提供了在线解译功能，以数据为中心，通过训练入库的模型对数据进行推理预测；自主训练得到的模型可在模型部署发布平台模块部署成 API，为用户提供深度学习模型一键部署端、边、云的多种设备以及多种场景，实现安全可靠的一站式部署。

5.2 全栈一站式智能解译技术

全栈一站式智能解译技术是针对不同类型任务需求，构建基于云端弹性 GPU 资源的端到端、无代码、全栈式的遥感图像智能解译。该技术以 TensorFlow、Caffe、PyTorch 等主流深度学习框架为基础框架，提供具备环境部署、数据处理、模型构建、模型开发、模型训练、模型部署等一站式全流程深度学习服务，简化本地环境配置，共享海量遥感数据，提供实时、精准、高效的遥感图像在线智能解译服务，包括遥感地物目标检测、要素分类、变化检测等。

5.2.1　基于多用户场景下模型反馈优化的训练与评估技术

深度学习训练模型需随场景及样本的变化对模型持续更新迭代，以适应复杂多变的应用场景，同时也对平台多版本样本及模型管理能力提出了要求。

平台基于多用户场景下模型反馈优化的训练与评估技术，构建样本与模型血缘关系，并通过样本回流，实现模型自我迭代，并自动评估模型效果，自动持续优化样本库与模型库。针对现有解译平台集成的样本和算法模型普遍不具备自我成长能力的问题，研究迭代反馈的模型/样本进化引擎技术。技术途径如下：

1. 自动难例发现功能

平台提供自动难例发现功能，在智能标注以及数据采集筛选过程中，将自动标注出难例，建议对难例数据进一步确认标注，然后将其加入训练数据集中，使用该数据集训练模型，可以得到精度更高的模型。首先，针对智能标注和采集筛选任务，难例的发现操作是系统自动执行的，无须人工介入，仅需针对标注后的数据进行确认和修改即可，提升数据管理和标注效率。其次，基于难例的情况，补充类似数据，提升数据集的丰富性，进一步提升模型训练的精度。

2. 基于难例数据的重训练

全量数据的重训练需要耗费较大的标注人力和训练耗时。为了提升模型维护效率，可以采用基于难例数据的重训练。难例筛选算法对全量数据进行分析并筛选，仅输出全量数据中少部分对模型维护有价值的数据。基于筛选后的数据进行重训练，可以有效减少标注人力和训练耗时。难例筛选算法中融合了多种方法，根据实际数据选择部分或全部方法，并调整其权重（图 5-1）。

3. 基于迭代反馈的模型/样本自进化技术

引擎在自评估模型、自触发机制辅助下完成模型自训练、自评估、模型重组、评估择优等迭代机制，实现平台解译模型自成长，同时通过基于类间最大差异性聚类方法定期对样本进行子集筛选，并利用筛选后的样本对模型进行训练与评估，促进模型进一步优化，进而实现样本回流机制。

优化后的模型可用于对样本集进行质量检验，完成样本净化与精化，对新数据集可进行自动标注与审核，完成样本的动态扩充；引擎通过迭代反馈可不断促进平台的模型/样本进化。

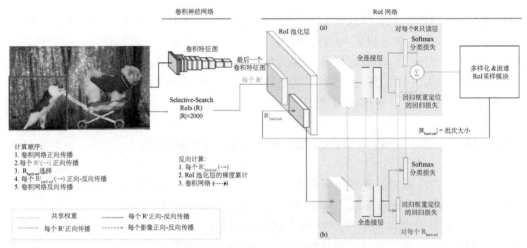

图 5-1　在线难例挖掘训练算法架构

5.2.2　基于云原生及微服务架构的模型动态调度技术

针对目前大规模遥感影像数据在模型推理时计算资源难以有效利用、服务能力不足的问题，平台提出基于云原生及微服务架构的模型动态多副本调度与部署技术，以云原生为基础支撑，通过动态调度集群中闲置计算资源，进一步提升集群的资源利用率；以容器化的方式封装模型推理服务，并实现根据平台负载自动伸缩部署，保障解译云平台服务能力。技术途径如下：

部署在物理机上的架构模型可以比较容易地转到在云上托管的虚拟机中，这种方式称为 Lift and Shift 方式。与此同时，该方式可以更好地利用云上虚拟机的弹性能力去做一些微服务的自动化水平扩缩容。云不仅提供弹性物理资源，如说存储、计算、网络等资源，而且能够为微服务提供一个更好的运行环境和平台。需要做到：一是对资源层面联合优化，对资源的更优使用；二是对云服务与平台的充分利用，使研发、运维效率极大提升。

实现微服务架构和体系，能够和云与云上面的服务、平台以最佳的方式工作、协同在一起，降本提效。微服务在云原生时代的演进，主要体现在生命周期的管理、流量治理、编程模型、可信安全（图 5-2）。

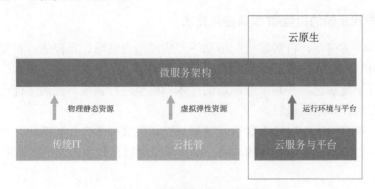

图 5-2　微服务架构与云原生

　　为了让每一个团队在微服务体系下发挥最大效能，允许不同团队采用不同的编程语言，甚至不同的运行环境去运行这些微服务，导致不同微服务之间可能存在异构问题。为此，利用容器技术对微服务进行封装，形成统一的运行时标准，以此实现标准化微服务部署，大幅度降低不同微服务环境对系统运行的影响。

　　基于这个技术，又开发出另一层：容器平台，像 Kubernetes，它的作用是帮助把已经标准化的微服务最便捷地运行到底层资源上面。存储、计算、网络都通过 Kubernetes 这层进行统一抽象和封装，让已经被容器统一的微服务能够直接运行到 Kubernetes 平台（图 5-3）。通过容器和容器平台，大大简化了微服务本身的生命周期管理和运维管理问题。

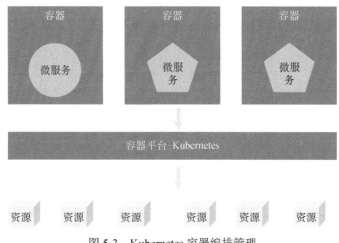

图 5-3　Kubernetes 容器编排管理

　　Kubernetes 引入了 Pod[①]概念，一个 Pod 是一组容器的集合，在一个 Pod 中可以运行一个或多个容器。一般来讲，当采用微服务架构时，微服务的主体则运行在主容器中，主容器的生命周期跟 Pod 自身的生命周期是一个耦合的状态；除此之外，还会运行一些 Sidecar[②]容器，为主容器提供一些辅助功能，如日志采集、网络代理、身份鉴权等。

　　另外，Pod 会提供一个标准接口显示运行状态。例如，是否已经准备好接收流量，如果准备好接收流量，那么从 Ingress[③]流量就可以打到微服务上。如果运行状态不良，可以尝试对这个容器进行修理、重启或删除，甚至是换到另一个计算单元上去运行，从而为微服务整体的稳定性提供了保障。

---

① Pod 是可以在 Kubernetes 集群中创建和管理的、最小的可部署的计算单元，支持多个容器在一个 Pod 中共享网络地址和文件系统，可以通过进程间通信和文件共享的方式组合完成服务。
② Sidecar 模式是将应用程序的功能划分为单独的进程。Sidecar 模式允许在应用程序旁边添加更多功能，而无须额外的第三方组件配置或修改应用程序代码。
③ Ingress 是对集群中服务的外部访问进行管理的 API 对象，典型的访问方式是 HTTP。Ingress 可以提供负载均衡、SSL 终结和基于名称的虚拟托管。

5.2.3　解译模型轻量化适配技术

针对典型嵌入式 AI 硬件在算力、功耗及空间三个维度约束性较强的难点，从数据集构建、训练方法、网络结构等方面，提出基于使用场景的网络模型轻量化方法，利用场景先验信息对模型进行剪枝与蒸馏，提高单要素检测算法与典型硬件的良好匹配性能，构建高效计算适配框架，实现典型场景的快速准确解译。

随着图形处理器性能的飞速提升，深度神经网络取得了巨大的发展成就，在许多人工智能任务中屡创佳绩。然而，主流的深度学习网络模型由于存在计算复杂度高、内存占用较大、耗时长等缺陷，难以部署在计算资源受限的移动设备或时延要求严格的应用中。因此，在不显著影响模型精度的前提下，通过对深度神经网络进行压缩和加速来轻量化模型逐渐引起重视。深度神经网络压缩与加速方法分为三类：模型剪枝、参数量化和知识蒸馏（表 5-1）。

表 5-1　不同深度神经网络压缩与加速方法总结

压缩方法	方法描述	适用层级	优劣分析
模型剪枝	判断参数、通道、卷积核、卷积层的显著性，并剪除不重要的部分	卷积层 全连接层	鲁棒性强，性能良好，支持从头训练与预训练模型；人工方法设计较复杂；自动搜索方法消耗计算资源大
参数量化	基于权值共享、矩阵近似，减少参数及激活值的存储位数，降低内存开销	卷积层 全连接层	能够显著减少模型占用的存储空间；二值化伴随着网络表达能力衰减，精度骤降
知识蒸馏	将 Softmax 分类器输出作为软知识，作为训练学生网络的先验知识	卷积层 全连接层	在中小型数据集上性能优越，泛化能力强；压缩后模型性能对教师/学生网络的结构十分敏感；只能从头训练

1. 模型剪枝

模型剪枝是提高推断效率的方法之一，它可以高效生成规模更小、内存利用率更高、能耗更低、推断速度更快、推断准确率损失最小的模型。

模型剪枝的基本思想是在预训练的 DNN 模型中剪除冗余的、信息量少的权重，将网络结构稀疏化，从而降低内存开销，加速推理过程。剪枝方法包括非结构化剪枝和结构化剪枝。非结构化剪枝是最细粒度的方法，其操作对象是卷积核（Convolution Kernel）中的每个权重；而结构化剪枝的操作对象是整个卷积核，乃至整个卷积层这样的结构化信息（图 5-4）。

模型剪枝通过对已有的训练好的深度网络模型移除冗余的、信息量少的权值，来减少网络模型的参数，从而加速模型的计算和压缩模型的存储空间。不仅如此，通过剪枝网络，能防止模型过拟合。以是否一次性删除整个节点或卷积核为依据，模型剪枝工作可细分成非结构化剪枝和结构化剪枝。非结构化剪枝考虑每个卷积核的每个元素，删除卷积核中元素为 0 的参数，而结构化剪枝直接考虑删除整个卷积核结构化信息。其核心思想依靠卷积核显著性准则（即鉴定最不重要的卷积核的准则），来直接删除显著性卷积核，加速网络的计算。

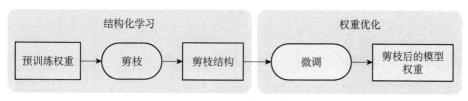

（a）传统的剪枝流程

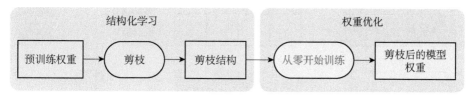

（b）论文中的剪枝流程（Liu et al.，2019）

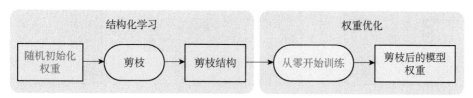

（c）优化的剪枝流程

图 5-4　模型剪枝不同阶段流程图

2. 参数量化

参数量化压缩与加速深度网络模型主要的核心思想是利用较低的位（bit）代替原始 32 位浮点型的参数［也可记为全精度权值（Full Precision Weight）］。利用向量量化技术，在参数空间内对网络中的权值进行量化。近年来，利用低比特位的量化被提出用于加速与压缩深度神经网络，将全精度浮点型参数量化到 16 位固定长度表示，并在训练过程中使用随机约束（Random Constraints）技术，从而缩减网络存储和浮点计算次数。使用动态固定点（Dynamic Fixed Point）量化，在量化 AlexNet 网络时，几乎可以做到无损压缩。

为了更大程度地缩减内存和浮点计算次数，对网络参数进行二值表示被广泛应用。其主要思想是在模型训练过程中将权重值和激活函数值二值化。通过直接量化权重值和激活函数值为−1 或 1，只需加和减计算，减少了卷积计算，这样既压缩了模型大小，又加快了速度。

量化权值，特别是二值化网络存在以下缺点：①对于压缩与加速大的深度网络模型（如 Goog-LeNet 和 ResNet），存在分类精度丢失严重的现象；②现有方法只是采用简单地考虑矩阵近似，忽略了二值化机制对于整个网络训练与精度损失的影响；③对于训练大型二值网络，缺乏收敛性的理论验证，特别是对于同时量化权值和激活的二值化网络（如 XNOR-Net、BNN 等）。对于限制于全连接层的参数共享方法，如何泛化到卷积层成为一个难题。此外，结构化矩阵限制可能引起模型偏差，造成精度下降。

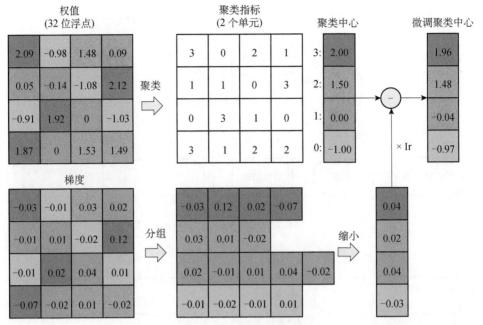

图 5-5　模型量化与训练过程

3. 知识蒸馏

基于知识蒸馏方法的核心思想是将大型教师网络的知识迁移到小型网络中，这一过程是通过学习大型网络 Softmax 函数的类别分布输出来完成的。基于知识迁移（Knowledge Transfer）的深度神经网络压缩方法，主要研究内置强分类器的集成模型，在输入经纬数据标记的样本后，经过训练，重现了大型原始网络的输出。近年来，知识蒸馏提出了可以将深度和宽度的网络压缩为浅层模型，该压缩模型模仿了复杂模型所能实现的功能（图 5-6）。

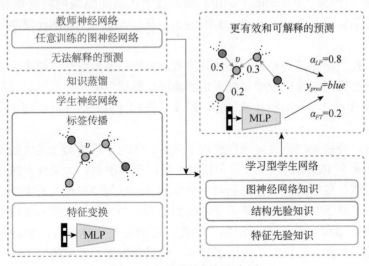

图 5-6　知识蒸馏框架示意图

通过在线训练的方式学习带有参数的学生网络近似蒙特卡罗（Monte Carlo）教师网络。不同于原来的方法，该方法使用软标签作为教师网络知识的表达，代替原来的教师网络的软输出。

　　虽然基于知识蒸馏的深度神经网络压缩与加速方法能使深层模型细小化，同时大大减少了计算开销，但是依然存在两个缺点：①需要一个非常大的训练集，以便提取模型中的有用知识；②模型的假设较为严格，以至于其性能可能比不上其他压缩与加速方法。

5.3　PIE-Engine AI 遥感智能解译服务平台

5.3.1　设计思想

　　遥感智能解译服务平台（PIE-Engine AI）是构建在 PIE-Engine 时空遥感云平台之上，面向人工智能领域的专业 PaaS 和 SaaS 平台。PIE-Engine AI 充分考虑了遥感数据及面向地球科学的深度学习模型开发的特点，实现了基于云端弹性 GPU 资源的端到端、无代码、全栈式的遥感图像智能解译开发，提供了样本协同标注→模型自主训练→模型部署发布→影像智能处理→影像解译→资源共享的高精度深度学习模型生产工具链（图 5-7）。

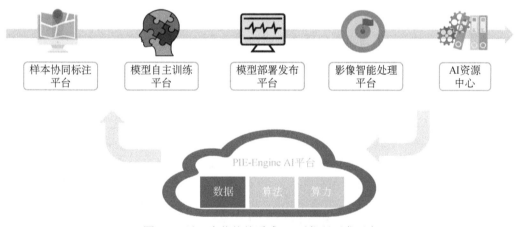

图 5-7　以云为载体的遥感 AI 无代码开发平台

　　PIE-Engine AI 以深度学习、大数据和云计算等技术为研发基础，借助云服务平台环境，采用 B/S 服务模式，从海量遥感数据集中实时、高效地自动化检索、提取遥感地物/目标信息，并结合大数据分析、知识图谱等技术，实现数据智能分析、自动检索，为遥感地物/目标信息挖掘与态势分析等提供服务。平台具有多源遥感数据组织管理、多源/多时相数据叠加显示、样本在线标注与管理、典型地物要素智能分割提取、区域目标自动检测搜索定位、目标型谱级智能识别分类、地物/目标属性信息自动提取统计与智能分析等功能。

PIE-Engine AI 的遥感数据智能化解译和应用服务包括：

（1）样本协同标注。提供集标注、管理、共享、应用于一体的半自动化协同标注和统一集成管理平台。以数据库技术为核心，集成分布式搜索引擎、云端对象存储和大数据存储等技术，实现海量样本数据的有效管理和高效检索应用。支持生成目标识别、语义分割、变化检测、场景分类四种类型的样本集，样本集形式分为切片样本集和普通样本集两种。

（2）模型自主训练。内置丰富的自主训练算法，可预制多种高精度遥感预训练模型，支持超参数调优、迁移学习训练，同时支持数据闭环、持续训练以及分布式训练加速模型训练过程。只需数据输入、网络模型调用、参数调试，即可得到定制模型的自主训练平台。

（3）模型部署发布。为用户提供深度学习模型一键部署端、边、云的多种设备以及多种场景，实现多种模型灵活部署，资源的弹性伸缩，从模型训练→模型部署→应用发布提供深度学习算法模型部署工具链，简化模型的部署运维过程，支持多模型灰度发布、在线测试、运行监控和统计分析。

（4）影像智能处理。面向海量多源遥感影像实现云端大规模、批量化、自动化智能信息提取与管理，分布式动态调度 CPU 资源，免切片成果发布，实现实时、高效的行业遥感检测服务和综合分析。

5.3.2　基本功能

遥感智能解译服务平台主要由样本协同标注子系统、模型自主训练子系统、模型部署发布子系统和影像智能处理子系统组成。样本协同标注子系统实现基于云端的多人协同在线样本标注，支持目标识别、语义分割、变化检测和场景分类四种形式的样本制作；模型自主训练子系统实现基于云端 GPU 资源的模型开发、训练和发布，其模型成果可以以 Web API 的形式在 PIE-Engine 或其他软件产品中使用；模型部署发布子系统实现了容器化部署、资源弹性伸缩、API 灰度发布以及高并发、高吞吐的模型发布；影像智能处理子系统提供实时、精准、高效的遥感图像在线智能解译服务。

1. 样本协同标注子系统

样本协同标注子系统是面向组织或个人的云端多人协同样本标注与管理系统，基于影像底图进行任务协同分配作业，将人员划分为管理员、作业员、审核员等不同角色，实现从样本标注、质检、审核、样本集制作、入库管理的全流程功能。子系统支持基于多光谱、SAR、高光谱、无人机等影像及时空地理矢量数据进行标注，支持目标识别、语义分割、变化检测和场景分类四种场景，可以为深度学习的模型训练提供数据集支撑。样本协同标注子系统包含 5 个模块：首页、标注任务、工作台、样本库和管理设置。

1）首页模块

对标注任务、样本库、样本集、样本种类、样本总数情况进行监控及统计，便于用户了解系统中管理的样本情况及创建的任务进展，同时提供创建标注任务的快捷入口。

样本按照样本库、样本集、样本三层组织结构进行管理，样本库主要管理样本集，由共享样本库、我的样本集和公共样本集组成，具体包括开始使用、样本集、样本统计、我的任务和任务功能。

（1）开始使用模块：包括创建标注任务、继续上次标注、浏览检索样本三个模块，支持用户快速进入标注任务界面；

（2）样本集模块：倒序展示最新的 10 个样本集，包括样本集的缩略图、名称、类型、样本数量、样本类型数、简介等信息；

（3）样本统计模块：展示样本集数、样本分类、样本总数的统计信息；

（4）我的任务模块：倒序展示最新的 5 个任务，包括任务的名称、类型、创建人、创建时间、影像个数、影像完成数、剩余时间等信息；

（5）任务功能模块：由入门指南、使用手册、定价与收费、联系我们组成，展示当前账号的配额及使用额度。

2）标注任务模块

实现图像目标识别、图像语义分割、图像变化检测、场景分类四种类型的样本标注任务创建，由创建任务、众包任务和协同任务三个模块组成。

（1）创建任务模块：支持目标识别、语义分割、变化检测、场景分类四个类型的任务创建，显示任务图片及创建任务说明，提供创建任务所涉及的字段参数。

（2）众包任务模块：众包任务界面展示了他人分发带有酬金的样本标注任务，使得公众能够基于互联网参与遥感影像信息提取工作，提供了基于众包模式的在线标注遥感影像生成样本数据集的方法。

（3）协同任务模块：通过多人协同，实现大量样本标注任务。协同任务界面展示当前账号相关的标注任务，展示任务的相关信息，支持多种搜索排序及筛选方式。

3）工作台模块

提供基于云端的多人协同标注能力。通过云端的数据锁定服务，实现互联网环境下锁定特定数据或特定数据区域，通过推送服务在各个客户端浏览器上推送同步标注结果，实现多人在同一工程中同时进行标注，标注结果实时在云端进行同步和汇总，客户端统一显示效果。对样本标注过程中使用的样本标签、当前标注的样本类型及标注的底图影像进行管理，能够生成不同格式的样本集。

工作台模块包括任务列表、任务监控、样本标注、标注审核、影像管理、用户管理共六个模块。

（1）任务列表模块：切换工作台创建的标注任务，标签、标注、影像等内容随着任务的变化而相应的变化。

（2）任务监控模块：监控样本切片任务的执行状态和进度，展示切片任务的名称、影像数目、开始时间、结束时间、状态、进度等信息，支持任务删除、取消、查询及日志查看。

（3）样本标注模块：由标签列表、当前标注、影像列表和影像标注区域组成，提供不同的标注工具，使用标签列表中的标签对影像进行标注，并展示标注完成的结果。

（4）标注审核模块：由样本统计、用户统计、当前标注、影像列表和影像审核区域组成，对标注完成的影像进行审核。

（5）影像管理模块：由添加影像、删除影像、指派和编辑、筛选组成，对不同任务下的影像进行管理。

（6）用户管理模块：对具有任务管理、审核标注、标注样本权限的人员分别进行展示，支持不同权限人员的添加或删除。

4）样本库模块

管理切片样本集，提供样本集、样本标签搜索、统计等功能，由共享样本库、我的样本集和公共样本集三个模块组成。

（1）共享样本库模块：以文件夹形式管理当前账号的共享样本集，文件夹支持新建、编辑、删除功能，利用样本集名称能够搜索文件夹下的样本集。所有用户最新变动的样本集信息，能够通过类型、大小、格式、时间、样本数、样本类型、样本标签、标签云等方式进行筛选，并展示样本集、样本类型、样本总数等统计信息以及样本数量随时间变化的折线统计图。

（2）我的样本集模块：管理工作台菜单"生成样本集"功能生成的样本集。按照样本集切片类型分为普通样本集和切片样本集。样本集支持重命名、删除、搜索（按名称搜索、按标签搜索）功能，与共享样本库操作类似。

（3）公共样本集模块：展示系统内置的不同类型样本集，当前账号下无数据集时，可通过公共样本集了解样本集相关内容，提供样本集搜索、查看功能。

5）管理设置模块

由用户管理和标签体系两个模块组成，该模块设置的用户组和标签组在创建任务时可多次使用，无须重复设置。

（1）用户管理模块：界面包括我的用户组和共享用户组两个分组。我的用户组在用户组内共享，共享用户组在组织内共享。用户管理界面显示用户头像、名称、描述信息及使用说明，提供编辑、删除、新建功能。

（2）标签体系模块：展示标签组名称和描述等信息，提供包含不同类别的标签组的新建、编辑和删除功能。

2. 模型自主训练子系统

该子系统是面向地球科学的深度学习模型无代码开发平台，提供常用的TensorFlow、PyTorch、百度飞桨、清华 Jittor 框架、华为 MindSpore 框架等。该平台提供 GPU 资源，可实现一站式深度学习模型训练，并为深度应用提供在线 Jupyter Notebook 开发能力。该平台支持个人作业和多人协同作业方式创建工程，支持语义分割、目标识别、变化检测以及场景分类四种类型模型的开发训练，支持私有和协同两种共享方式新建数据集、构建网络结构以及上传模型，为个人用户、企业用户、科研专家提供不同层次的服务。模型自主训练子系统含 5 个模块：首页、工程训练、数据集、网络结构、模型库模块。

1）首页模块

首页模块提供了新建工程、创建样本数据集、启动 Jupyter Notebook 等快速入口，展示了当前系统资源的使用情况以及训练任务的相关信息，当前用户在平台的最新动态、最近使用的工程以及平台的使用文档与帮助，以便于用户了解平台的使用情况。

2）工程训练模块

工程训练模块为用户提供一站式全流程的深度学习业务服务，从环境部署→网络结构搭建→模型训练一站式解决，通过简单的鼠标点击设置，即可自动训练出一套模型参数。

通过建立个人作业或多人协作的工程，通过数据集迭代训练不同的 AI 任务，整个训练过程全程可视化。PIE-Engine AI 在公有云上通过动态申请 GPU 资源执行训练，降低用户使用成本，在私有云或裸金属环境（Bare Metal Environment，BME）（指直接安装在硬件上的虚拟组成的计算机系统或者网络）下，根据硬件使用情况动态调度训练任务。

自主训练平台侧重对模型训练过程的监控，在平台首页以及训练中心可以第一时间观察到现有的训练信息，随时掌握训练进度、精度以及 GPU 资源使用情况。接轨 TensorBoard 训练中间过程可视化，随时观察样本学习质量，使模型训练高效化。

平台以工程、训练任务、在线开发的多层级方式进行管理，工程下有多个不同类型的任务，便于用户对属于同一工程的任务和训练进行管理。用户所创建的任务通过启动训练得到结果模型，平台支持通过数据集迭代训练不同的 AI 任务。整个训练过程全程可视化，训练完成后，任务详情页面记录本次训练的训练信息、超参数、训练属性、资源配置、训练进度、GPU 使用率、训练集精度曲线、验证集精度曲线及中间结果展示图片等信息。

3）数据集模块

样本数据集是深度学习模型训练的基础，其质量决定了训练所得模型的效果可达的上限，数据集模块为用户提供新建、数据集上传、删除以及预处理功能（包括样本裁剪、增强、格式转换等）。平台内置了丰富的遥感影像样本集，支持接入样本协同标注子系统生成的云端样本集以及手动导入个人的样本集。数据集功能菜单包括"我的数据集""共享数据集""公共数据集"等内容，默认加载"全部"数据集。

"我的数据集"是以私有方式或协同方式由用户个人创建的数据集，私有方式创建的数据集仅允许用户个人进行访问和修改，以协同方式创建的数据集可由协同组织中所有成员访问，但仅允许创建者个人和组织管理员进行修改。

"共享数据集"是用户所在协同组织中，由其他成员以协同方式创建的数据集，用户个人仅能访问不能修改。

"公共数据集"是平台内置数据集，用户可以访问但不能修改。

4）网络结构模块

网络结构模块内置当前主流的网络结构算法，入门用户无须开发深度学习算法就可以训练模型，专业的深度学习用户可以通过导入算法或在线开发，生成专属的私有网络结构。

网络结构模块内置多种神经网络模型，支持常见的国外开源 AI 框架，国内清华的计图框架、华为 MindSpore 框架等，包括语义分割、目标识别、变化检测、场景分类等网络模型。其中，语义分割网络模型中 DeepLabv3 引入了可分离式卷积和金字塔池化结构，其骨干网络使用 Xception 模型；LinkNet 在 U 型全卷积神经网络的基础上引入 ResNet，提高了训练精度；DinkNet34 采用了空洞卷积和预训练模型提高训练效率。目标识别 YOLOv5 网络模型采用缩放和滑窗裁剪同步推理，兼顾大小目标，进一步提高目标检测精度。变化检测 SNUNet_ECAM 网络模型通过 ECAM，可以对不同语义级别最具代表性的特征进行细化，降低了神经网络深层中定位信息丢失的概率。场景分类 ResNet101 网络模型基于局部窗口注意力机制提取局部特征，提高了场景分类精度。

平台提供上传代码和可视化构建两种网络结构构建方式，目前仅支持上传代码这种方式。针对上传代码方式平台提供了示例文件，用户按照示例文件要求组织自己的算法代码，按照提示信息上传至平台，用户可对上传后的网络结构进行模型训练。

5）模型库模块

充分挖掘深度学习模型在遥感应用层面的信息熵。用户可以将训练后的模型入库，便于在多人之间共享成果，也可以将模型发布为 API。模型库类型包括语义分割、变化检测、目标识别、场景分类，功能菜单包括"我的模型"、"共享模型"和"公共模型"。

"我的模型"是以私有方式创建的模型，支持上传模型进行训练，上传文件需包括训练脚本、预测脚本、损失函数脚本及权重文件，以压缩形式进行上传，支持上传为私有或协同形式。私有模型仅限用户个人访问和编辑，主要包含用户自己上传的模型及通过平台训练得到的模型。

"共享模型"是以协同方式创建的模型，是由协同组织中的其他成员共享的模型，当前用户只有查看权限，其主要包括协同用户创建的模型；以协同方式创建的数据集可由协同组织中所有成员访问，但仅允许创建者个人和组织管理员进行修改。

"公共模型"是平台内置模型，用户可以访问但不能编辑，主要包括平台自有模型。

3. 模型部署发布子系统

模型发布服务平台是高效灵活的端、边、云一键模型部署和监控管理的平台，提供模型入库→模型部署→API 发布全流程工具链，实现在线批量容器化模型部署和 API 监控。支持模型动态多副本调度和部署，模型发布成 API 后，第三方应用可直接调用推理，平台对 API 调用情况进行可视化统计、监控管理。模型发布服务子系统包含模型发布模块和应用监控模块。

1）模型发布模块

模型发布模块允许上传和展示各类算法模型，模型来源主要包括：公共模型库和由用户上传的个人算法模型。针对公共模型库的模型，用户可以按照算法模型的关键字进行检索，选择需要发布的模型进行自定义配置部署发布成 API；针对用户个人的算法模型，用户可以按照平台的算法模型规范，将自己的模型上传到平台上进行发布。模型发布模块包含以下功能：模型上传、模型查询、模型展示、模型发布。

（1）模型上传功能提供了用户上传自定义模型到平台上进行发布的功能，以满足用户发布特定地物解译模型的业务需求。用户按照平台要求的算法模型规范，选择相应的模型类型、深度学习框架、网络结构、使用场景、共享情况等参数，将自己的模型文件及相关代码上传到平台中，上传成功的模型即入库到模型库中，用于后续的模型发布。

（2）模型查询功能支持按模型类型、模型应用场景、模型框架、模型网络结构、模型标签以及输入关键字查询六种查询方式，并显示查询结果。模型类型包括语义分割、目标识别、变化检测、场景分类，默认展示全部类型；模型应用场景包括城市规划、国土资源、海洋监测、交通运输、林业行业、生态环保、水利行业、灾害应急、其他行业等，默认展示全部行业；模型框架包括 PyTorch、TensorFlow、Jittor、MindSpore、Caffe、PaddlePaddle 等深度学习框架；模型网络结构包含平台预置的多种主流深度学习网络及用户自定义网络；模型标签为模型入库时设置的标签；输入关键字则支持通过模型名称、模型标签信息等内容进行查询。

（3）模型展示功能支持在单独页面展示对应模型的详细信息，包含模型网络结构图、模型版本、使用框架、模型精度、创建时间等。若模型是从模型训练子系统的训练任务中生成，则页面同步展示附带训练过程中的验证集各指标变化信息。

（4）模型发布功能支持将模型发布为 HTTP 服务，以 API 接口形式提供给第三方用户使用，为保证服务安全性，支持生成授权码，并设定授权有效时长，支持授权码续期，超过有效时长后，该授权码即被回收，无法继续使用。模型发布需要设置相关发布参数，包含应用名称、应用描述等信息，同时明确发布需要使用的资源需求，包含CPU 数量、副本数量、显存大小、当前应用有效时间。CPU 数量越多，可有效利用多核 CPU，数据并行加载能力越强；副本数量越多，模型服务能支持更多并发请求，提升模型服务可用性；显存越大，模型并行推理能力越强，可同时支持更多更大图片的并行推理。

模型发布资源池部署支持公共资源池和私有资源池部署。公共资源池由模型部署发布平台默认提供，不需另行创建或配置。公共资源池提供公共的大规模计算集群，根据用户作业参数分配使用，资源按作业隔离。按资源规格、使用时长及实例数计费，不区分任务（训练作业、部署、开发）。私有资源池部署 AI 模型，支持私有 GPU 服务器的购买、管理、监控，私有化资源池提供独有的计算资源，可用于运行 Notebook、训练作业、部署模型。私有资源池不与其他用户共享，更加高效。

2）应用监控模块

对于已发布应用的全生命周期管理，用户可以从应用、资源和运维等多个维度对应用进行监控。应用方面，平台提供了应用的总调用次数、错误率、调用延迟和实时请求等信息，用户可以直观了解应用使用情况；资源方面，平台提供了资源的使用信息，包括平均延迟、吞吐量等信息；运维方面，平台提供了每个应用的副本运行情况、调用详情等信息。

应用监控模块包含应用展示、应用查询、应用授权等功能。

（1）应用展示功能支持在单独页面展示应用调用的详细信息，包含应用详情、吞吐量、平均迟时间、累计调用次数、错误率等，同时展示相关数据随时间变化的曲线图，了解应用相关的实时及历史统计数据。

（2）应用查询功能展示已发布的所有应用信息，并同步展示统计信息，包括总发布量、发布成功个数、发布失败个数、暂停个数等。其支持按模型类型、模型状态、提交时间以及输入关键字查询，并显示查询结果。模型类型包括语义分割、目标识别、变化检测、场景分类，默认展示所有类型；应用状态包括发布成功、发布失败、发布中、发布停止，默认展示所有状态；页面中的应用支持按照提交时间降序或升序排序，默认按照提交时间降序排序；关键字则支持通过应用名称进行查询。

（3）应用授权功能支持将发布成功的应用授权给第三方用户使用，支持授权码的创建、延期及删除。授权码创建时可设置一定的有效期，第三方用户在有效期内，可利用授权码访问该模型服务 URL，实现模型推理服务的调用。

4. 影像智能处理子系统

影像智能处理子系统是面向海量多源遥感影像数据的云端大规模、批量化智能信息提取和管理平台，能够分布式动态调度 GPU 资源，基于内置的智能处理服务，实现实时、高效的自动化目标检测识别和成果可视化综合分析。用户可上传影像数据或选取平台中已有影像数据，选择模型库中的各类模型并在线快速创建解译任务，实现对影像的智能解译处理。影像智能处理子系统包含 6 个模块，分别为数据管理模块、模型库管理模块、任务创建模块、任务管理模块、可视化模块和后处理模块。

1）数据管理模块

数据管理模块提供用户数据的上传、下载及展示等功能，针对用户数据进行统一管理，主要来源为用户个人上传的数据及其他用户协同分享的数据。该模块提供创建、编辑、查看、删除文件夹，查看、上传、下载、删除数据等功能。用户可以根据需要组织数据，实现对数据的管理；针对其他用户协同的数据支持查看、下载数据等功能。此外，数据管理模块还具有基础的数据预处理功能：影像拉伸、影像增强等。

2）模型库管理模块

模型库按照场景或类别方式进行组织管理。模型库按照层级化分类管理，类似目录。其按类型划分为语义分割、目标识别、变化检测、场景分类；其按模型场景划分为水利行业、国土资源、生态环保、电力行业、城市规划等，针对不同的行业场景应用存放不同的模型。例如，水利行业提供基于 SAR 影像的水域提取模型，国土资源提供城市建筑物检测、水域信息提取和土地利用分类模型，生态环保行业提供城市垃圾识别模型，电力行业提供光伏信息提取模型，城市规划行业提供操场目标检测和储油罐目标检测模型。

3）任务创建模块

针对用户不同的解译需求选取相应的模型进行任务创建并执行任务。用户可以在搜索框中按名称搜索或者在分类中选取模型，填写任务名称，选择模型版本及输入的原始数据，即可创建解译任务，同时可以选择平台的遥感影像解译模型，以及需要解译的遥感影像，设置解译参数，在线快速创建解译任务。根据需要可以选择任务结束时以短信通知的方式获取任务状态，方便用户及时获取处理结果。

4）任务管理模块

任务管理模块是整个任务执行过程中的枢纽和保障，主要负责解译生产任务管理。该模块提供基于任务名称、处理进度、处理时长、影像个数、开始时间等任务监控。用户可以调整任务执行顺序和优先级，并且进行任务终止、任务删除、查看日志等操作。

5）可视化模块

针对用户需求，选择平台中生产的遥感影像解译模型以及需要解译的遥感影像，支持解译结果可视化展示，方便用户查看。

6）后处理模块

后处理模块配备齐全的后处理工具：支持建筑物规则化、矢量化、小图斑去除、矢量简化等多种后处理方法。其中，建筑物规则化通过对建筑物的识别框轮廓线进行规则化处理，得到建筑物的规则轮廓线进行输出；矢量化通过对模型输出结果进行矢量化处理，生成不同类别的矢量化数据；小图斑去除主要对模型输出结果中包含小斑块的影像进行去除。

5.3.3　操作方法

1. 样本协同标注平台

1）首页

开始使用模块包括：创建标注任务、继续上次标注、浏览检索样本三个选项。点击对应按钮，界面会进行相应的跳转（图 5-8）。

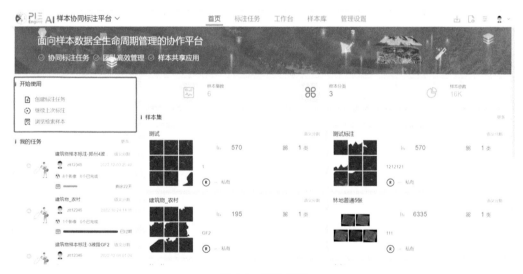

图 5-8　标注首页

A. 创建任务

点击【创建标注任务】，进入"创建标注任务"界面，支持目标识别、语义分割、变化检测、场景分类的任务创建。创建标注任务界面如图 5-9 所示。左侧显示任务图片及创建任务说明，右侧展示创建任务所涉及的字段参数，如任务名称、任务类型、任务简述、截止时间、标签类型、影像文件、任务描述、上传附件、参与人员等字段。"*"字段为必填字段。

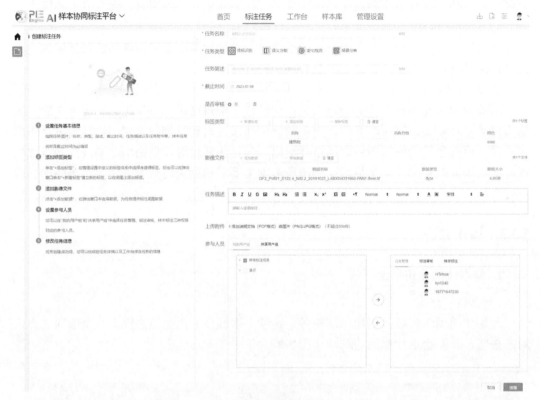

图 5-9　创建标注任务

点击【添加标签】按钮，弹出添加标签对话框。当用户所选组织存在标签组时，可直接进行选择，也可通过【新建标签】添加自定义标签。勾选出感兴趣的标签后，点击【确定】，即可完成标签选择（图 5-10）。

图 5-10　添加标签

当用户所选组织无标签组时，点击【新建组】完成标签组创建，新创建的标签组默认添加到分组中，右侧按钮变为"新建标签"，如图 5-11 所示。

图 5-11　新建标签

添加完成后，标签列表展示自定义的标签，显示其名称、类别 ID 等信息，并支持编辑和删除操作（图 5-12）。

图 5-12　标签列表

点击【添加影像】按钮，弹出添加数据对话框。选择影像目录和影像后，点击【确定】，即可完成影像添加（图 5-13）。

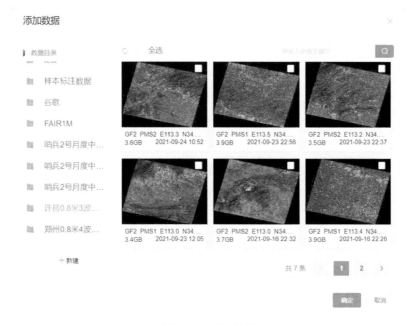

图 5-13　添加影像

B. 样本集

样本集模块倒序展示用户账号最新生成的样本集，包括样本集的缩略图、名称、类型、样本数量、样本类型、简述、创建时间、样本标签等信息。

进入样本库–我的样本集对应的界面（图 5-14）。

图 5-14　样本库界面

2）标注任务

A. 众包任务

当系统不存在众包任务时，界面提示"您尚没有参与任何众包任务。想要开始，现在可以申请加入已有众包任务"。众包任务支持分类筛选，点击【全部分类】，可选择目标识别、语义分割、变化检测、场景分类进行任务筛选（图 5-15）。

图 5-15　任务筛选

协同任务窗口展示与当前账号相关的任务，显示任务名称、发布状态、类型、头像、创建人、创建时间、影像及影像标注情况、任务进度、标签、参与人员等信息。其支持全部分类、发布、标注、删除功能。可选择目标识别、语义分割、变化检测、场景分类进行协同任务筛选。

当任务未发布且任务创建人为自己时，存在发布按钮。点击【发布】按钮，弹出发布确认对话框，点击【确定】，即可发布成功。

　　账号具有任务的标注权限时，存在标注按钮。点击【标注】按钮，进入工作台菜单下该任务的界面。展示创建任务时创建的标签列表、影像信息等内容，如图 5-16 所示。

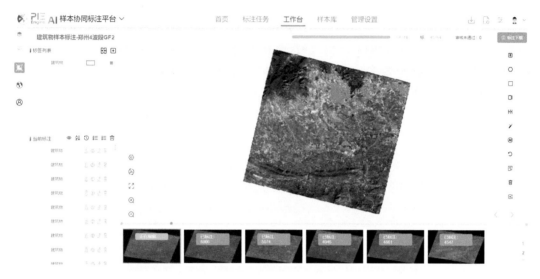

图 5-16　信息展示

　　任务创建人具有删除权限。选择协同任务列表的某个协同任务，点击【删除】按钮，弹出确认删除对话框。点击【确定】，成功删除所选任务。

　　B. 协同任务

　　点击【协同任务】按钮，协同任务界面展示与当前账号相关的所有标注任务，展示任务的相关信息，支持按类别筛选（图 5-17）。

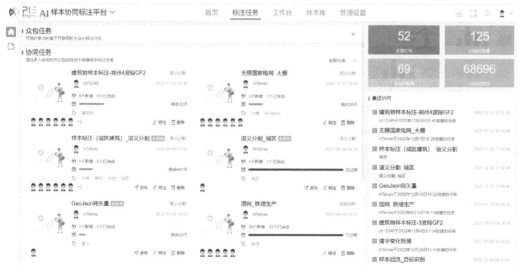

图 5-17　协同任务界面

协同任务界面能够通过任务类型进行搜索，在【全部分类】下拉框中选择需要查询的类别，协同任务列表展示符合查询条件的搜索结果。

3）工作台

A. 任务列表

当用户账号下任务不为空时，点击【工作台】，进入工作台界面。该界面包括任务列表、任务监控两个共有模块，其不随任务切换而改变；该界面还包括样本标注、标注审核、影像管理、用户管理、全屏/取消全屏、生成样本集等私有模块，它们会随任务的变化而发生变化（图 5-18）。

图 5-18　工作台

任务列表负责切换工作台的任务。点击【任务列表】按钮，弹出窗口展示个人账户下所有的任务，选中某个任务，进入所选任务的工作台界面，标签、标注、影像等内容随着任务的变化而发生变化。

B. 任务监控

点击【任务监控】按钮，进入任务列表界面。列表展示切片任务的名称、影像数目、开始时间、状态等信息，支持任务删除、取消、查询及日志查看（图 5-19）。

点击日期选择框，选择开始日期和结束日期，任务监控列表显示符合要求的任务记录。点击任务状态下拉列表，选择全部、任务成功、任务失败、等待中、已取消、进行中的某个状态，任务监控列表显示符合要求的任务记录。

选择某一切片样本集生成任务，点击【日志】，展示切片任务的日志详情，如任务名称、影像名称、各个影像生成样本数量等信息。状态为进行的任务不可删除，状态为完成的任务不可取消。

样本集生成任务支持通过起止日期、任务状态、任务名称多种方式进行检索，既能单条件检索，也能多条件检索。

图 5-19　任务列表

C. 样本标注

标签列表窗口展示标签名称、标签 ID、标签颜色等信息，支持合并标签、新建标签、设为默认、编辑、删除等功能操作（图 5-20）。

图 5-20　标签列表

合并标签能够将两个或多个标签合并为其中一个。在标签列表选中两个及两个以上标签，点击【合并标签】按钮，弹出合并标签对话框。显示所选标签信息，点击下拉列表，将标签合并为所选标签的其中一个，点击【确定】，完成标签合并。当前标注列表及影像标注区中所选标签的信息将会更新为合并后的标签信息（图 5-21）。

标签列表至少存在一个标签时才能进行影像标注。点击【添加标签】按钮，弹出添加标签对话框，对话框默认展示第一个分组名称和分组内的标签。可选择添加分组内的标签，也可新建标签添加到标签列表中。通过分组下拉菜单选择分组，勾选感兴趣的标签，点击【确定】，即可完成标签添加（图 5-22）。

点击【新建标签】，输入类别名称、选择类别 ID 及颜色后，点击确定，即可完成新建类别操作，新建的标签同步更新到管理设置的标签组中，展示在标签列表的第一行。

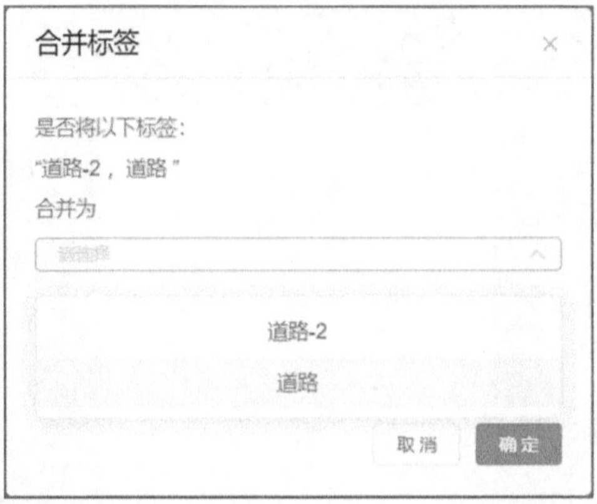

图 5-21　合并标签

图 5-22　添加标签

设为默认是一种快速标注的工具。选择标签列表的某个标签，点击【设为默认】，所选标签将设为默认标签，在标注完成后不需要进行标签选择，设为默认的标签通过点击【取消默认】，标签取消默认被选中（图 5-23）。

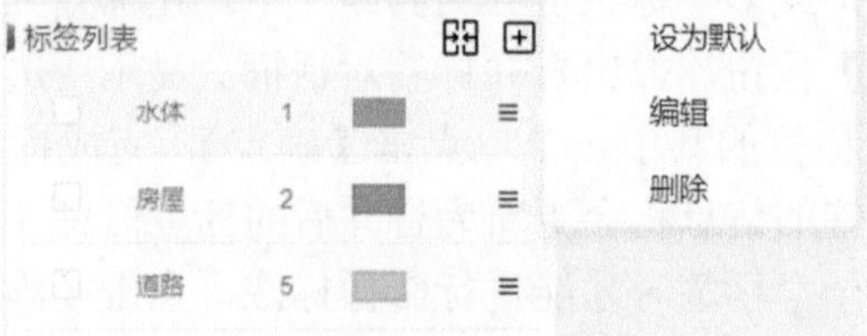

图 5-23　设为默认展示

选择标签列表的某个标签，点击【编辑】按钮，弹出编辑标签对话框，能够编辑标签名称、填充颜色、边框颜色等信息。完成编辑后，点击【确定】，即可完成标签编辑。标签列表、当前标注等涉及编辑标签的信息均完成更新。

　　针对目标识别、语义分割、变化检测、场景分类四种类型的任务，平台提供了不同的标注工具。

　　（1）目标识别任务：提供导入矢量数据、绘制矩形、绘制斜矩形、绘制外接矩形、样本预标注、导入解译平台回流数据、删除、取消绘制、显示控制、影像复位、全屏、放大、缩小 13 个工具（图 5-24）。

图 5-24　目标识别

　　（2）语义分割任务：提供导入矢量数据、绘制多边形、绘制矩形、左缓冲条形带、左右缓冲条形带、魔术棒、样本预标注、撤销、导入解译平台回流数据、删除、取消绘制、显示控制、影像复位、全屏、放大、缩小 16 个工具（图 5-25）。

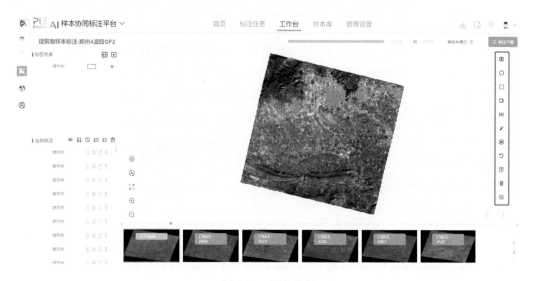

图 5-25　语义分割

（3）变化检测任务：变化检测的影像标注区通过卷帘一分为二，左侧为影像前视图、右侧为影像后视图，滑动卷帘能够快速查看同一影像不同时间的变化情况，通过绘制工具对变化之处进行标注，提供标注导入矢量数据、绘制多边形、绘制矩形、左缓冲条形带、左右缓冲条形带、样本预标注、撤销、导入解译平台回流数据、删除、取消绘制、显示控制、影像复位、全屏、放大、缩小 15 个工具（图 5-26）。

图 5-26　变化检测

（4）场景分类任务：包括绘制多边形、样本预标注、撤销、导入解译平台回流数据、删除、取消绘制、显示控制、影像复位、全屏、放大、缩小 11 个工具（图 5-27）。

图 5-27　场景分类

标注完成和继续标注是针对影像的功能。任务的影像进行标注完成后，点击【标注完成】按钮，弹出标注完成确认框，点击【确定】，影像变为标注完成的状态，提交至标注审核模块进行标注审核。

审核完影像的标注要进行修改必须处于非标注完成状态。点击【继续标注】按钮，弹出继续标注确认框，点击【确定】，影像变为标注中的状态，可使用标注工具进行修改标注，标注完成后再次点击【标注完成】提交至审核，直至审核通过。

当影像显示不清晰时，可通过显示控制对标注的影像进行亮度、对比度、透明度、RGB、拉伸方式等设置，使同一影像在标注不同地物时达到不同的显示效果。

绘制矩形工具适用于标注水平或垂直的矩形要素。点击【绘制矩形】按钮，在影像标注区选择两个点确定标注要素，弹出选择标签对话框，可使用创建任务时添加的标签，也可使用新建标签作为标注要素的标签（图 5-28）。

图 5-28　绘制矩形

设置标注的标签后，影像标注区显示标注的标签颜色信息，当前标注列表展示标注的标签名称，鼠标处于编辑状态能够进行多次标注，标注完所有要素后，点击【取消绘制】即可退出编辑状态。

绘制斜矩形工具适用于标注非水平或非垂直的矩形要素。点击【绘制斜矩形】，在影像标注区选择三个点确定标注要素，选择标签即可完成斜矩形标注。

绘制外接矩形工具适用于标注不规则的矩形要素。点击【绘制外接矩形】，在影像标注区选择四个点确定标注要素，选择标签即可完成外接矩形标注。

在影像标注过程中，点击【撤销】，可撤销一次标注操作。当标注内容剩余三个点时则不可撤销。在影像标注区选择一个标注后，点击【删除】，即可删除所选标注。

当使用绘制矩形、绘制斜矩形、绘制外接矩形等工具完成标注后，默认设置仍可继续标注，此时需点击【取消绘制】。

4）样本库

A. 共享样本库

以目录形式存放账号组织下的所有样本集，支持新建目录、重命名和删除、搜索操作。为了方便管理，样本集统一入库到文件夹二级目录下。选中一级目录或根目录，点击【新建目录】，弹出新建目录文件夹。输入目录名称后点击【确定】，完成目录创建。

当目录下无样本集时，选择要修改的目录，点击【删除】，在弹出的删除确认框点击【确定】，目录删除成功。当目录下存在样本集时无法进行删除操作。

在共享样本库文件夹上方输入样本集名称，点击【搜索】，文件夹展示符合要求的样本集信息。在搜索结果中选中一个样本集，界面展示所选样本集的样本数据及样本集名称、类型、标签等信息。

点击【数据统计】，切换至该样本集的样本统计界面。界面展示训练集和验证集的标注图像占比、标注类别个数占比的饼状图（图 5-29）。

图 5-29　样本统计界面

样本集能够通过标签方式、类型、大小、格式、波段数、样本数、样本类型等多种方式进行筛选（图 5-30）。

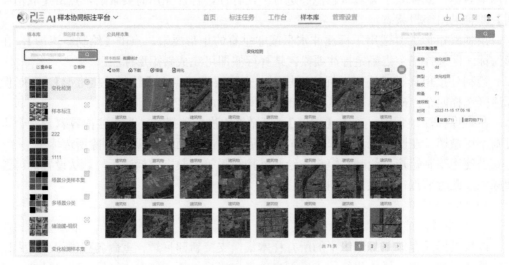

图 5-30　样本集筛选

B. 我的样本集

我的样本集在工作台菜单中由"生成样本集"功能生成,样本集类别分为普通样本集和切片样本集。样本集支持重命名、删除、搜索(按名称搜索、按标签搜索)功能,与共享样本库操作类似,在此不赘述。

利用"入库"功能,选择共享样本库的二级目录,点击【确定】,即可入库成功。入库成功的样本集入库按钮置灰状态变为已入库,不可重复入库。

5)管理设置

A. 用户管理

切换用户至组织身份,用户管理界面包括我的用户组和共享用户组。我的用户组在用户组内共享,共享用户组在组织内共享。其提供编辑、删除、新建功能(图 5-31)。

图 5-31　用户管理界面

点击【新建】按钮,弹出新建组对话框。选择一个用户组,点击【编辑】按钮,编辑内容后点击【确定】,完成用户组内容编辑。

选择一个用户组,点击【删除】按钮,在弹出的删除对话框中点击【确定】,完成用户组删除。

选择一个用户组,进入用户组详情界面。界面左侧展示全部用户组,支持新建组、编辑组、删除组操作。选中一个组织后,右侧展示组织内的用户,提供添加用户、删除用户操作。

选中一个组织,列表展示当前组织的已有用户。点击【添加用户】,弹出对话框,可选择"我的组织"或"直接添加"两种方式进行添加。已被添加的用户不可重复添加。

用户删除支持单个删除和批量删除两种方式。选择一个或多个用户,点击【删除用户】按钮,在弹出的对话框中点击【确定】,所选用户删除成功。

B. 类别管理

点击【标签体系】,进入共享标签组页面。本页面显示标签组名称、描述等信息,提供标签组的新建、编辑和删除功能。

选择一个类别组并点击，进入类别组详情界面。界面左侧展示全部类别组，支持新建组、编辑组、删除组操作。选中一个组织后，右侧展示组织内的类别，提供添加类别、删除类别、编辑类别、删除类别、添加子类别等功能。

类别组包括新建组、编辑组、删除组功能，其中新建组、编辑组、删除组与类别管理界面功能一致，在此不赘述。选中一个类别，列表展示当前类别的标签类别。点击【添加类别】，弹出添加类别对话框。

类别删除支持单个删除和批量删除两种方式。当删除的类别具有子类别时，删除类别会一并删除子类别。选择一个或多个类别组，点击【删除类别】按钮，在弹出的对话框中点击【确定】，即可删除所选类别组。

选择某个类别，点击【添加子类别】按钮，在弹出的对话框中输入类别名称、类别ID、颜色等信息后，点击【确定】，子类别添加成功。

2. 模型自主训练平台

1）首页模块

开始使用模块提供新建工程、创建样本数据集以及启动 Notebook 的快速入口。

点击【新建模型训练工程】，显示新建工程对话框，设置工程信息和任务信息。工程信息设置包括：工程名称、场景、工程标签、工程类型等内容。参数设置完成后，点击【下一步】，显示填写任务信息界面；任务设置包括：任务名称、任务类型、任务描述信息以及数据集选择等信息。工程创建成功后，在最近使用模块展示新建的工程（图 5-32）。

图 5-32　新建工程

进入创建数据集页面，填写数据集名称、简述、版权所属、数据集类型、数据集共享情况以及数据集描述信息等，点击【保存】，个人数据集创建成功（图 5-33）。

图 5-33 新建数据集

启动 Notebook 编程，弹出新建 Notebook 界面，填写 Notebook 名称，选择 CPU、内存、类型、网络结构等内容，点击【确定】，Notebook 创建成功。

2）工程训练模块

工程训练模块包括工程训练信息、正在进行的训练任务、Jupyter Notebook 在线开发。

A. 工程训练

新建工程信息后，点击编辑图标，弹出修改工程弹框，可以对工程名称、场景图标、工程标签、工程类型属性等内容进行修改。

点击工程名称，进入工程详情页面。点击删除图标，可以删除该工程。点击创建的工程，进入工程详细信息界面，可以对任务进行新建、编辑和删除操作（图 5-34）。

图 5-34 新建工程任务

在任务详情页面，点击添加数据集图标⊕，弹出该任务类别下可添加的数据集信息，勾选数据集后，点击【确定】按钮，将选择的数据集添加到相应的任务中（图 5-35）。

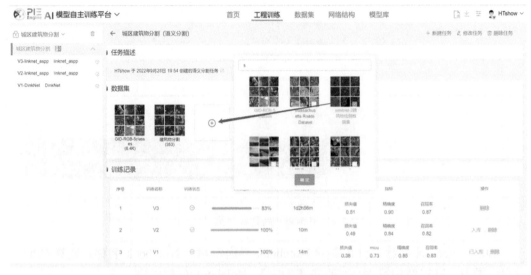

图 5-35　数据集添加

在任务详情页面，点击【创建新的训练】，配置训练、数据集以及网络结构等。训练配置需要设置训练的名称、预训练模型以及训练描述信息等；数据集配置需要设置名称、标签类别信息等；网络结构配置需要设置名称、框架和版本等信息；超参数配置需要设置训练的学习率、迭代次数、批次大小等内容；资源配置需要设置训练使用的GPU 类型、GPU 个数和 CPU 内存等信息（图 5-36）。

点击工程训练页面下的训练任务记录，打开训练详情页面。页面展示了训练详情（图 5-37）、指标图形、系统监控、训练日志等内容。

点击任务详情界面中的【终止训练】，可终止本次训练，已经终止的训练，不能再次启动训练。训练被终止后，用户可以删除本次训练记录。

训练完成后，页面记录本次训练的训练时长、指标（准确率、召回率、得分）等内容，以及训练的状态以及训练的实际费用信息等信息。

点击【指标图形】菜单，切换到指标图形页面，显示训练过程中输出的图表及图像信息。

点击【系统监控】菜单，显示训练过程中使用的 GPU 等信息。

点击【训练日志】菜单，显示模型训练过程中输出的日志信息。

点击【返回任务】图标，返回到任务详情页面，点击【加入模型库】，弹出加入模型库弹框。设置模型名称、版本、描述信息、标签以及类型等内容后，将该条训练记录加入模型库中。

①训练配置　　　　　　　　　　∨

训练名称　　　V4

预训练模型　　--

训练说明　　　HTshow于2022年12月12日
　　　　　　　18 18启动的训练

（a）训练配置

②数据集配置　　　　　　　　　　∨

名称　　　GID-RGB-5classes

类别　　　背景　建筑用地

数量　　　8400(0.3)

图片　　　1024 × 1024

格式　　　uint8格式　3波段

（b）数据集配置

③网络结构配置　　　　　　　　　∨

名称　　　DeepLabv3

框架　　　PyTorch

版本　　　1.2

类型　　　语义分割

加载宽度　1024

加载高度　1024

（c）网络结构配置

④超参数配置　　　　　　　　　　∨

学习率　　　　−　　0.003　　　+

训练轮次　　　−　　30　　　+

批次大小　　　−　　4　　　+

☑ 精度不再提升时自动终止训练

更多设置

（d）超参数配置

⑤资源配置　　　　　　　　　　∨

GPU类型　　NVIDIA T4 Tensor Core

GPU个数　　1

CPU/内存　　8核/32GB

价格　　　　　　24积分/15分钟

ⓘ 选择的资源类型可使用免费时长

（e）资源配置

图 5-36　创建新的训练

图 5-37 训练详情界面

B. 训练任务

训练任务模块用来展示训练启动后的训练记录信息，包括任务名称、训练进度、训练已用时长、指标信息等内容。

点击【训练记录】，跳转至训练详情页面，主要展示训练信息、超参数、训练属性、资源配置、训练集损失&精度曲线、训练进度、中间结果展示、验证集损失&精度曲线等内容，并支持手动停止训练功能。

C. Jupyter Notebook 在线开发功能

在工程详情页面，在左侧列表中选择工程下的某一具体任务，页面下方显示 Jupyter Notebook 在线开发功能。新建 Jupyter Notebook，弹出新建 Notebook 弹框（图 5-38）。设置 Notebook 名称、CPU、内存、网络结构、框架、数据集等信息，点击【确定】按钮，完成创建，并在任务详情页面和首页展示新建的 Notebook 信息。待分配实例后，可对 Notebook 进行打开、启动、暂停、下载.ipynb、修改属性、另存网络和删除等操作。

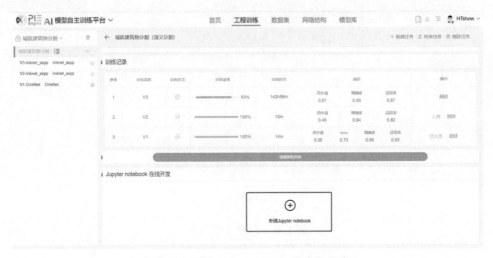

图 5-38 新建 Jupyter Notebook 在线开发

3）数据集模块

支持对数据集的新建、导入、查询等操作。

A. 新建数据集

创建数据集，填写数据集名称、简述、版权所属、数据集类型、数据集共享情况以及数据集描述信息，点击【保存】后，个人数据集创建成功。创建的数据集在"全部"页面展示（图 5-39）。

图 5-39　数据集界面

B. 导入数据集

点击导入图标，弹出导入数据集弹框，目前数据集格式支持本地影像数据集、标准格式两种格式。

对于本地影像数据集，设置裁剪配置、选择影像文件、选择标签文件和类别信息后，点击【确定】按钮，将所选数据导入相应的数据集中。

裁剪配置：可自行设置裁剪大小和训练测试比。裁剪大小默认为 512×512，训练测试比默认为 7∶3。

影像文件：选择样本集对应的原始影像文件，上传多个文件时需要保证文件的分辨率和波段等信息一致。

标签文件：选择样本集对应的标签文件，需保持与影像文件顺序一致，个数相同。

类别信息：根据标签文件，设置对应的类别信息，背景默认为黑色，且不可删除。

标准格式数据集是指已经切片完成的样本，在数据集导入界面，点击【标准格式】单选框，显示数据集导入设置信息。数据集上传完成后，点击数据集，进入数据集详情页面，可查看数据集信息、样本数据信息、样本描述信息以及选中样本的缩略图展示信息等。

C. 查询数据集

数据集查询包括按数据集共享情况、数据集关键字、数据集类型以及数据集更新时间查询四种查询方式。

（1）按数据集共享情况查询，进入数据集页面，默认加载全部数据集，用户可查看"我的数据集"或"共享数据集"或"公共数据集"。我的数据集展示当前用户创建的数据集，共享数据集展示协同组中其他成员共享给当前用户的数据集，公共数据集是平台内置的数据集。

（2）按数据集关键字查询，在数据集页面的搜索框中输入查询关键字，页面中展示符合查询条件的数据集信息。

（3）按数据集类型查询，点击全部类型，默认展示全部类型（图5-40）。

（4）按数据集更新时间查询，点击最近更新，显示最近更新、时间最早，默认展示最近更新，点击时间最早，页面中按数据集创建时间进行正序排序展示。

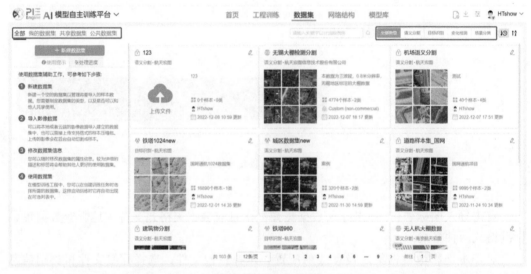

图 5-40　查询数据集

D. 修改数据集信息

修改数据集信息包括以个人身份登录修改数据集和以组织身份登录修改数据集两种方式。当用户以个人身份登录平台时，仅"我的数据集"可以修改，"共享数据集"和"公共数据集"可以访问但不能修改。当用户以组织身份登录平台时，"我的数据集"中的数据集可以修改；若用户是该组织的管理员，"共享数据集"中属于该组织的数据集用户可以修改。"公共数据集"可以访问但不能修改。

在数据集界面，点击编辑图标 ✎ 显示数据集修改界面，可以对数据集名称、简述、版权所属、数据集类型、数据集共享情况、数据集描述信息等内容进行修改（图5-41）。

图 5-41　修改数据集界面

4）网络结构模块

A. 查看网络结构

在网络结构页面，点击要查看的网络结构，跳转至网络结构详情信息页面，可查看该网络结构的名称、分类、类型、简述、描述以及支持的框架等信息（图 5-42）。

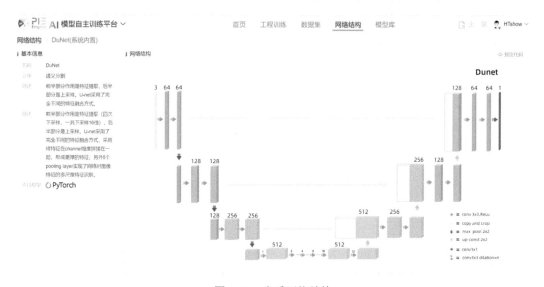

图 5-42　查看网络结构

B. 新建网络结构

点击新建网络结构图标 ⊕新建网络结构 ，弹出构建网络结构弹框，构建方式包括上传代码、可视化构建，目前支持上传代码方式按模型类型查询，模型类型包括语义分割、目标识别、变化检测、场景分类，默认展示全部类型（图 5-43）。

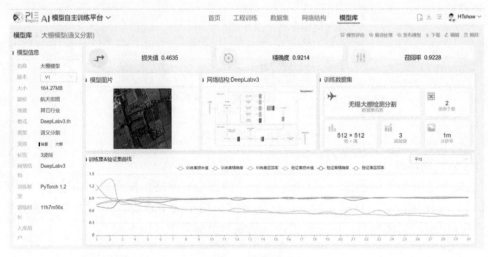

图 5-43　网络结构构建页面

5）模型库模块

模型库模块支持用户进行查看、删除、查询和上传操作。

A. 查看模型

在模型库页面，点击要查看的模型，跳转至模型详情信息页面。页面上可查看该模型的名称、版本、大小等模型信息以及模型指标、模型所用的网络结构、模型所用的训练数据集等信息，如果是在平台内训练的模型，还可查看该模型的训练集和验证集曲线（图 5-44）。

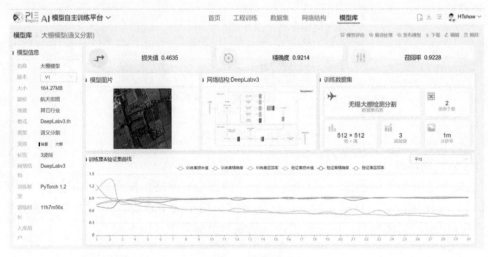

图 5-44　模型详情

B. 查询模型

模型查询包括按模型共享情况、模型类型、输入关键字查询以及模型创建时间查询四种查询方式。

（1）按模型共享情况查询，进入模型库页面，默认加载全部模型，用户可查看"我的模型"或"共享模型"或"公共模型"。我的模型展示当前用户发布的模型，共享模型展示协同组中其他成员共享给当前用户的模型，公共模型是平台内置的模型（图 5-45）。

图 5-45　按模型共享情况查询模型

（2）按模型类型查询，模型类型包括语义分割、目标识别、变化检测、场景分类，默认展示全部类型（图 5-46）。

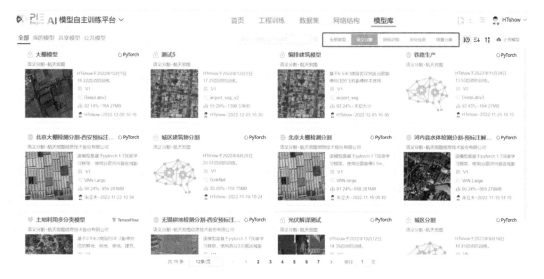

图 5-46　按模型类型查询模型

（3）按输入关键字查询，在模型库页面搜索框中输入查询关键字，点击搜索图标，页面中展示符合查询条件的模型以及模型类型、模型所用框架、模型所用的网络结构、模型标签信息等内容（图 5-47）。

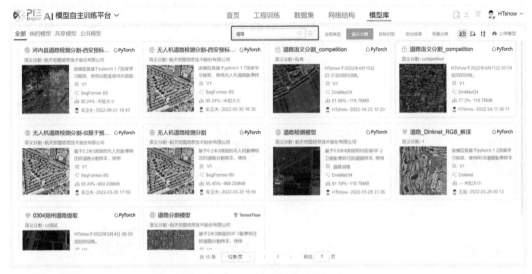

图 5-47　按输入关键字查询模型

（4）按模型创建时间查询，点击最近创建，显示最近创建、创建最早、精确度升序、精确度降序、名称 A-Z、名称 Z-A，默认展示最近创建的模型（图 5-48）。

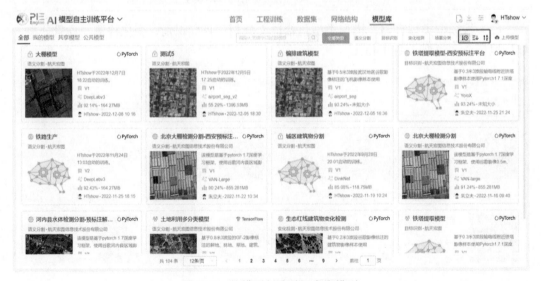

图 5-48　按模型创建时间查询模型

C. 上传模型

若用户存在已经训练好的模型，可以将模型上传至模型库。点击上传模型按钮，显示模型上传界面。配置模型类型、版权所属、场景、框架名称、框架版本、网络结构等信息，按照示例文件规范上传模型文件和元数据文件（图 5-49）。

图 5-49　模型上传界面

3. 模型部署发布平台

1）模型发布模块

模型发布模块提供模型上传、查询、展示和发布等功能（图 5-50）。

图 5-50　模型发布界面

A. 模型上传

在模型部署发布平台页面点击上传模型，进入上传模型界面，填写模型信息，包括模型类型、版权所属、场景、框架名称、框架版本、网络结构、上传文件和元数据文件等信息（图 5-51）。

图 5-51　上传模型

利用下载示例文件，将标准格式的示例文件下载至本地，参照示例文件格式，将要上传的文件压缩成.zip 格式的压缩包，点击上传或将文件拖至选择文件处，点击【确定】按钮，在模型发布页面展示上传的模型进度信息。

B. 模型查询

按模型类型、模型应用场景、模型所用框架、模型所用的网络结构、模型标签以及输入关键字查询六种查询方式勾选相关的标签对模型进行查询。例如，按模型类型查询中，包括语义分割、目标识别、变化检测、场景分类四种类型，默认展示全部类型。

C. 模型展示

在模型发布页面，点击要查看的模型，可查看模型详情。

D. 模型发布

用户可以将模型发布成一个 API 接口应用服务，模型发布有两种方式：一种是在模型发布界面内，通过【发布模型】，进行模型发布；另一种是在模型详情页面通过【发布】，进行模型发布。

点击【发布模型】或者【发布】按钮，进入算法模型发布向导页面。

在应用配置界面（图 5-52），输入应用名称和应用描述信息，点击【下一步】，进入资源需求界面，设置模型发布所需的 CPU 数量、副本数量、显存大小和有效时间信息（图 5-53）。

图 5-52　应用配置界面

图 5-53　模型发布资源选择界面

2）应用监控模块

应用监控模块包括应用展示、应用查询和应用授权三个模块。平台提供了对已发布应用的全生命周期管理，用户可以从应用、资源和运维等方面对应用进行监控。应用方面，平台提供了应用的总调用次数、错误率、调用延迟和实时请求等信息，用户可以了解应用使用情况；资源方面，平台提供了资源的使用信息，包括平均延迟、吞吐量等信息；运维方面，平台提供了每个应用的副本运行情况、调用详情等。

A. 应用展示

点击应用监控功能菜单，显示已发布的应用，用户可查看所有已发布模型的统计信息，包括总发布量、发布成功个数和发布失败个数等（图 5-54）。

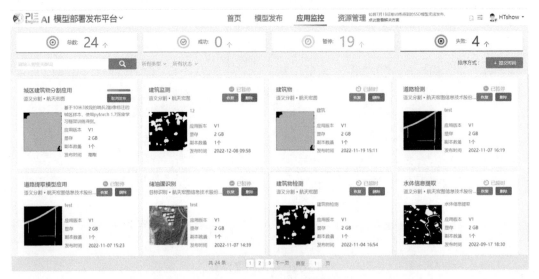

图 5-54　应用监控界面

B. 应用查询

应用查询模块包括按模型类型、模型状态、提交时间以及输入关键字查询四种查询方式。根据查询方式选择相应标签即可进行查询，如按模型类型查询，默认展示所有类型。

C. 应用授权

应用详情页面以列表和曲线统计图的形式，向用户展示模型调用数据信息、应用详情、调用统计、API 实时调用量监控和授权列表等信息。

点击部署成功的模型，进入应用详情页面，点击【应用授权】，设置应用授权的有效时长，有效期表示该模型可用的时间段，如一天（图 5-55）。

图 5-55　应用授权界面

　　在授权列表中显示模型应用授权的信息，用户可以复制授权地址调用发布的应用，在应用监控页面用户可以直观了解模型被调用情况、请求次数、平均延迟等资源信息（图 5-56）。

图 5-56　应用展示界面

　　对模型进行应用授权后，授权列表可向用户展示模型的授权码。用户可通过"复制授权"和"复制地址"对模型进行应用。复制授权是对授权码进行复制，可直接被遥感实时计算 PIE-Engine Studio 平台调用；复制地址，以 URL 的形式被其他平台调用。

4. 影像智能处理平台

　　影像智能处理平台包括数据管理、模型库管理、任务创建、任务管理和可视化五个模块（图 5-57）。

图 5-57　影像智能处理平台界面

1）数据管理模块

　　提供基础创建/编辑/查看/删除文件夹、查看/上传/下载/删除数据等功能，用户可以根据需要组织数据，实现对数据的管理。

　　点击【新建文件夹】可以创建文件夹，同时可通过点击【编辑】【删除】对创建的文件夹进行修改，其中共享文件夹不可编辑和删除。

　　进入文件夹，用户点击上传图标 ↑，跳出用户需要上传的数据文件界面，选择想要上传的数据进行上传（图 5-58）；勾选所需数据，用户可将数据下载至本地环境中；也可以点击【删除】，永久删除勾选的数据。

图 5-58　上传数据

2）模型库管理模块

　　影像智能处理子系统中的模型库按照场景或类别方式进行组织管理，可以在搜索框中输入名称关键字检索模型（图 5-59）。

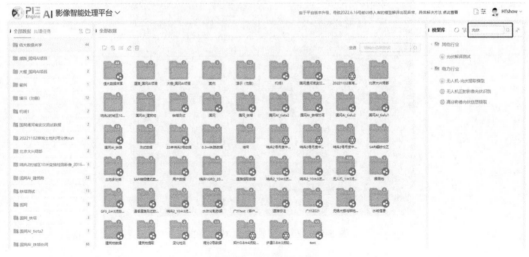

图 5-59　模型检索

3）任务创建模块

用户根据需求选择对应模型，在搜索框中按名称搜索或者在分类中选取模型，填写任务名称，选择模型版本及输入的原始数据，创建解译任务（图 5-60）。

图 5-60　解译任务创建

4）任务管理模块

任务创建后，用户在处理任务模块可以查看任务名称、处理进度、处理时长、影像个数、开始时间等任务监控（图 5-61）。

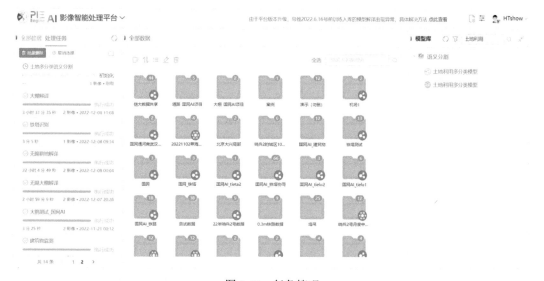

图 5-61　任务管理

5）可视化模块

可视化模块主要支持解译结果查看，在任务进度模块选择解译图片，可对解译结果进行缩小、放大等操作，点击复位按钮 ⊕，图片复原；点击显示统计信息按钮 🕐，会出现对结果的面积统计；点击图层设置按钮 ⚙，可以设置图层透明度、图层叠加顺序，并对影像进行增强（图 5-62）。

图 5-62　可视化界面

5.4　应用实例——基于滨海区域储油罐目标要素识别

1. 背景简介

YOLO（You Only Look Once，你只需浏览一次）算法是将识别问题理解为回归问题而不是分类问题，其能够基于整张图片信息进行检测，具有检测速度快、对小物体和复杂物体识别率低的特点，YOLO 算法被不断改进，YOLOv4 由 Alexey Bochkovskiy 在 2020 年提出，是在 YOLOv3 的基础上开发的一个简单高效的目标检测算法，主要在三个方面进行算法改进，即①降低了训练门槛：仅使用一块 GPU-1080TI，就可以训练一个又快又准的检测器；②验证了最新的 Bag-of-Freebies 和 Bag-of-Specials 在训练过程中的影响；③优化了一些最新提出的算法：CBN、PAN、SAM，使 YOVOv4 可在一块 GPU 上训练。

本节以滨海区域储油罐为例，介绍了在 PIE-Engine AI 遥感智能解译平台上，基于 YOLOv4 算法网络结构实现目标识别，同时对在线训练目标识别模型、利用模型进行影像解译，以及通过将模型发布后调用进行了详细说明。

2. 数据和方法

（1）数据集：该实例选择 piesat_oiltank 数据集进行储油罐数据的目标识别模型训

练，该样本集原始影像来源于 Google Earth，影像包含三个波段（RGB），分辨率为 0.5m，标注后裁切成 1024×1024 大小的切片，包含的类别是储油罐。

（2）算法：采用 YOLOv4 算法，从数据处理、主干网络、网络训练、激活函数、损失函数等方面进行不同程度的优化，加入可变形卷积、CBAM 等技术，针对大目标框，采用缩放和滑窗裁剪同步推理，兼顾大小目标，进一步提高目标检测精度。YOLOv4 在实时目标检测算法中具有较高的精度，并实现了精度和速度的最佳平衡（图 5-63）。

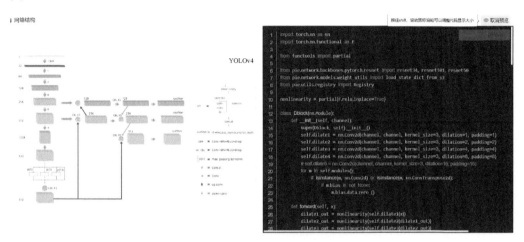

图 5-63 YOLOv4 框架和算法代码

（3）流程方法（图 5-64）。

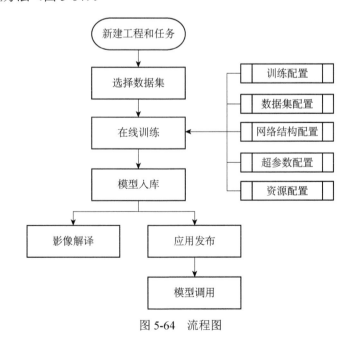

图 5-64 流程图

在模型训练工程下新建目标识别训练任务，选择 piesat_oiltank 数据集，配置训练、网络结构、超参数和资源参数后启动 AI 训练，训练完成后，将基于 YOLOv4 的储油罐识别模型入库。入库的模型一方面能够用于影像数据的解译处理，另一方面可以将模型发布成 API，供其他平台调用。

3. 模型训练

模型自主训练平台提供一站式的深度学习业务服务，首先创建 YOLOv4 目标识别模型训练，创建工程、任务、选择训练使用的数据集（图 5-65）。

图 5-65　创建工程界面图

进入任务创建界面，加载 piesat_oiltank 数据集进行储油罐目标识别训练。

启动训练：在工程训练界面创建新的训练，完成训练配置、数据集配置、网络结构配置、超参数配置、资源配置等；点击更多设置后用户可自行配置 backbone、transform、loss 等高级参数。参数配置信息从 network.json 中获取，用户也可以根据需要进行不同的配置（图 5-66）。

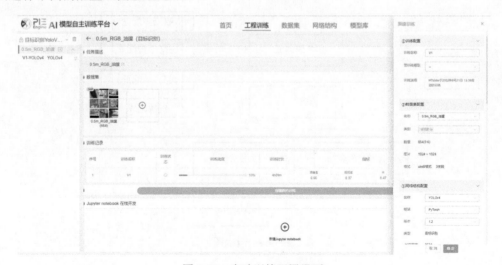

图 5-66　启动训练配置界面

查看训练详情界面，PIE-Engine AI 平台展示了训练信息、配置参数、资源配置、训练进度、GPU 使用率、训练集精度曲线、验证集精度曲线及中间结果图片等训练信息（图 5-67）。

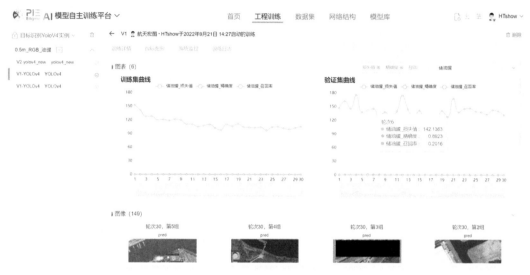

图 5-67　指标详情界面

模型训练结束后，将训练完成的模型加入平台的模型库（图 5-68）。

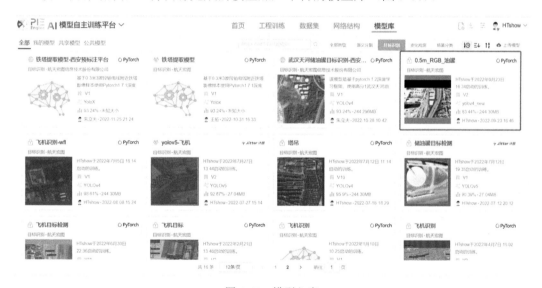

图 5-68　模型入库

4. 影像解译

针对加入模型库的模型进行智能处理，选择平台中 YOLOv4 解译模型，在线快速创建解译任务，上传待解译的数据，使用 AI 模型进行推理预测，查看结果（图 5-69）。

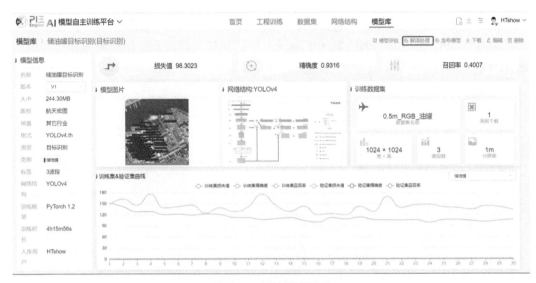

图 5-69　解译处理界面

上传待解译评估的影像数据进行智能解译，选择滨海部分区域影像。对于解译结果可以进行可视化展示以及数据下载，包括 json 和 shp 格式（图 5-70）。

图 5-70　PIE-Engine AI 平台解译结果

5. 应用发布

针对加入模型库中的 YOLOv4 目标识别模型，填写应用配置和资源需求等自定义配置信息，进行定制化模型发布，将算法模型发布成 API 接口应用服务（图 5-71）。

图 5-71　PIE-Engine AI 平台模型应用发布图

PIE Engine Studio 平台可以调用 PIE Engine AI 平台发布的深度学习模型，对模型进行应用授权后，授权列表可展示模型的授权码，直接被遥感实时计算 PIE-Engine Studio 平台调用；其同样可以复制地址，支持以 URL 的形式被其他平台调用。

在 PIE-Engine Studio 平台，进入个人账户，点击【授权码管理】，点击【新建】，在"授权码"处粘贴上一步生成的授权码，并填写授权码标识（图 5-72）。

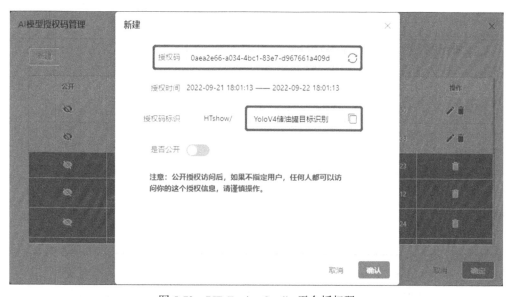

图 5-72　PIE-Engine Studio 平台授权码

同时，PIE-Engine Studio 支持将该模型在平台中共享，可以在模型发布有效时间内，将"是否公开"设置为公开，同时进一步指定访问用户，限制公开范围。

PIE Engine Studio 平台通过授权码管理获取授权标识码，上传待验证数据，在 PIE Engine Studio 平台对储油罐数据进行预测。

　　已关联的模型在 Studio 平台中通过 pie.Model 模块下的 fromAiPlatformPredictor
（appname，username，tokenname，options）算子实现调用，第一个参数是在 AI 平台中
发布模型时的"应用名称"，第二个参数是发布这个模型的"账户"，第三个参数就是在
Studio 平台根据这个模型的授权码所建的"授权码标识"。结果展示如图 5-73 所示。

图 5-73　PIE-Engine Studio 平台调用结果图

思考题

　　1. 影响深度学习遥感影像解译精度的因素有哪些？

　　2. 用 AI 方法解译遥感图像有哪些难点？

　　3. 简要说明一个完整机器学习方法应用于遥感项目的流程是什么？

　　4. 模型训练时显存占用受哪些因素影响，可以从哪些方面解决显存不足的问题？

　　5. 在 PIE-Engine AI 平台中，如何利用现有的模型进行迁移学习，迁移学习需要注
意哪些方面？

　　6. 开闭运算方法适用于什么情形下的解译结果？

参考文献

廖星宇. 2017. 深度学习入门之 PyTorch. 北京: 电子工业出版社.

孙显, 付琨, 王宏琦. 2011. 高分辨率遥感图像理解. 北京: 科学出版社.

章敏敏, 徐和平, 王晓洁, 等. 2017. 谷歌 TensorFlow 机器学习框架及应用. 微型机与应用, 36 (10): 3.

朱大奇, 史慧. 2006. 人工神经网络原理及应用. 北京: 科学出版社.

LeCun Y, Bengio Y, Hinton G. 2015. Deep learning. Nature, 521 (7553): 436-444.

Liu Z, Sun M, Zhou T, et al. 2019. Rethinking the value of network pruning. New Orleans, Louisiana, United
　　States: International Conference on Learning Representations（ICLR）.

第6章　地理时空数据共享与发布

6.1　概　　述

地理实体主要通过空间、属性、时间等特征进行表达，地理时空数据是同时具有时间和空间维度的数据，具有多源、海量、更新快速的综合特点。面对日益增长的地理时空数据，如何进行有效组织管理并提高共享发布服务质量重大意义。利用数字地球模型构建地理时空数据共享发布平台成为目前研究领域的热点之一，也是未来的发展趋势。

优化数据存储是数据高效管理的前提。PIE-Engine 数据存储管理采用大数据架构，以 Ceph 分布式混合多态存储形式统一管理，支持关系型数据库、非关系型数据库、对象存储数据库、分布式文件数据库、网络文件数据库等存储方式。结合数据特征和业务需要，在逻辑结构上将数据库划分为原始数据库、基础数据库、服务产品库和支撑库，采用分区分库结合异构模型的存储管理模式，支持数据存储与处理各环节结果数据的分区存储管理和多模式查询检索。

数据的传输交换将会影响数据高效计算的效率，以文件、流①和服务聚合②三种方式实现海量多源异构数据的引接和分发。根据数据的类型、标准及传输协议等特点，定制数据引接服务的各项配置，实现对海量时空数据的采集、元数据解析、数据清洗、数据质检、资源编目、数据归档和分发工作。

在优化数据存储和高效数据传输交换的基础上，数据综合处理可基于地理时空数据分布式存储管理技术、消息总线技术、并行任务调度处理策略，通过任务自动编排，得到高效、灵活、自动化的整编工具集，实现数据归一化处理、预处理、格网化、标准切片、时空融合、数据提取与加工、多元融合以及专题数据处理等。

在上述环节的基础支撑下，地理时空数据共享与发布云平台能够实现基于 GDAL、GeoTools 的数据访问引擎技术，向下屏蔽数据库异构，向上提供标准的 RESTful 服务接口，通过数据发布管理、在线地图管理等提供地理时空数据共享服务。采用 C++/Java 和 Tomcat 开发面向时空数据集的服务接口，通过对象继承实现各种访问数据库组件的插件式扩展；基于 Go 语言封装地图瓦片标准地理服务接口，支持海量并发用户情况下的高性能数据访问；基于 Redis 提供数据访问缓存。接下来将从地理时空数据管理、地理时空数据访问引擎与存储、多源数据在线地图服务及发布技术等方面进行介绍。

---

① 流指以事先规定好的顺序被读取一次的数据的一个序列。
② 服务聚合是将不同类型、不同来源的服务通过标准化流程整合，并通过统一的方式发布给客户端。

6.2　地理时空数据管理

6.2.1　概述

目前，实时动态变化的地理时空数据已逐步替代静态空间数据成为 GIS 社会化应用的主流，数据的量级和复杂程度也大幅增加，为数据的存储管理提出了更高的要求。传统 GIS 通常采用关系型数据库进行数据管理，但在大数据的云端服务方面，关系型数据库在处理大规模空间数据存储、异地多点查询、关联与聚合等方面存在局限性（Turconi et al.，2014；Noll and Hogeweg，2015）。经典的关系型数据库主要存储结构化空间数据，其扩展性差，不能满足海量动态时空数据的扩展与协作要求，容易导致地理时空数据存储的不准确性和不完整性，且很难实现空间数据整合以及实时共享与交互操作（Wang et al.，2015）。如何对海量、多源异构的地理时空数据进行完整、高效表达与管理迫在眉睫。

地理时空数据服务平台涉及多源的结构化数据和非结构化数据，其包括遥感影像数据（卫星影像、航空影像）、倾斜摄影模型数据、数字高程产品、矢量数据、普通文件（Office 办公文档和图片/多媒体文件）、Web 标准服务等多种类型数据。

地理时空数据具有以下特点：

（1）存在复杂的时空关联特点，包括对象、过程、事件在空间、时间、语义等方面的关联关系。

（2）具有动态变化特点，基于对象、过程、事件的时空变化过程可作为事件来描述，通过对象、过程与事件的关联映射，建立时空大数据的动态关联模型。

（3）具有灵活尺度特性，针对不同尺度的时空大数据的时空演化特点，可实现对象、过程、事件关联关系的尺度转换与重建，进而实现时空大数据的多尺度关联分析。

地理时空数据的特性造成在数据管理方面存在一定难度，PIE-Engine Server 采用文件系统结合数据库的方式分别管理归档的遥感影像数据以及遥感元数据，利用 Hadoop 平台体系的分布式文件系统，实现异构元数据的提取以及统一格式转换，采用 PostgreSQL 数据库进行空间数据的存储、管理及服务，在此基础上提供统一的数据检索服务。对于计算分析所需数据的统一组织，采取地理空间格网剖分的方式构建遥感时空数据集，基于 Geohash 算法的快速空间索引构建技术，结合统一元数据管理、混合多态存储等技术，实现地理时空大规模数据的存储管理。

6.2.2　地理空间格网剖分

地理空间格网剖分是指对地球表面进行多级无缝的网格划分，通常以经纬度表征。由于网格通常具有标准化特征，在二维空间的基础上结合时间特征，使其可以方便地表征某一地区地理特征的时空变化。对遥感影像数据集进行统一格网划分，使得利用多源遥感数据进行时空分析与计算时能够方便地对其进行数据组织管理。

利用地理空间格网对遥感影像数据进行剖分，使其被划分为在空间上具有一定规则、形状大小相同的栅格数据块，在分布式环境下，这种规则的格网数据能够被组织成大小相同的数据块进行存储与计算，便于并行计算时实现分布式云存储负载的均衡性。

球面地理网格将地球表面抽象为（椭）球面，按照一定的规则将（椭）球面划分为一系列网格单元，每个网格单元具有唯一编码，利用网格单元描述空间位置、形态、分布，进行空间数据组织和管理，实现空间对象建模、分析与表达。球面地理网格突出的特点是以地球真实空间结构为基础，进行规则化空间剖分，网格单元在相邻剖分等级之间层次嵌套，网格单元无缝连续覆盖地球真实空间。球面地理网格的空间剖分方法分为 4 种类型：经纬网格、球面正多面体网格、球面 Voronoi 网格、球面等分网格（曹雪峰，2012）。

1. 经纬网格

通过经度、纬度来描述地球表面与经线、纬线平行的矩形区域，方法简单，便于数据组织和处理，经纬网格可以分为等间隔经纬网格和不等间隔经纬网格两类。

1）等间隔经纬网格

等间隔经纬网格划分是指采用等间隔的经纬度格网对椭球面进行剖分。该方法方便、邻接关系简单、空间计算和数据索引也很简单。Google 设计的全球遥感数据的金字塔瓦片系统，实际上是一种全球等间隔经纬网格划分。其核心思想是对一大块的影像图片进行分块处理，可以根据用户的需要对不同分辨率数据进行存储分割，形成一个自顶而下的文件金字塔结构。然后，将遥感影像数据在一个区域范围内进行等比例分割。最后对分割文件进行索引，形成能够快速被浏览查询的小数据。

Google Earth 经纬度格网剖分是在通用横轴墨卡托投影（Universal Transverse Mercator Projection）下基于四叉树的瓦片数据叠加技术来存储组织遥感影像数据。其初始划分为 1 个网格，然后每个网格再通过四叉树划分得到子单元，形成更低一级格网（图 6-1）。

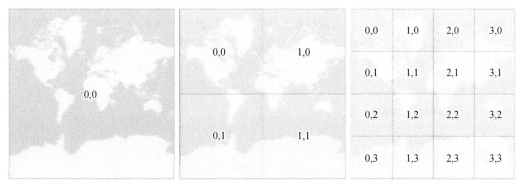

图 6-1　Google Earth 网格划分及其编码示意图（程承旗等，2016）

将整个球面 180°×360°区域作为四叉树的父节点，不断地依次四分。每个瓦片参照金字塔模式，按照层级依次存储，如图 6-1 所示。每个层级的瓦片都按照行和列 row

（X，Y）进行索引，以（$-180°W$，$90°N$）为 row（0，0）。

2）不等间隔经纬网格

不等间隔经纬网格可以改善等间隔经纬度网格存在的网格单元粒度不均问题。

2. 球面正多面体网格

球面正多面体网格剖分是利用正四面体、正六面体、正八面体、正十二面体、正二十面体等正多面体将地球表面剖分为形状近似相等的网格单元，每个网格单元具有唯一编码。一般利用直接剖分法和投影变换法实现。直接剖分法是利用正多面体将球面划分为基本网格单元，然后在球面网格单元上进行四叉树层次细分；投影变换法是先将正多面体表面进行剖分，然后将剖分单元投影为地球（椭）球面上的网格单元（曹雪峰，2012）。

3. 球面 Voronoi 网格

Voronoi（又叫泰森多边形）网格通过对地球表面进行 Voronoi 多边形剖分构建球面网格，采用球面 TIN 网表达全球地形。基于 Voronoi 结构的球面网格比规则化或半规则化的球面正多面体网格具有更大的灵活性。但是，由于难以进行递归剖分，Voronoi 网格只能显示定义空间实体的层次关系，无法在邻近层次间传递实体的更新变化，不利于网格层次间的关联，很难构建全球海量数据多分辨率模型以及进行多空间尺度操作。

4. 球面等分网格

球面等分网格的构建是：首先对地球表面进行等面积划分，形成初始网格单元；然后对初始网格进行系数为 2 的幂次的层次细分。

6.2.3　空间索引构建

空间索引是依据空间对象的位置和形状或空间对象之间的某种空间关系，按一定顺序进行排列的一种数据结构（胡运发，2012）。地理时空数据的数据库管理方式，主要是借助现有的开源或者商业数据库，构建空间索引来实现数据的高效检索。空间索引技术是地理时空数据空间组织的关键技术，空间索引的建立可以将空间数据的管理效率提高几十甚至上百倍，为海量空间数据集的查询分析应用奠定基础。目前，常用的空间索引包括网格空间索引、K-D 树空间索引、R 树空间索引、四叉树空间索引、Geohash 空间索引等。

1. 空间索引技术概况

1）网格空间索引

网格空间索引的基本思想是将研究区域按一定规则用横竖线分为小的网格，记录每个网格所包含的地理对象。当用户进行空间查询时，首先计算查询对象所在的网格，然后通过该网格快速索引到所选的地理对象（吴敏君，2006）。网格空间索引算法分为三类：基于固定网格划分的空间索引、基于多层次网格的空间索引和自适应层次网格空间索引。

A. 基于固定网格划分的空间索引

将研究区域分割成 a（行）×b（列）的固定网格，基于固定网格划分的空间索引技术，为落入每个格网内的地理实体建立索引，这样只需检索原来区域的 1/（$a×b$），以达到快速检索的目的（孟妮娜和周校东，2003）。该算法对于数据量不大、不需要进行复杂索引操作具有一定的适应性，如对于点对象的索引。

B. 基于多层次网格的空间索引

将研究区域分割成若干大小相同的小块，每个小块都作为一个桶，将落入该小块内的地图目标存入该小块对应的存储桶中，根据需要可以将桶划分成更小的桶，建立多级索引。该算法的优点是检索效率高，相比于固定网格划分的空间索引减少了特定的比较查询次数。但是网格划分的精细程度无法保证最优，且对处于边缘的地理对象和跨网格的大的地理对象没有一个很好的处理机制。

C. 自适应层次网格空间索引

自适应层次网格空间索引是一种改进的网格空间索引技术，其基本思想是：对研究区域进行 n 次划分，并对地理对象进行标记。检查地理实体的外接矩形的范围是否完全落在第一次划分的某个划分矩形中，如果不在，则看它是否落在第二次划分的某个划分矩形中，依次查找，直到找到一个完全包含它的划分矩形，该实体的分区号就等于此划分矩形的编号（王映辉，2003）。其网格大小由各具体的地理对象的外接矩形决定，避免了网格索引中网格划分的人为因素的影响。该算法的优点是网格划分以各地理对象的外接矩形大小作为划分依据，避免重复存储，在存储效率上有一定改善。但是该算法实现复杂，建立索引前，必须知道各地图目标外接矩形的长和宽，按其面积大小排序。建立索引后，进行插入或删除操作时，涉及的地图目标外接矩形面积若不是原有面积大小，则需要重新进行排序，效率会下降（吴敏君，2006）。

2）K-D 树空间索引

K-D 树是早期用于索引多维空间数据的数据结构之一。每条线对应树中的一个节点，K-D 树的每层都把空间划分为两个部分，沿着树的根节点进行一维划分，依次划分下一层节点，尽量保证左右子树中的节点数目均衡，当节点中包含的点数少于叶子节点中包含的最大点数时，则停止划分，K-D 树空间索引主要用于存储点数据（图 6-2）。

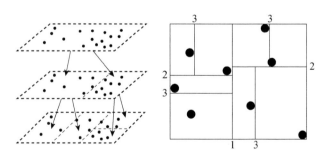

图 6-2　用 K-D 树表示一个二维空间中的点集

叶子节点中包含的最大点数阈值设置为 1，线号表示对应节点出现在树中的层数。

3）R 树空间索引

R 树是空间数据索引结构中重要的层次结构，已成为许多空间索引方法的基础。R 树是一颗平衡的多路查找树，以最小外接矩形（Minimal Bounding Rectangle，MBR）

对空间数据集按照"面积"进行递归划分。R 树由根节点、中间节点和叶节点三类节点组成，中间节点代表数据集空间中的一个矩形，该矩形包含所有子节点的最小外接矩形，叶节点存储的是实际地理对象的最小外接矩形，而不是地理对象。

如图 6-3 所示，C、D、E、F 为子节点所对应的矩形，A 为能够覆盖这些矩形的更大的矩形，A 就是这个非叶子节点所对应的矩形。叶子节点和非叶子节点都对应着一个矩形。树形结构上层的节点所对应的矩形能够完全覆盖其子节点所对应的矩形。根节点也唯一对应一个矩形，而这个矩形可以覆盖所有数据信息在空间中代表的点。

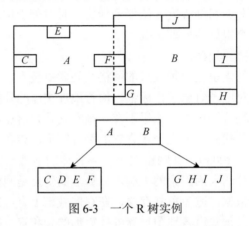

图 6-3　一个 R 树实例

4）四叉树空间索引

四叉树空间索引是基于空间划分组织索引结构的索引机制，将研究区域划分成四个相等的子空间，按照具体需要可以将每个或其中几个子空间继续划分下去（图 6-4）。

在四叉树中，空间要素标志记录在其外包矩形所覆盖的每一个叶节点中。四叉树是层次型的树状结构，通过对各层节点进行编码来反映四叉树的层次结构。四叉树空间索引算法与底层的数据库组织方式无关，其优点是空间选择查询的速度快、结构简单、易于实现，缺点是当插入或删除一个点时，可能导致树的深度增加或减少一层或多层，并且所有节点必须重新定位。

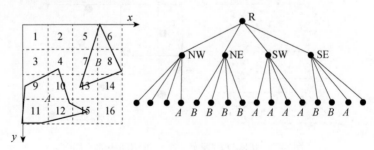

图 6-4　四叉树结构的空间索引

5）Geohash 空间索引

Geohash 是将二维的空间经纬度数据编码成一个字符串，每个字符串代表一个特定的矩形，在该矩形范围内所有位置点的 Geohash 编码均为该字符串。位于同一区域的位置点具有公共前缀，故可将空间范围查询问题转换为字符串前缀匹配问题。PIE-Engine Server 采用基于 Geohash 的空间索引算法进行空间数据的快速索引构建。

2. 基于 Geohash 的快速空间索引构建技术

1）Geohash 编码规则

将经纬度范围看作二维平面坐标系，采用二分法对经度、纬度进行划分，根据位置点经度、纬度在划分结果中的位置分别赋值 0 或 1（左边赋值 0，右边赋值 1），直到划分次数满足经、纬度位串的位数。通过对经纬度进行奇偶数位交错（奇数位为纬度，偶数位为经度）方法，合并经度位串与纬度位串得到经纬度位串；最后，通过 Base32 编码（表 6-1），将经纬度位数编码为长度为 p 的字符串，p 为对应的 Geohash 编码字符串长度，其中每 5 位二进制位编码为一个字符（沈兵林，2019）。

表 6-1 Base32 编码规则

十进制	0	1	2	3	4	5	6	7	8	9	10	11	12	13	14	15
Base32	0	1	2	3	4	5	6	7	8	9	b	c	d	e	f	g
十进制	16	17	18	19	20	21	22	23	24	25	26	27	28	29	30	31
Base32	h	j	k	m	n	p	q	r	s	t	u	v	w	x	y	z

以位置点（20.606，−100.228）为例，划分次数为 5，即 p 为 2。根据编码规则，得到纬度的二进制串为 10011，经度的二进制串为 00111，偶数位放经度，奇数位放纬度，把 2 串编码组合生成新的二进制位串 0100101111，如图 6-5 所示。

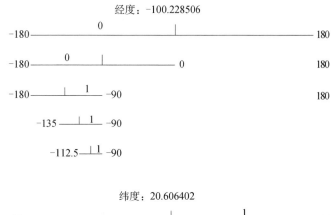

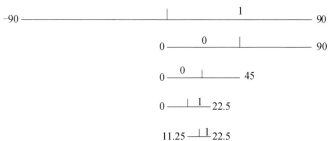

图 6-5 Geohash 编码过程图［单位：（°）］

利用 0～9、b～z（去掉 i、l、o）这 32 个字母进行 Base32 编码，首先将 01001、01111 转成十进制，其分别对应着 9、15，根据 Base32 编码规则，对应的编码就是 9g。同理，将编码转换成经纬度的解码算法与之相反，具体不再赘述。

2）Geohash Base32 编码长度与精度

当 Geohash Base32 编码长度为 5 时，精度在 2.4km 左右，当编码长度为 8 时，精度在 19m 左右，编码长度需要根据数据情况进行选择（表 6-2）。

表 6-2　Geohash 精度表

Geohash 长度	纬度位数	经度位数	纬度误差/（°）	精度误差/（°）	误差/km
1	2	3	±23	±23	±2500
2	5	5	±2.8	±5.6	±630
3	7	8	±0.70	±0.7	±78
4	10	10	±0.087	±0.18	±20
5	12	13	±0.022	±0.022	±2.4
6	15	15	±0.0027	±0.0055	±0.61
7	17	18	±0.00068	±0.00068	±0.076
8	20	20	±0.000085	±0.00017	±0.019

3）Geohash 编码方式

将二进制编码的结果填写到地理实体中，当将地理实体划分为四块时，编码的顺序分别是左下角 00、左上角 01、右下角 10、右上角 11，类似于"Z"形曲线，将各个块分解成更小的子块时，每一个子块编码的顺序也是"Z"形曲线，这种类型的曲线被称为 Peano 空间填充曲线，将二维空间转换成一维曲线（事实上是分形维），优点是利用"Z"形曲线进行编码，搜索查找邻近点比较快，相似编码对应的空间距离也近，但 Peano 空间填充曲线最大的缺点就是突变性，有些编码相邻但距离却相差很远，如 0111 与 1000（图 6-6）。

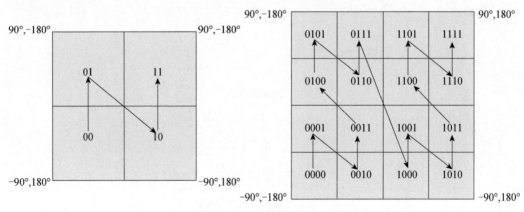

图 6-6　Geohash 编码方式

4）Geohash 索引构建

基于 Geohash 编码进行空间数据区域查询时，需解决如何建立空间数据与 Geohash 编码的关系，以及如何建立查询区域与 Geohash 编码的关系这两个问题。

在数据处理时，通过面数据处理将空间数据编码转换成 Geohash 编码，将 Geohash 编码与空间数据的对应关系保存在数据库中，如与 Geohash1 存在关联关系的数据 ID 是 Data1、Data3、Data4，与 Geohash2 存在关联关系的数据 ID 是 Data1、Data2 等（图 6-7）。查询时，将对应的坐标值转换成 Geohash 编码，到数据库中按照 Geohash 编码进行查询，返回查询结果。

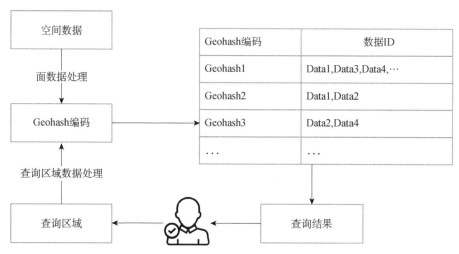

图 6-7　Geohash 区域查询模型示意图

6.2.4　全局统一元数据管理

元数据是用来描述数据的数据，通过全局统一元数据管理可以将数据的信息组织成某种结构化数据用于数据库存储，从而实现对大量数据的高效管理及检索。通过全局统一元数据管理，用户可以在没有真实数据的情况下，获取有关数据的信息。

全局统一元数据管理模块针对控制点数据、矢量数据、正射影像产品、瓦片数据、卫星影像产品等的元数据进行管理，采用分布式 Elasticsearch（注：Elasticsearch 是一个分布式、高扩展、高实时的搜索与数据分析引擎）搜索引擎，实现对元数据信息的管理，为数据计算服务提供时间、空间、属性等内容的查询与过滤功能。通过建立属性信息元数据索引表，采用分布式 Elasticsearch 搜索引擎建立表结构（Schema）信息，实现快速高效的数据查询与过滤。

基于《地理信息元数据第 2 部分：影像和格网数据扩展》（GB/T 19710.2—2016），结合遥感元数据管理的需求，PIE-Engine Server 构建了一个全局统一的元数据信息表（表 6-3，以某原始影像元数据为例），包括标识信息、内容信息、覆盖信息、传感器拍摄信息四类。全局统一元数据内容主要包括数据介绍、数据分组及元数据项属性设定。其中，数据介绍是指依据的数据规范描述，数据分组根据元数据项进行分组。元数据属性设定包括名称、类型、继承、描述、约束信息、是否显示、可扩展等。

表 6-3 遥感元数据信息表

分类	中文名称	英文名称	数据类型	长度	备注
标识信息	卫星标识	platform	varchar	100	如 GF2
	传感器标识	sensor	varchar	10	如 PMS1
	轨道号	orbit_num	int8	10	如 4100
	文件名称	Name	varchar	100	如 GF2_PMS1_E111.7_N40.8_20150523_L1A0000821752.img
	数据格式	data_format	varchar	10	GEOTIFF
	景序列号	scene_id	varchar	10	如 1227033
	产品序列号	product_id	varchar	10	如 821752
	产品级别	product_level	varchar	30	如 LEVEL1A
	拍摄日期	scene_date	timestamp	50	MMMM-MM-DD HH：MM：SS
	数据接收时间	ReceiveTime	Date	50	2015-05-23 03：42：14
	数据生产时间	dataproducing_date	timestamp	50	MMMM-MM-DD HH：MM：SS
	生产类型	ProduceType	varchar	10	STANDARD
	分发单位	distributor	string	100	
	增益模式	GainMode	varchar	50	G2、G1、G1、G2
	生产单位	productive_unit	varchar	100	如资源卫星中心
内容信息	分辨率	ImageGSD	float8	10	3.24
	空间分辨率	resolution	float8	5	4
	云量	cloud_percent	float8	5	如 1
	影像像素宽度	WidthInPixels	long Int	10	7300
	影像像素高度	HeightInPixels	long Int	10	6908
	波段数	band_num	int4	4	4
	波段	Bands	varchar	50	1、2、3、4
覆盖信息	图像左上角纬度	data_upper_left_lat	float8	10	40.9218
	图像左上角经度	data_upper_left_long	float8	10	111.615
	图像右上角纬度	data_upper_right_lat	float8	10	40.8659
	图像右上角经度	data_upper_right_long	float8	10	111.9
	图像左下角纬度	data_lower_left_lat	float8	10	40.6577
	图像左下角经度	data_lower_left_long	float8	10	111.828
	图像右下角纬度	data_lower_right_lat	float8	10	40.7135
	图像右下角经度	data_lower_right_long	float8	10	111.544
	地图投影	map_projection	varchar	50	—
	地球模型	earth_model	varchar	50	WGS84
传感器拍摄信息	侧摆 PATH	scene_path	int8	10	如 13
	侧摆 ROW	scene_row	int8	10	如 136
	星下点 PATH	sat_path	int8	10	如 13
	星下点 ROW	sat_row	int8	10	如 136
	滚动视角	RollViewingAngle	float8	10	0
	俯仰视角	PitchViewingAngle	float8	10	0

续表

分类	中文名称	英文名称	数据类型	长度	备注
传感器拍摄信息	滚动卫星角度	RollSatelliteAngle	float8	10	15.0029
	间距卫星角度	PitchSatelliteAngle	float8	10	0.00110035
	偏航卫星角度	YawSatelliteAngle	float8	10	2.6923
	太阳方位角	SolarAzimuth	float8	10	149.94
	太阳天顶角	SolarZenith	float8	10	22.6637
	卫星方位角	SatelliteAzimuth	float8	10	283.088
	卫星天顶角	SatelliteZenith	float8	10	74.9704

全局统一元数据采用 Postgre SQL 数据库存储，Postgre SQL 是一种对象–关系型数据库，Postgre SQL 9.4 版本以来引入了 jsonb（jsonb 格式是 json 的二进制形式）数据类型用于存储半结构化文档，使用 key-value 结构管理数据，支持对列值建立索引，这些特点使得用户能够轻易利用 jsonb 字段来将非关系型数据整合到关系型数据表中。通过 Postgre SQL 建立具有 NoSQL（泛指非关系型的数据库）字段的关系型数据表来对遥感元数据进行存储与管理。

完整的元数据 Elasticsearch 信息表包含数据对象基础属性表和数据对象扩展属性表。元数据字段信息表与数据对象类型表为一对一的关系，数据对象类型表与数据对象基础属性表为一对多的关系。存储桶与设备关联表对应包含存储设备表、存储桶表。数据和数据集关系表对应数据共享信息表、用户数据目录表与数据对象基础属性表（图 6-8）。

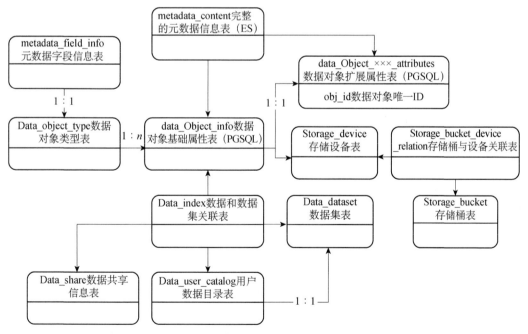

图 6-8　完整元数据 Elasticsearch 信息表关系图

6.2.5　混合多态存储架构

混合多态存储架构是指面对多源地理时空数据，支持分布式文件存储数据库、半结构化数据库、结构化存储数据库、关系型数据库、Hadoop 分布式存储、云文件系统等多种数据存储方式，构建符合规范的数据集服务池，实现对数据的访问管理（图 6-9）。

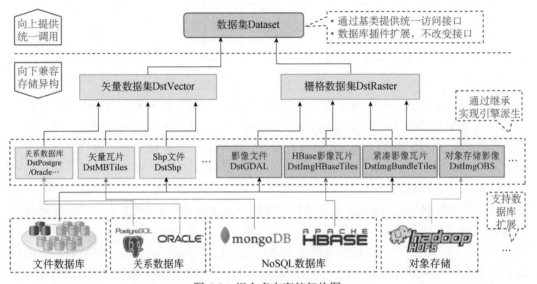

图 6-9　混合多态存储架构图

基于混合多态存储的统一时空数据访问引擎技术，PIE-Engine Server 平台研发了空间数据引擎服务，实现了从数据选择、算法处理、保存结果、数据发布等数据处理，提供了混合多态存储形式的统一时空数据访问接口。

混合多态存储架构采用继承派生技术，支持多种数据源，主要包含文件数据库、关系型数据库、NoSQL 数据库、对象存储等，实现对数据的统一管理，还支持插件式扩展，通过插件扩展支持更多种类型的数据库。混合多态存储架构在地理信息时空数据方面，通过继承派生技术，分别封装并构建了针对矢量和栅格的多态数据集。矢量数据集主要实现对关系型数据库、矢量瓦片数据、Shp 文件等的访问封装，以满足矢量多态数据的统一访问。栅格数据集主要实现对影像文件、HBase 影像瓦片、紧凑影像瓦片、对象存储影像的封装，以满足栅格多态数据的统一访问。最后，通过建设统一的访问数据集接口，实现混合多态数据的统一访问（图 6-9）。

混合多态存储采用分布式存储技术，该技术能保证数据的可靠性，具备高吞吐率和高传输率的特点，同时能有效降低后台服务压力和加快响应速度。分布式存储技术具有以下优点：

（1）可实现对地理时空数据的统一管理，在统一时空数据引擎下，建立全局的空间数据索引，利用局部查询改变原有全局查询的方式，实现空间查询的优化；

（2）实现 PIE-Engine Server 云工作空间环境下的事务管理①，对数据的操作交由事务实现；

（3）多个异构自治空间数据库实现并发控制，对于新产生的地理空间数据可由 PIE-Engine Server 云工作空间统一管理，方便用户直接使用。

6.3　地理时空数据访问引擎与存储

6.3.1　地理时空数据统一访问引擎

地理时空数据统一访问引擎是指利用计算机集群协同工作，将访问任务由简单的服务器扩展至大量服务器协同完成，支持并发访问。PIE-Engine Server 利用 GDAL（Geospatial Data Abstraction Library，地理空间数据抽象库）/OGR（OpenGIS Simple Features Reference Implementation，OpenGIS 简单要素参考实现）统一时空数据访问引擎技术，实现了数据选择、算法处理、保存结果、数据发布等全生命周期的数据处理，满足了混合多态存储形式的统一时空数据访问需求。具体处理过程如图 6-10 所示。

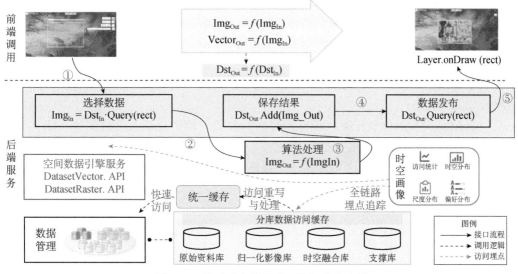

图 6-10　基于时空数据统一访问引擎示例

地理时空数据访问引擎具备访问重写与处理功能，在前端系统调用时，地理时空数据引擎通过翻译数据访问指令，重定义到具体的数据库、文件、表等，进行访问重写处理。通过访问重写技术，实现数据的统一访问。地理时空数据访问引擎采用连接池模式，支持数据的并行请求，当超越连接池限制时，系统把后续指令转换为串行待执行状态，进行串行支持。

---

① 事务管理是对于一系列数据库操作进行管理。

地理时空数据访问引擎具备数据缓存功能，对访问频率高的数据做自动缓存，为后续查询和访问提供内存直接访问，提高数据的高并发访问效率。

地理时空数据访问引擎不仅支持原始数据的存储，同时还支持对原始数据进行归一化处理、时空融合处理，处理结果分别存储在归一化影像库和时空融合库。时空数据引擎提供了对归一化处理和融合处理后的数据的多维分析功能，即针对数据访问统计、时间分布、尺度分布、使用偏好等进行分析。

1. GDAL 访问引擎

GDAL 是在 X/MIT（Massachusetts Institute of Technology）软件许可协议下的开源栅格空间数据转换库，利用抽象数据模型表达绝大多数栅格数据文件的读写操作。GDAL 具有开源、跨平台、易扩展、功能强大的特点。GDAL/OGR 是处理栅格空间数据的类库 GDAL 和处理矢量数据的库 OGR 的组合，是一套高效率的数据转换模型和类库，能够完成异构数据的集成与融合（覃江林等，2021）。

GDAL 支持对多种栅格数据的访问，包括 Arc/Info ASCII Grid（asc）、GeoTiff（tiff）、Erdas Imagine Images（img）、ASCII DEM（dem）等格式。GDAL 使用抽象数据模型（Abstract Data Model）解析其所支持数据的格式，抽象数据模型包括数据集（Dataset）、坐标系统、仿射地理坐标转换（Affine Geo Transform）、地面控制点（GCP）、元数据（Metadata）、栅格波段（Raster Band）、颜色表（Color Table）、子数据集域（Subdatasets Domain）、图像结构域（Image_Structure Domain）、XML 域（XML: Domains）。

GDAL 的接口简洁，具有极强的可扩展性，其类框架主要由以下 4 个核心类组成（李林，2008）。

（1）GDALMajorObject 类：带有元数据的对象，是所有核心类的父类，定义了一些操作元数据的属性和方法供子类继承。

（2）GDALDataset 类：通常是从一个栅格文件中提取的相关联的栅格波段集合和这些波段的元数据；此外，也负责所有栅格波段的地理坐标转换（Georeferencing Transform）和坐标系定义。

（3）GDALDriver 类：文件格式驱动类，为每一个所支持的文件格式创建一个该类的实体来管理该文件格式。

（4）GDALDriver Manager 类：文件格式驱动管理类，用来管理 GDALDriver 类。

GDAL 提供了 C/C++ 接口，通过 SWIG（Simplified Wrapper and Interface Generator，简化的包装器和接口生成器）提供 Python、Java、C#等的调用接口。SWIG 是使用 C/C++编写能与其他各种高级编程语言进行嵌入连接的开发工具。当在 Python 中调用 GDAL 的 API 函数时，底层执行的是 C/C++编译的二进制文件。

1）栅格数据模型

GDAL 提供对多种栅格数据模型的支持，GDAL 栅格数据模型包含的信息类型有数据集、坐标系、仿射变换、GCP、元数据、栅格波段、颜色表、概览。其中，仿射变换和 GCP 用来描述栅格图像位置与地理坐标之间的关系。

A. 数据集

使用 Dataset 表示一个栅格数据，Dataset 包含栅格数据的波段和公共信息的集合，公共信息包括所有栅格图像波段的宽度以及相关的地理坐标系统等（李军，2000；宋江洪，2005）。在 GDAL 中每一张遥感影像都是一个 GDALDataset。

B. 坐标系

使用 OGC WKT（the Well-Known Text）格式表示空间坐标系统或者投影系统，OGC（Open Geospatial Consortium，开放地理空间信息联盟）定义了两种描述几何对象的格式，分别是 WKB（Well-Known Binary，众所周知的二进制）和 WKT（Well-Known Text，众所周知的文本）。

C. 仿射变换

仿射变换由 GDALDataset::GetGeoTransform()函数，通过以下计算公式将像素或坐标映射到地理参考空间，用以描述栅格图像位置与地理坐标之间的关系。其计算公式如下：

$$X_{\text{geo}} = \text{GT}(0) + X_{\text{pixel}} \cdot \text{GT}(1) + Y_{\text{line}} \cdot \text{GT}(2)$$
$$Y_{\text{geo}} = \text{GT}(3) + X_{\text{pixel}} \cdot \text{GT}(4) + Y_{\text{line}} \cdot \text{GT}(5)$$

对于正北上的图像，GT（2）和 GT（4）系数为 0，GT（1）为像素宽度，GT（5）为像素高度。[GT（0），GT（3）]为图像左上角点坐标（宋江洪，2005）。

D. GCP

GCP 将栅格上的位置点与地理参考坐标相关联，通过多个 GCP 重建图上坐标和地理坐标的关系。所有 GCP 共享一个地理坐标系统 [可由 GDALDataset::Get GCPProjection() 函数获得]。

E. 元数据

元数据存放一些辅助信息，用一些特定名字/值对的字符串方式存储，值的长度不定。元数据处理系统并未针对过大的元数据体设计，数据集中处理超过 100K 的元数据将导致处理性能下降。

F. 栅格图像波段

GDAL 中的栅格图像波段以 GDALRaster Band 类表示，代表了一个栅格图像波段/通道，也可以称为层。例如，24 位的 RGB 图像在一个数据集中有三个波段，分别表示红、绿和蓝。

G. 颜色表

颜色表（Color Table）通常是颜色调色板的一个值。通过颜色表，将像元值用颜色表中的颜色来进行表示，颜色表中的值从 0 开始递增。

H. 缩略图

栅格图像中可能有缩略图，也可能没有。缩略图的尺寸和原始图像尺寸不同，但是它们都表示同一地理区域。缩略图用于快速显示比原始图像更低分辨率的图像数据，其通过事先重采样生成并存储下来。

2）矢量数据模型

GDAL 的 OGR 矢量数据模型基于 OGC Simple Features 规范建立，该规范规定了常用的点线面空间要素及其作用在这些空间要素上的操作。

OGR 矢量数据模型中涉及的几个概念如下。

OGRGeometry 类：表示空间几何体，包含几何体定义、空间参考，以及作用在几何体之上的空间操作，也定义了 WKB、WKT 两种格式之间的相互转换操作；

OGRSpatialReference 类：表示空间参考信息，封装了投影和基准面的定义；

OGRFeature 类：表示空间要素，一个空间要素是一个空间要素及其属性的集合；

OGRLayer 类：表示一个图层，可以包含很多个空间要素（点、线、面）。

2. GeoTools 访问引擎

GeoTools 是基于 OGC 标准的开源 Java 类库，通过 GeoTools 可以构建地理时空数据管理共享与发布平台，实现相应时空数据的处理和分析功能（图 6-11）。PIE-Engine Server 使用 GeoTools 开发了一套地理时空数据服务的快速发布和管理平台，并对地理时空数据进行展示。GeoTools 按照功能划分模块，结构清晰，可以根据源代码进行功能定制，且不需要服务器即可实现地理时空数据的交互显示。

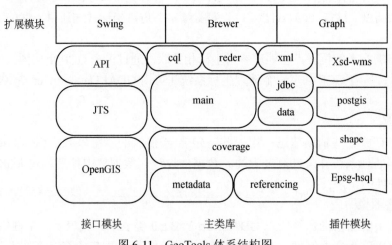

图 6-11　GeoTools 体系结构图

GeoTools 功能包含：①支持多种地理信息数据的访问，支持矢量、栅格数据的读取和显示；②支持多种地图投影转换；③支持电子地图的渲染；④具有强大的空间分析能力（王丽，2021）。

GeoTools 类库提供了大量的插件，按功能分为不同的组件模块，层次结构清晰。GeoTools 具有良好的灵活性和扩展性，使用者可根据需求自由组织功能模块或继承某些类拓展新模块。

GeoTools 整体上分为三大模块主类库、插件模块和扩展模块。

主类库定义了元数据、空间几何模型、空间参考、矢量数据、栅格数据、数据访问、数据渲染等功能的类实现及操作接口。

插件模块是主类库中接口的具体实现，主要包括不同格式的数据访问实现和不同标准的空间参考坐标实现，该模块的组件支持运行时动态集成。

扩展模块是在主类库的基础上针对具体应用开发的功能模块，如针对 shapefile 文件的渲染器、基于空间数据构建地图网络并求解两实体间最短路径等。

1）GeoTools 主类库

利用 GeoTools 可形成一个软件"堆栈"，堆栈是一种数据项按序排列的数据结构，每个 jar（一种软件包文件格式）都建立在堆栈之上。GeoTools 主类库是基于标准的模型/视图/控制器（MVC）模式设计并实现的，MVC 模式分解为业务逻辑、数据与代码部分，将遥感影像数据的统一标准与逻辑处理和渲染展示分开，从而使得主类库逻辑清晰、功能明确、具有良好的可扩展性（表 6-4）。

表 6-4　GeoTools 主类库模块列表

模块	描述
gt-render	Java2D 渲染引擎绘制地图的实现
gt-jdbc	访问空间数据库的工具
gt-main	访问空间数据的实现
gt-xml	常见空间 XML 格式的实现
gt-cql	过滤器通用查询语言的实现
gt-main	用于处理空间信息的接口。实现过滤器、要素等的相关操作
jts	几何的定义和实现
gt-coverage	访问栅格信息的实现
gt-referencing	坐标定位与变换的实现
gt-metadata	标识和描述的实现
gt-opengis	通用空间概念的接口定义

接下来对 GeoTools 主类库主要模块内容进行介绍。

渲染器模型（Render）：将空间数据和特定符号化模型利用一种显示设备如 Graphics2D 进行显示，是一种流式的渲染器，占用内存小，无缓存。

Java 拓扑套件（Java Topology Suite，JTS）：用于表示几何形状，为基于矢量表达的空间数据提供二维几何建模，使用坐标点及坐标点的集合来表达点、线、面、点集、线集和面集等几何对象。

数据访问和存储模型（Data、JDBC、XML）：定义了创建、访问和存储数据的方法，提供了不同数据源空间数据的访问方式，包括访问文件系统中矢量、栅格数据的接口，访问数据库中数据的接口，访问网络服务器的接口。使用 DataStore 接口存取矢量数据，使用 GridCoverageExchange 接口存取栅格数据。数据访问和存储模型中包含众多不同数据格式的数据访问和存储模型的实现，这些数据格式包括 GML 格式、shapefile 格式、GeoTiff 格式栅格图片、空间数据库、Web 地图服务器及 Web 要素服务器等。

　　数据显示组件：提供通过图像来表现地理要素内容的一种标准方式。该组件通过遵循一系列用于创建可视化地图的渲染规则，提供一种标准的方式来渲染要素数据，还提供了用于创建图像渲染的基础流程结构。

　　图层模型（Coverage）：构建了结构化的数值网络，实现栅格信息的访问。

　　空间参考模型（Referencing）：为地理空间定位和与空间相关的数据操作提供合适的空间参考系、坐标参考系间变换和投影的功能。

　　2）GeoTools 插件库

　　GeoTools 插件库主要包括不同数据格式访问的具体实现以及用来支持不同投影坐标系的欧洲石油调查组织（European Petroleum Survey Group，EPSG）坐标系统参数封装等（表 6-5）。

表 6-5　GeoTools 插件列表

模块	名称	描述
gt-jdbc	gt-jdbc-db2	DB2 数据库访问支持
	gt-jdbc-h2	H2 数据库访问支持
	gt-jdbc-mysql	MySQL 数据库访问支持
	gt-jdbc-oracle	Oracle 数据库访问支持
	gt-jdbc-postgis	PostgreSQL 数据库访问支持
	gt-jdbc-sqlserver	SQLServer 访问支持
	gt-jdbc-hana	SAP HANA
	gt-jdbc-terasdata	Teradata 数据仓库
gt-main	gt-shape	Shapefile 格式数据读/写支持
	gt-wfs	通过 WFS 服务获得矢量数据的读/写支持
gt-xml	gt-xml	对 XML 格式数据访问的支持
gt-coverage	gt-geotiff	GeoTIFF 栅格格式数据访问的支持
	gt-arcgrid	ArcGRID 弧格格式访问的支持
	gt-mif	MIF 文件格式访问的支持
	gt-image	JPG、PNG、TIFF 文件格式访问的支持
gt-referencing	epsg-access	访问 Access 数据库，处理 EPSG 数据
	epsg-hsql	访问符合官方标准的 EPSG 数据
	epsg-wkt	访问以 WKT 文件格式标识的 EPSG 数据
	epsg-postgresql	访问 PostgreSQL 数据库存放的 EPSG 数据

　　3）GeoTools 扩展模块

　　该模块是在主类库标准数据体系之上开发的应用示例 API，供开发者使用。GeoTools 的主类库可扩展性好，支持扩展插件，使 GeoTools 可不断添加扩展插件，支持新的数据源以及 EPSG 坐标系统。目前，扩展模块包括：①Web 地图服务（Web Map Service，WMS）扩展，提供了访问 WMS 服务的客户端开发 API；②MapPane 扩展，是一个 Swing 控件，实现了简单的地图显示功能；③graph 扩展，实现基于 Feature 建立抽象图和访问的方法（表 6-6）。

表 6-6　GeoTools 扩展模块列表

模块	描述
gt-graph	使用图和网络遍历
gt-validation	空间数据的质量保证
gt-wms	Web 地图服务器客户端
gt-xsd	常见 OGC 模式的解析/编码
gt-brewer	使用颜色 brewer 生成样式

3. OGC 数据访问协议

PIE-Engine Server 通过 Web Service 技术实现地理时空数据服务，通过采用 OGC 的服务规范，实现符合 Web 地图服务（Web Map Service，WMS）、Web 地图瓦片服务（Web Map Tile Service，WMTS）、Web 要素服务（Web Feature Service，WFS）规范的服务接口，将影像数据共享方法服务化，为用户提供在线遥感影像查询、浏览与下载服务。OGC 服务规范屏蔽了异构数据源访问及操作的复杂性，以 Web Service 的形式向用户提供了一个简单的访问接口，实现对空间数据的操作（李芳等，2009）。

1）WMS

A. WMS 服务规范

WMS 以标准图像格式（如 PNG、TIF 或 JPEG）创建和显示同时来自多个源的地图、影像等，可以是远程和异构的资源。WMS 提供从 WMS 服务器以图形格式呈现地图的机制。

WMS 中图层通常是数据库中的单个文件或表，具有相同类型的几何和非几何属性的多种地理要素（如点、线、面）。WMS 允许用户使用标准 Web 浏览器，通过 Web 上的公共接口访问 WMS 服务器。不同的应用程序可以通过 WMS 以不同的数据格式发布数据，WMS 允许用户将不同格式数据集成并可视化。

WMS 通过覆盖来自不同 URL 的两个或更多个映射来制作合成映射。来自不同 URL 的重叠的两个或多个映射称为级联层。WMS 通过更改受影响图层的级联属性来级联另一个 WMS 的内容，通过支持透明背景显示重叠的地图，且多层数据可以来自多个不同的独立的 Web 地图服务器。

B. WMS 服务接口

WMS 支持标准 HTTP 协议的 GET 和 POST 请求，其中 GET 请求表示从指定的资源请求数据，POST 请求表示向指定的资源提交要被处理的数据。根据用户请求返回相应的地图，以 PNG、GIF、JPEG 等栅格形式或者是 SVG 和 WEB CGM 等矢量形式进行显示。

WMS 提供了几种操作协议：Get Capabilities、Get Map 和 Get Feature Info。其中：Get Capabilities 允许 WMS 客户端指示 WMS 服务器公开其映射内容和处理功能，

并以一个 xml 文档形式返回服务级元数据。

Get Map 使 WMS 客户端指示多个 WMS 服务器独立地制作具有相同空间参考系统、大小、比例和像素的地图图层。WMS 客户端可以按指定的顺序和透明度显示图层叠加。Get Map 操作指定在地图上显示一个或多个图层和样式、地图范围的边界框、目标空间参考系统以及输出的宽度、高度和格式。

Get Feature Info 操作用于向 WMS 客户提供关于此前请求返回的地图图层中的要素信息。

2）WFS

A. WFS 服务规范

WFS 服务规范是用于描述空间几何要素（点，线和多边形）的数据操作规范，使用可扩展标记语言编写，并使用地理标识语言编码标准来表示要素（Zhang and Li，2005）。WFS 允许用户在分布式的环境下通过 HTTP 对地理要素（存储在空间数据库中）进行插入、更新、删除、检索等。

B. WFS 服务接口

WFS 服务接口包括 GetCapabilities、DescribeFeatureType、GetFeature。GetCapabilities 返回服务级元数据；DescribeFeatureType 返回空间几何要素的结构，以便客户端进行查询和其他操作；GetFeature 根据查询要求返回一个符合 GML 规范的数据文档（表 6-7）。

表 6-7　WFS 服务接口

操作名称	描述
GetCapabilites	生成描述服务器提供的 WFS 服务的元数据文档以及有效的 WFS 操作和参数
DescribeFeatureType	返回 WFS 服务支持的要素类型的描述
GetFeature	返回数据源中的一系列要素，包括几何和属性值
Transaction	通过创建、更新和删除来编辑现有要素类型
LockFeature	通过持久性要素锁定来阻止对要素的编辑操作

3）WMTS

A. WMTS 服务规范

WMTS 指 Web 地图瓦片服务，是 OGC 提出的缓存技术标准。WMTS 标准定义了一些操作，允许用户访问瓦片地图，是 OGC 首个支持 RESTful 访问的服务标准。RESTful 是一种网络应用程序的设计风格和开发方式，基于 HTTP 协议可以使用 XML 格式定义或 JSON 格式定义。

WMTS 提供了一种采用预定义图块方法发布数字地图服务的标准化解决方案，弥补了 WMS 不能提供分块地图显示的不足，在服务器端把地图切割为不同级别大小的瓦片（瓦片矩阵集合），对客户端预先提供这些预定义的瓦片，将更多的数据处理操作如叠加和切割等放在客户端，从而降低服务器端的载荷，改善用户体验。

WMTS 牺牲了提供定制地图的灵活性，通过提供静态数据（基础地图）来增强伸缩性，这些静态数据的范围和比例尺被限定在各个图块内。这些固定的图块集使得仅使

用一个简单、已有文件的 Web 服务器即可，也可以利用一些标准的诸如分布式缓存的
网络机制实现伸缩性。

B. WMTS 服务接口

WMTS 服务支持 RESTful 访问，其接口包括 GetCapabilities、GetTile 和 GetFeatureInfo
3 个操作，这些操作允许用户访问切片地图。

GetCapabilities 获取 WMTS 服务的元数据文档，里面包含服务的所有信息。

GetTile 获取地图瓦片。该操作根据客户端发出的请求参数在服务端进行检索，服
务器端返回地图瓦片图像。

GetFeatureInfo 通过在 WMTS 图层上指定一定的条件，返回指定的地图瓦片内容对
应的要素信息。

6.3.2　混合多态存储技术

混合多态存储是指结合数据特点，支持分布式文件存储数据库、半结构化数据库、
结构化存储数据库、关系型数据库、Hadoop 分布式存储、云文件系统等多种数据存储
方式，构建符合规范的数据集服务池，实现对数据的访问和管理。

PIE-Engine Server 平台通过统一的时空数据引擎，将不同来源不同形式的时空数据
进行处理，方便不同用户的使用。分布式存储方式通过冗余存储的方式保证数据的可靠
性，具备高吞吐率和高传输率的特点，分布式缓存技术能有效降低后台服务压力和加快
响应速度。分布式时空数据存储技术可实现对地理空间数据的统一管理，在统一时空数
据引擎下，在平台工作空间中建立全局的空间数据索引，利用局部查询改变原有全局查
询的方式，实现空间查询的优化；实现平台工作空间环境下的事务管理；对多个异构空
间数据库实现并发控制，对于新产生的地理空间数据可由平台工作空间统一管理，以方
便用户使用。

1. 空间数据库

空间数据库是以空间数据作为存储对象的专业数据库（远俊红和王小丽，2019），
空间数据库是由空间数据与对象关系数据库集成，可通过 SQL 语言操作的空间数据。

PostgreSQL 是一种开源的对象关系型数据库系统，支持 PostGIS 空间数据引擎和空
间数据模型理论（蔡佳作和欧尔格力，2016），为实现空间数据的分析、建模、空间信
息挖掘提供了新的技术路线及方法。PostGIS 是 PostgreSQL 的空间数据库的扩展组件，
是由 Refractions Research 公司开发的开源软件，该软件增强了空间数据库的存储管理能
力。PostGIS 能够完全支持 OpenGIS 规范，其在空间数据上的管理功能相当于 Oracle 的
Spatial 模块。

PIE-Engine Server 中 PostgreSQL 统一使用 pie-engine-server 作为主名称，用于保存
系统运行的状态数据和实际的矢量数据，为了支持两者同时处于一个数据库，数据库命
名上通过后缀区分。

pie-engine-server.system：存储所有的系统表，包含一些内置的数据。

pie-engine-server.data：存储后期导入的数据，表名具有一定规范，包含数据类型的简写，如矢量类型用"FTR"，记录类型用"TAB"等，也可以考虑包含租户标识。

　　1）矢量数据模型

PostgreSQL 对空间数据的存储、管理及服务支持均是通过 PostGIS 来实现的，其遵循 Open GIS 联盟（OGC）的规范，支持 OGC "Simple Features for SQL"规范（SFS 模型）中指定的所有对象和函数，也支持"SQL/MM"规范的几何对象。PostGIS 扩展了该规范，支持嵌入式空间参考 ID（SRID）信息（PostGIS 3.0.4dev Manual，2021 年）。PostGIS 支持 WKT 的 7 个基本空间数据类型：点（Point）、线（Linestring）、多边形（Polygon）、多点（Multi Point）、多线（Multi Linestring）、多边形（Multi Polygon）和几何集合（Geometry Collection）等（图 6-12），同时在此基础上扩展了对 3DZ、3DM、4D 坐标的支持。PostGIS 支持所有几何图形类型额外的维度，对于每个坐标，另外还能支持用于表示高度信息的"Z"维度以及用于添加额外附加信息的"M"维度（通常为时间、道路英里或距离信息）。

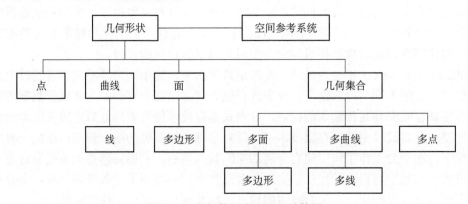

图 6-12　空间数据类型组织结构图

PostGIS 支持的大部分几何类型是基于笛卡儿坐标系的。2D 坐标空间中的 Point 由（X，Y）定义，3D 坐标空间中的 Point 由（X，Y，Z）定义，2DM 空间中的 Point（一般用 Point M 几何类型予以区分）由（X，Y，M）定义，3DM 空间中的 Point（一般用 Point MZ 几何类型予以区分）由（X，Y，Z，M）定义。

PostGIS 中几何对象的表达采用 EWKT（扩展 WKT）和 EWKB（扩展 WKB）格式，EWKT 和 EWKB 相比于 OGC WKT 和 WKB，扩展了 3DZ、3DM、4D 和内嵌空间参考模块。

PostGIS 中通过输出 ture/false 来对空间对象的位置关系加以判断，也存在能够处理空间数据的分析工具，如 Union、Sum 和 Average 函数等。

　　2）栅格数据模型

PostGIS 中通过一个新的数据类型来实现对较大栅格数据对象的存储，这种新的数据类型由包裹矩形框、SRID（空间引用标识符）、类型以及一个字节序列组成。一般将数据页值的大小控制在 32×32 像素以下，从而实现对数据的快捷与随机访问。在存储一般的图像时，则可以将图像切成 32×32 像素大小，然后再将它们存储到空间数据库中。利用 PostGIS 提供的函数可以进行栅格数据的创建，在空间数据库中创建栅格数据集以及栅格数据表。

使用可加载栅格数据的可执行文件 raster2pgsql 实现栅格数据的导入，它将 GDAL 所支持的栅格格式数据转化为适合 PostGIS 的 SQL 栅格数据表。

3）拓扑数据模型

PostGIS 中有许多函数用来管理空间数据的空间关系。例如，函数 ST_Area 能够返回多边形或多面的面积。对于"几何"型区域是以 SRID 为单位，而对于"地理"区域则是以平方米为单位。函数 ST_Max Distance 则用来显示二维投影后两个最大图形之间的距离。

PostGIS 中 topology 模型通过 TopoGeometry 封装，TopoGeometry 函数实际上可看作要素表（FeatureTable）的一个列。点、线、面要素的坐标数据并没在 TopoGemetry 中，而是被存于关系表-拓扑表（Topology Table）中。TopoGeometry 的对象通过拓扑图层、要素表与拓扑表之间的关联信息表建立。

2. 面向对象 Ceph 分布式云存储

在有效提高遥感数据的快速共享、处理、分析与显示效率方面，影像切片技术显得尤为重要，如何对海量遥感影像瓦片进行高效组织、存储和管理是提供高性能服务的关键所在。传统的基于数据库和文件系统的遥感影像瓦片存储系统的存储性能差，且难以扩展和维护，无法满足海量遥感影像瓦片的存储。

Ceph 是基于无中心化架构思想的分布式存储系统，能够无限扩容，是海量遥感影像瓦片存储的最佳选择。Ceph 可以提供多种存储方式，包括对象存储（所有数据都被认为是一个对象）、块存储（是一种有序的字节序块存储）以及文件存储。Ceph 的无中心化指的是没有中心结构，没有理论上限，可以无限扩展，这是与 Hadoop 分布式文件系统（Hadoop Distributed File System，HDFS）最主要的区别。Ceph 不单是存储，同时还充分利用了存储节点的计算能力，在存储每一个数据时，都会计算出该数据存储的位置，尽量将数据分布均衡。采用 HASH（哈希算法）、CRUSH（Controlled Replication Under Scalable Hashing，一种基于哈希的数据分布算法）等，使 Ceph 不存在传统的单点故障，随着数据存储规模的扩大，其性能并不会受到影响。

1）Ceph 的主要架构

Ceph 的底层是 RADOS（Reliable Autonomic Distributed Object Store，可靠的自修复分布式对象存储）系统。Librados 对 RADOS 的原生接口进行封装并向上层提供应用接口，允许应用程序通过访问该库实现与 RADOS 系统的交互，访问该库支持多种编程语言，如 C、C++、Python 等。基于 Librados 库开发的三种接口，分别是 radosgw、librbd 和 MDS（图 6-13）。

radosgw 是基于 RESTFUL 协议的网关，支持对象存储，兼容亚马逊对象存储服务 S3（Simple Storage Service，简单存储服务）和 Swift 对象存储服务。librbd 提供分布式的块存储设备接口，支持块存储。MDS 提供兼容 POSIX 的文件系统，支持文件存储。

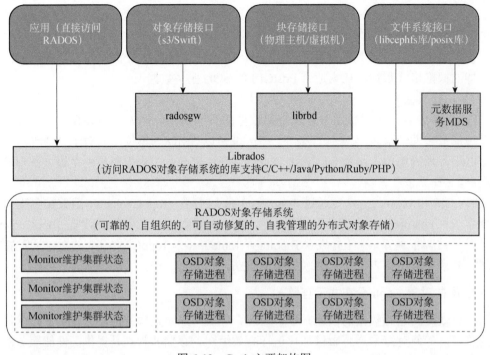

图 6-13　Ceph 主要架构图

A. RADOS

RADOS 是整个 Ceph 存储系统的核心，具有可靠、智能、分布式等特性。RADOS 系统由两部分组成：对象存储设备（Object Storage Device，OSD）和集群状态管理者（Monitor）。OSD 的主要功能是存储数据、复制数据、平衡数据、恢复数据，以及与其他 OSD 间进行心跳检查等。Monitor 负责监控整个集群、维护集群的健康状态、维护展示集群状态的各种图表。

Ceph 的核心功能基本由 RADOS 提供。Ceph 集群支持 RBD（RADOS Block Device，RADOS 块设备）、Ceph FS（Ceph File System，Ceph 文件系统）、RADOSGW（对象存储的一种实现方式）和 Librados（Ceph 存储集群提供的基本存储服务）等多种数据访问方式。RADOS 通常会与 Ceph 客户端进行网络交互，实现数据的读写。

B. Ceph 寻址过程

采用 CRUSH 算法实现数据的寻址，快速找到相应的 OSD 对象存储进程，提高数据查询效率。CRUSH 算法是一种高度扩展的伪随机的数据分布算法，能够准确地计算出数据的实际存储位置，消除管理和存储大量元数据造成主节点服务器出现性能瓶颈的问题。CRUSH 的存储机制是仅在数据读写时才会进行元数据计算（被称为 CRUSH 查找），从而节省了大量的磁盘空间和计算资源。Ceph 的寻址过程如下：

当用户要将数据存储到 Ceph 集群时，数据先被分割成多个对象，每个对象有一个 ID，大小可设置，对象是 Ceph 进行存储的最小存储单元。

由于对象的数量很多，为了有效减少对象到 OSD 的索引表、降低元数据的复杂度，使得写入和读取更加灵活，引入了 PG（Placement Group，放置策略组）。PG 用来管理对象，每个对象通过 Hash 映射到某个 PG 中，一个 PG 可以包含多个对象。PG 再通过 CRUSH 计算映射到 OSD 中。

2）Ceph 的功能模块

Ceph 功能模块包括：客户端（Client）、元数据服务器（MDS）、监视器（MON）集群、对象存储设备（OSD）集群，见图 6-14。

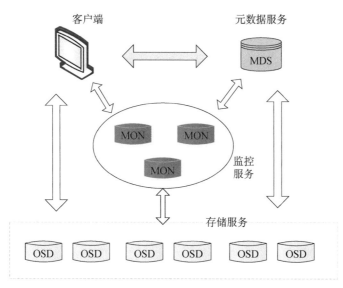

图 6-14　Ceph 功能模块图

A. 客户端

Ceph 客户端提供了很多访问接口，包括 RADOS 提供的 Librados、基于 Librados 封装的块设备接口以及文件系统接口等，其负责存储协议的接入和节点负载均衡，是访问 Ceph 存储集群的重要组件。

B. MDS

MDS 集群用来管理存储数据的文件目录结构，提供元数据服务，Ceph MDS 的功能由 MDS 守护程序来完成，允许客户端加载遵循 POSIX（Portable Operating System Interface Standard，可移植操作系统接口标准）的任何大小的文件系统。MDS 主要用来提供 Ceph 分布式文件系统的高速缓存，减少数据的读写操作。如果 MDS 守护程序崩溃，可以在任何具有集群访问权限的服务器上重新启动 MDS。元数据服务器的守护程序允许配置为主动和被动，主 MDS 服务器通常为激活状态，其他 MDS 为待机状态。如果主 MDS 服务器发生故障，则会从其他 MDS 中选择一个变为激活状态。为了更快地恢复，可以指定一个 MDS 节点作为主 MDS 的备用节点，其内存中保留着与主 MDS 相同的数据。

C. MON

MON 集群对整个集群的运行状态进行监控，维护整个系统的集群映射图并提供认证和日志记录服务，如 OSD Map、Monitor Map、PG Map 和 CRUSH Map。集群映射图是监视器最重要的部分，包括监视器映射图、对象存储设备映射图、放置组映射图、CRUSH 规则映射图以及元数据服务器映射图。Ceph 监视器不会存储和保留数据给客户端，而是对集群映射图进行更新。客户端和其他集群节点将定期检查最新的集群映射图。监视器节点必须具有足够的磁盘空间来存储集群日志，包括对象存储设备日志、元数据服务器日志以及监视器日志。

D. OSD

OSD 集群用来存储所有的数据，同时具有副本数据处理以及平衡数据分布的功能。Ceph 集群中包括多个 OSD，对于任何数据读写操作，客户端首先向监视器节点请求整个集群的映射图信息，通过映射图信息获取数据的实际存储位置，之后客户端就可以直接和相应的 OSD 进行 I/O 操作，不会受到监视器节点的干预，减少了不必要的网络开销，从而使得数据的读写过程变得更快。

Ceph 的核心功能包括数据的可靠性、数据的重新平衡，故障恢复以及数据的一致性均由 OSD 来完成。Ceph 根据配置的复制集大小，通过在集群 OSD 节点之间多次复制对象来提高数据的可靠性，整个 Ceph 集群具有较高的可用性和容错能力。

3. HDFS

HDFS 是适合运行在通用硬件（Commodity Hardware）上的分布式文件系统，是基于流数据模式访问和处理超大文件的需求而开发的。HDFS 是整个 Hadoop 数据存储管理的基础，具有较好的扩展性、可靠性、维护性以及伸缩性，为海量数据的存储提供了基础，为超大数据集（Large Data Set）的处理带来了便利。HDFS 采用主从架构设计模式（Shvachko et al., 2010），主节点是 Name Node 节点，负责管理维护 HDFS 所有数据的元数据信息以及客户端的读写请求，存在单点故障且不可无限扩展；从节点包括多个 Data Node 节点，负责数据的存储与备份，可以无限扩容。

1）HDFS 的架构

HDFS 属于传统 Master/Slave 架构设计，拥有一个元数据节点和多个数据存储节点（图 6-15）。元数据节点上不保存实际数据，数据均存放在数据存储节点中。元数据节点作为主节点，管理着 HDFS 集群中所有节点服务器数据存储节点。当客户端请求访问数据时，需要先访问元数据节点，找出所需数据文件的所有文件块存放的数据存储节点，再到对应的数据存储节点去访问数据。

HDFS 客户端：从元数据节点获取文件的位置信息，再从数据存储节点读取或者写入数据。此外，客户端在数据存储时，负责文件的分割。

元数据节点：管理名称空间、数据块（Block）映射信息，配置副本策略，处理客户端读写请求，元数据节点可以看作是 HDFS 的管理者，主要负责管理文件系统的命名空间、集群配置信息和存储块的复制等。元数据节点会将文件系统的元数据存储在内存中，这些元数据信息主要包括文件信息、每个文件对应的文件块信息和每个文件块的数据存储节点信息等。元数据节点通过心跳感知数据存储节点的状态，通过负载均衡机制使集群内数据均衡存储。

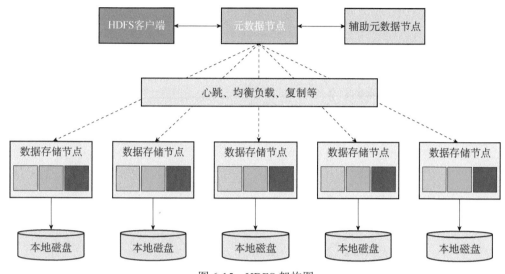

图 6-15　HDFS 架构图

数据存储节点：文件存储的基本单元存储在本地文件系统中，保存了 Block 的元数据，同时周期性地将所有存在的 Block 信息发送给元数据节点。其负责执行实际的读写操作、存储实际的数据块，同一个数据块会被存储在多个数据存储节点上。

辅助元数据节点：定期合并元数据，并将元数据推送给元数据节点，用于帮助元数据节点管理元数据。紧急情况下，其可辅助恢复元数据节点。

2）遥感影像 HDFS 四叉树构建算法

利用四叉树文件存储策略显示影像图片时，不需要频繁地更改四叉树数据结构，不涉及并发读写操作，其对于单个文件的数据访问来说，效率较高，可用性较强。但是作为遥感数据的存储方式，这种存储方式存在一定的不足。首先，由于对遥感数据的应用不仅是图片展示，更多的是在获取数据后用于数据分割处理与图像反演、特征识别，这个过程会产生大量的中间数据，对整个文件系统有大量的并发操作，产生的中间数据以文件夹形式的存储方式不能满足要求。其次，遥感数据是一种复杂的数据，不能简单地使用等分的策略进行分割，等分分割将会降低一部分遥感数据的分辨率精度，分割的程度越深，精度越低。利用改进的 HDFS 四叉树分割进行遥感影像数据分布式存储，能够提高数据的访问速度（图 6-16）。

遥感影像 HDFS 四叉树构建如下：首先将影像数据通过客户端导入，对数据进行 HDFS 四叉树分割之后，最终形成的数据块一定是小于一个 Block 块大小，将超过一个 Block 块大小的数据进行分割，分割为接近一个 Block 大小后，对这个数据进行存储，其业务流程如图 6-16 所示。

3）MapReduce 快速构建算法

HDFS 是 Hadoop 分布式计算框架的一部分，利用 Hadoop 提供的 MapReduce 框架对数据进行快速构建。MapReduce 把对数据集的大规模操作分发给网络上的每个节点，每个节点会周期性地把完成的工作和状态的更新报告返回（康俊峰，2011）。如果一个节点保持沉默超过一个预设的时间间隔，主节点（类同 HDFS NameNode）记录该节点状

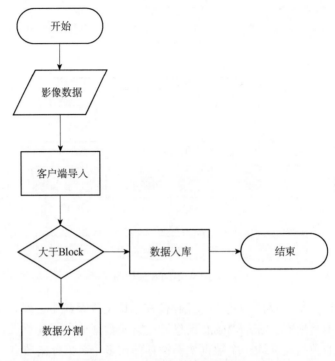

图 6-16　HDFS 存储分割流程图

态为死亡，并把分配给这个节点的数据发到别的节点。每个操作使用命名文件的原始文件进行操作，以确保不会发生并行线程间的冲突。

对于海量的影像数据，按照某个特定标准（如按照行政区划）确定分组，将每一组抽取的数据映射到各个节点进行操作，将得到的结果通过 Reduce 进行合并，就可以获取到分组下一级的影像。反复操作后，就可以获得符合块大小的切片数据。然后在 Reduce 的过程中，合并所有这些下一级的影像分块并重新对编码求交集，得到下一级的影像文件集 a.dat，a 是对应的层级影像编码，最终将所有的切片数据写入各序列号的影像数据集 level.dat，level 对应相应的层级。

Map 函数用于对需要分层的数据集进行抽样，Reduce 函数对处理完成之后的影像块进行合并处理，表 6-8 描述了 MapReduce 算法中 Map 函数和 Reduce 函数的输入输出，Map 函数计算影像数据块对应的上层金字塔的行列号，然后生成键值对；Reduce 函数对分布到多个节点的 Map 函数运算结果进行合并。最终，Map 函数和 Reduce 函数的输出格式为由 Hadoop 自身提供并支持的序列化文件输出格式 SequenceFileOutputFormat。逻辑流程图如图 6-17 所示。

表 6-8　MapReduce 函数的输入和输出

函数	输入	输出	文件输出格式
MAP	$(a,a.\mathrm{dat})$	$(a+1,a.\mathrm{dat})$	SequenceFileOutputFormat
Reduce	$[a+1,\mathrm{list}(a.\mathrm{dat})]$	$[a+1,a+1.\mathrm{dat}]$	SequenceFileOutputFormat

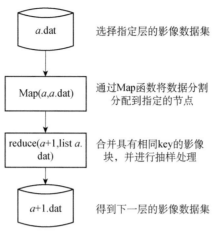

图 6-17　四叉树构建 MapReduce 算法

4）HBase 列式存储

HBase 建立在 HDFS 之上，是一种分布式、高可靠性、高性能、可扩展、支持海量数据存储的 NoSQL 数据库。通过 HBase 列式存储，能够将类似的数据存储在一起，压缩率更高，检索效率更好，从而有效管理海量数据。HBase 中表的数据非常庞大，可达 PB 级，如果用传统串行程序处理 HBase 表中的数据，只能利用单机资源，会极大地降低处理 HBase 表数据的效率（卜梓令和吕明，2020）；利用 MapReduce 的分布式思想程序来处理 HBase 表中的海量数据时，可利用集群资源，快速批量完成数据的处理。

Hbase 基于列划分数据的物理存储，在设计列时可以将查询相关性比较高的数据归为同一个列，将不同时间拍的遥感影像数据存放在同一个列，保证同一区域不同时间的遥感影像数据在物理存储上也是相邻的，这样有助于在未来制定相应的缓存策略，并且能够方便地对不同时间的数据进行对比。对于 HDFS 而言，区域相关性较低的数据存储在不同的列还能够有效地节省单一节点的 IO 带宽，从而提高数据的传输能力。

6.4　多源数据在线地图服务与发布技术

6.4.1　在线地图服务

1. 概述

在线地图服务整合了网络搜索引擎和地图的优势，使人们摆脱了纸质地图时间和空间上的局限（杨述伟，2017），通过自动搜索、人工查询、在线交流的方式为用户提供方便、快捷、准确的地图及出行交通指引服务。在线地图可以展示各种地理要素及环境，并提供位置服务。丰富的数据类型、复杂的数据结构以及海量的数据内容是影响在线地图服务速度的主要因素。

在线地图服务采用用户层、服务层和数据层的多层结构搭建，可以看作是 B/S 架构的 Web GIS 平台。用户层形式包括浏览器、移动终端，实现地图加载、地图浏览和查询功能，负责把请求返回的结果展现给用户（彭璇和吴肖，2010）；服务层主要通过 Web GIS 服务器处理用户请求的各种地理服务，并提供与数据层的交互功能，Web GIS 服务器的核心是在 GIS 中嵌入 HTTP 标准的应用体系，实现 Internet 环境下地图服务的管理和发布；数据层由数据服务器负责存取各类空间和属性数据，由栅格数据、矢量数据及各类专题数据（如路网数据库等）组成，为地图服务提供数据支持（程钢等，2013），在线地图服务的基本架构如图 6-18 所示。

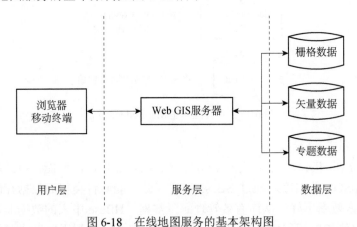

图 6-18　在线地图服务的基本架构图

2. 地图服务协议

服务可以通过接口来访问，服务请求者通过触发其行为来获得响应的结果。地图服务协议是通过网络给用户提供地图信息的数据服务方式。通常地图服务协议包括：OGC 地图服务协议、Mapbox MVT（Mapbox Vector Tile Specification，Mapbox 矢量瓦片规范）数据标准等。

1）OGC 地图服务协议

OGC 地图服务协议包括 WMS、WFS、WCS、WMTS、WPS 等，目前用得比较多的标准是 WMS、WFS 和 WMTS。

2）Mapbox MVT 数据标准

Mapbox MVT 是基于 Protobuf（Google Protocol Buffers）制定的开源矢量瓦片数据标准，是目前较为通用的矢量瓦片数据标准。Protobuf 是用来序列化结构化数据的技术，支持多种语言，如 C++、Java 以及 Python 语言，该技术可以用来持久化数据或者序列化数据用于网络传输。基于 Mapbox 技术搭建矢量瓦片服务框架，在数据请求及传输方面可以减少网络传输量，显著提高网络地图的响应速度，客户端能够更快、更灵活地渲染地图显示效果（陈举平和丁建勋，2017）。

Mapbox MVT 矢量瓦片默认的坐标系为 WGS-84，投影方式为球面墨卡托（Mercator），瓦片编号采用 Google 瓦片方案，这些均与 Google 栅格瓦片一致。Mapbox MVT 矢量瓦片采用 Protobuf 进行编码，相比 Geo JSON（Geo JavaScript Object Notation，JavaScript 地理对象符号）格式的矢量瓦片文件体积更小、解析速度更快。Geo JSON 格式的矢量瓦片文件一般采用原始经纬度坐标记录要素几何信息。Mapbox

MVT 矢量瓦片编码为 PBF（Google Protobufs），可用于序列化结构化数据。PBF 格式的矢量瓦片存储几何信息所用坐标系，以瓦片左上角为原点，X 方向向右为正，Y 方向向下为正，坐标值以格网数为单位。单个 PBF 矢量瓦片默认的格网数为 4096 ×4096，即使 4K 的高清屏上只显示一张矢量瓦片也不会出现类似于栅格瓦片的锯齿效果。PBF 格式的矢量瓦片属性信息通过一组 tag 标签用整型对关键字段值进行存储，对于数量比较大的文件，可以实现减少冗余存储的目的。在存储大量重复字段名称和属性值的要素信息时，PBF 格式能够避免产生重复信息。

6.4.2　在线发布技术

数据发布模块可对矢量、影像、三维数据进行发布服务，提供两种数据发布方式：缓存构建发布技术和动态实时发布技术。缓存构建发布是将入库的数据对象制作成瓦片数据并发布，持按 OGC 协议、MVT 协议发布切片数据，并对切片任务进行监控，最终以瓦片服务的方式对外提供数据服务，具体包括矢量瓦片制作与发布、栅格瓦片制作与发布、DEM 瓦片制作与发布。动态实时发布是将入库的数据对象直接发布，包括矢量动态实时发布和栅格动态实时发布。

1. 缓存构建发布技术

缓存构建发布技术是通过将地理空间数据（矢量、栅格、DEM 等）进行逐层级的切瓦片，形成瓦片文件并存储于数据库中，可以理解为一种数据缓存以某种协议发布出来，供外部使用。其在 PIE-Engine Server 中的体现是，在应用页面下发布数据，创建数据服务，然后选择目录下的某个数据，选择协议和切片方案进行发布。

地图缓存技术是指服务器依照指定的缩放级数，将数据库中的地图数据转换成不同级别的静态图片并存储在服务器中。客户端从地图缓存中获取静态的地图切片来代替服务器动态渲染生成地图图片的服务，有效提高地图瓦片数据的读取效率。地图缓存技术采用的是服务器端缓存方式，在地图服务中，为了体现地理场景的细节层次，不同的缩放级别需要对应不同分辨率的地图。切片地图缓存的组织和管理直接影响着地图服务的效率。

1）矢量瓦片制作与发布

A. 矢量瓦片数据组织

矢量瓦片数据由 Tippecanoe 生成，Tippecanoe 是 Mapbox 官方提供的一个开源矢量切片工具。Mapbox 矢量瓦片数据采用分包组织的方法进行数据组织，矢量数据分包有助于数据管理，通过建立相应的地图数据索引，提高了数据实时渲染速度，减小了无效数据的传输，解决了矢量数据的多尺度、大存储、多形态等问题。

矢量瓦片数据组织方式是通过将矢量数据的几何信息和属性信息分割成一组矢量瓦片存储在服务器端，利用协议缓存技术传递信息。根据数据精度及渲染要求，需要将数据分级划分组织，合理设置分级数据组织包。低级别数据适当地进行简化处理，矢量数据渲染过程数据由中低级别至高级别过渡时会逐级增加中间矢量要素，直至显示所需的全部要素为止。

　　B. 矢量瓦片数据存储与发布

　　传统基于文件系统的切片存储导致碎片化严重，影响 I/O 性能，同时数据可迁移性差，备份、迁移或恢复耗时长。Mapbox 公司定制了一种公开的切片管理和存储规范——MBTiles 切片存储规范。MBTiles 规定将生成的海量切片数据存储在一个 SQLite 数据库中，形成一个 MBTiles 文件，在单个 SQLite 数据文件中存储百万级数量的切片，实现存储空间的集约化。由于 SQLite 具有迁移简单、免安装的特性，Mapbox IOS SDK 等能够直接利用 MBTiles 来存储数据，并实现离线应用。目前，MBTiles 最常用的使用场景是切片数据的导入、导出和移动端离线使用，Mbtiles 格式的切片文件通过 PIE-Engine Server 客户端进行矢量瓦片切片发布。

　　C. 地图渲染

　　Mapbox 提供的交互式地图服务库 Mapbox GL JS（Mapbox Graphics Library Java Script）对地图空间数据和属性数据进行增加、删除和修改，浏览器响应用户操作，实时更改地图样式。Mapbox GL JS 是一个 Java Script 库，实现前端渲染，使用 WebGL（Web Graphics Library）渲染交互式矢量瓦片地图和栅格瓦片地图。WebGL 是一种可在任何兼容的 Web 浏览器中渲染高性能交互式 3D 和 2D 图形的 Web 图像库，无须使用插件，能够解析各种来源的矢量数据，在客户端实时渲染几何图形、文字标注、图示符号、3D 场景地图。

　　2）栅格瓦片制作与发布

　　栅格包括数字航空照片、卫星影像、数字图片甚至是扫描的地图。这里以卫星影像为例，介绍基于最高层级的影像切片算法。

　　A. 影像切片算法

　　影像切片算法是按照一定的数学规则，把连续比例的影像划分为多级离散比例，并将每个比例的影像切分成具有一定规格的图片矩阵保存到服务器，建立影像切片名称与坐标的映射关系。当客户端请求地图服务时，服务器直接返回当前请求坐标区域对应的影像切片，而非动态的生产影像，从而降低服务器的负担，提升影像浏览速度。常见的影像切片算法有基于 Hadoop 的影像地图切片算法（陈超，2015）、基于 MapReduce 的分布式切片算法（陈超，2015）、基于信息传递接口的地图切片并行算法（杨轶，2014）、基于 GDAL 开源库对地图模板文件进行切片的方法（葛亮等，2014），成熟的商业 GIS 软件都有其各自的切片机制，如 GoogleMap、SuperMap、天地图、ArcGIS Server 等。

　　以兼容 GoogleMap 的影像切片算法为例，瓦片大小 256×256 像素，0 级是 1 个瓦片，包含世界全图，下一级根据缩放级别翻倍，变成 2×2 网格，包含 4 个瓦片，再下一级是 4×4 网格，包含 16 个瓦片，依次类推，计算给定缩放级别 z 下的瓦片数量为 4^z，直到 22 级，它们构成整个瓦片金字塔，缩放级别越大，分辨率越高，细节表达越清楚（刘世永等，2015），这种称为四叉树结构，这种四叉树结构模型是 PIE-Engine Server 影像切片算法的基础。

　　B. 基于最高层级的影像切片算法

　　最高层级指基于四叉树结构从 0 级开始分级，一直到分辨率最高级别的层级。基于最高层级的影像切片算法在 GDAL 瓦片生成技术的基础上，实现了最高层级多机分布式切片，并将瓦片保存在分布式文件存储数据库中，极大地提高了影像数据的切片效率和瓦片访问性能。

传统的影像切片，每一层级都是从原始 tif 影像读取数据，IO 消耗比较大，特别是在低层级切片时，重采样时间长。栅格瓦片制作与发布采用基于最高层级的切片算法，以最高层级切片为基础，向上合并生成上一层级的瓦片，依次类推，如图 6-19 所示，具体步骤描述如下：

（1）以最高层级（该层级可根据影像分辨率计算）瓦片为基础，或者根据应用需要设定，但最大不应超过影像分辨率的限制，对最高层级所有瓦片进行切割；

（2）将最高层级瓦片保存到文件存储数据库中，以（tile_key，tile_value）的方式存储，tile_key 由瓦片层级 z 和行列号 x、y 组成，tile_value 是瓦片的二进制流；

（3）按照图 6-19，将最高层级每 4 个子节点瓦片合并成上一层级的一个瓦片；

（4）将上一层级每 4 个子节点瓦片合并成更上一层级的一个瓦片，依次类推，直至合并出最上层级瓦片。

其中，根瓦片是影像分割单元，构成多机并行切片方案中的任务分割单元。

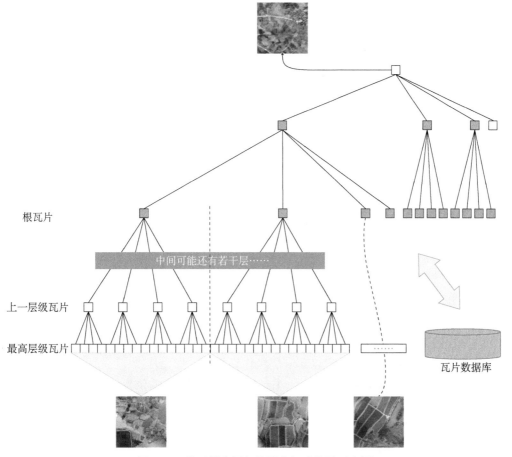

图 6-19　基于最高层级的影像切片算法示意图

C. 多机并行切片方案

多机并行切片方案是采用多台计算机按照任务单元划分，分别对影像不同空间范围的数据块进行切片，最后由主节点合成根瓦片以上层级的瓦片，完成整个切片过程。具体流程如图 6-20 所示。

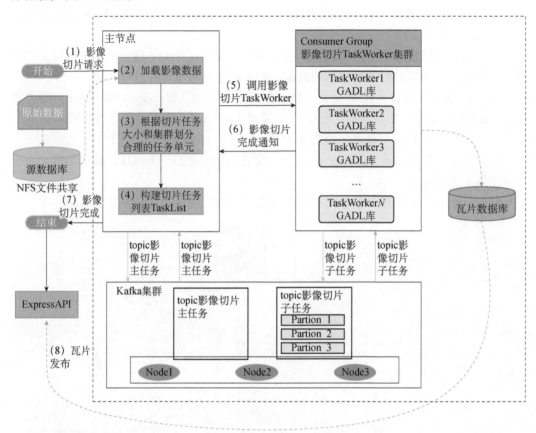

图 6-20　多机并行切片流程

（1）主节点接收影像切片请求，解析请求参数，构建切片主任务，通过 Kafka[①]进行缓存；

（2）主切片程序加载影像数据，读取影像坐标系、投影、范围、位深、波段等信息；

（3）根据影像数据范围、切片等级、影像切片集群大小等参数，按照四叉树算法划分出合理的切片任务单元，确定以哪一层级作为切片的根瓦片；

（4）构建切片任务列表 TaskList，TaskList 中包含影像的位置、空间范围、目标坐标系和投影、切片等级、拉伸算法、输出格式等信息；

（5）将 TaskList 通过 Kafka 分发到影像切片 TaskWorker 集群；

---

① Kafka 是由 Apache 软件基金会开发的一个开源流处理平台。

（6）TaskWorker 通过调用 GDAL 库，采用基于最高层级的瓦片切割算法，执行该任务单元的切片任务，该过程是单机多线程，生成的瓦片实时存储到 MongoDB（分布式文件存储数据库）中，每一个瓦片均建立统一的索引 ID，切片完成后进入主节点；

（7）全部切片 Task 完成后，由主节点完成根瓦片以上层级瓦片的合成，最终完成影像切片；

（8）由发布服务调用瓦片数据，对外提供 WMTS 服务。

3）DEM 瓦片制作与发布

DEM 瓦片制作与发布是将数据按照行列进行分块分层，并且每一层具有不同的分辨率，将数据建立索引（陈静和许嘉岸墨，2011），便于后续数据的加载。DEM 瓦片通过以下步骤完成制作与发布。

A. DEM 数据切片

TIFF 数据借助 GDAL 函数库构建 DEM 高程数据金字塔模型，OGC 提出的 WMTS 服务将高程数据分成不同分辨率、不同层级的切片，缓存在服务器端。在进行地图加载时，根据视口的范围及当前所在级别，分别请求相应的地图切片。WMTS 服务支持 Http 键值对（Key-Value Pair，KVP）、简单对象访问协议（Simple Object Access Protocol，SOAP）和一种网络应用程序的设计风格和开发方式（Representational State Transfer，REST）三种风格的协议，利用 GetCapabilities 接口获取服务级元数据；然后，客户端根据元数据中的信息，通过调用一次或者多次 GetTile 接口获取所需的瓦片数据，组合成地图影像。DEM 数据进行纹理映射时要做相应的墨卡托投影坐标转换工作。

B. 四叉树瓦片文件索引

针对 DEM 数据进行金字塔模型构建之后，DEM 影像由许多小的切片文件组成，如何快速找到对应位置的切片至关重要，按照四叉树数据结构对切片文件进行存储，采用四叉树空间索引技术实现地理位置到文件位置的快速索引。

C. 发布

事先在服务端对数据进行切片缓存，借助 OGC 服务标准中的 WMTS 服务通过 PIE-Engine Server 客户端进行 DEM 切片发布。

2. 动态实时发布技术

基于缓存构建发布技术采用的是静态切片方案，其适用于处理很久不变的底图数据，也就是切一次能用很久的数据。如果底图数据频繁变化，这种静态数据切片工具满足不了要求，则需要采用动态实时发布技术。动态实时发布技术是指无须切片，在屏幕范围内动态按块读取数据，直接渲染。动态实时发布支持矢量动态实时发布和栅格动态实时发布。

1）矢量动态实时发布

空间数据一般存储在空间数据库中，传统工具会先从数据库中提取数据，当数据很大时，网络开销和服务器端内存占用都很大，查询计算慢。PostGIS 在数据库中把数据转换处理完，将处理结果传给后台转前台，这样便于使用数据库的索引、并行计算等，从而优化查询和处理速度。

矢量数据采用 PostgreSQL 结合 PostGIS 数据库存储，使用 GDAL 提供的 ogr2ogr 工具将 shp 文件导入 PostgreSQL 数据库中，几何特征和属性字段保存在一张表中，一个 shp 文件对应一张数据库表。当一次性同时查询几何对象和属性信息时，可以避免关联查询或多次查询。

矢量切片直接采用基于 *XYZ* 的地图切片技术进行数据切片，服务端进行数据切片，然后在客户端结合 WebGL 技术进行地图数据的渲染。每当有数据请求时，数据库会动态查询指定范围内的数据，裁剪并输出 pbf 格式的二进制数据，在数据变化频繁的场景下，可以保证用户看到的是最新数据。

矢量数据发布支持标准 OGC 协议中的 WFS、WMS、WMTS。

2）栅格动态实时发布

目前，卫星影像发布技术多数以预切片方式为主，预先按照设定好的显示效果，生成瓦片数据并保存。这种方法切片需要消耗大量时间，切片完成后，无法再调整显示效果，瓦片数据对硬盘占用大。对于庞大的数据，若使用预切片的方式发布服务，则不利于数据的归档保存和转移。

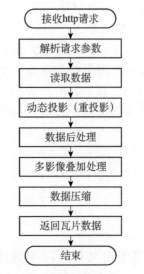

图 6-21　卫星影像无切片快速
发布流程图

基于卫星影像无切片快速发布的方法，遥感影像不切片，直接发布为 WMS 和 WMTS 服务，该方法可以动态调整空间参考、拉伸方式、波段组合，支持多张影像的叠加镶嵌显示，提升遥感影像的发布效率。通过 HTTP 接口 GET 和 POST 请求方法，设置空间参考和拉伸方式，实时返回转换处理好后的瓦片数据。

卫星影像无切片快速发布流程如图 6-21 所示：①接受前端浏览器 http 服务请求；②根据请求的 url 参数信息，计算对应的影像像素范围以及要生成的瓦片索引；③使用 GDAL 库对数据进行读取，按照波段组合参数，只读取需要的波段数据，并进行重投影；④数据后处理，即对影像进行拉伸、无效值剔除等处理，生成中间数据；⑤多张卫星影像进行叠加处理，无效值透明处理；⑥中间数据进行压缩，并作为结果返回给浏览器。

6.5　PIE-Engine Server 介绍

6.5.1　设计思想

1. 系统总体框架

PIE-Engine Server 时空数据服务平台采用组件化设计思路，提供可持续加载和维护业务的功能模块，能够持续完善和不断扩展系统功能。系统主要采用 B/S 结构，遵循通用 Web 浏览器规范，采用虚拟化技术，将桌面版软件"搬迁"至平台，使其能在浏览器中得以访问。针对不同类型数据，采用 XML（Extensible Markup Language 1.0）作为统一的数据接口封装格式；通过使用中间件技术封装系统所涉及的业务；服务接口采用 Web Service 技术。平台面向多载荷遥感影像数据、矢量数据、专题产品数据、地形、三维模型、多媒体、文件等多源异构数据，提供瓦片制作、瓦片发布、在线配图和运行监控等在线数据服务；同时提供容器化服务组件和标准化服务接口，用户可以构建自己的数据发布平台、调用服务和定制开发。系统架构包含云支撑平台、数据存储层、服务支撑层、系统层和用户层（图 6-22）。

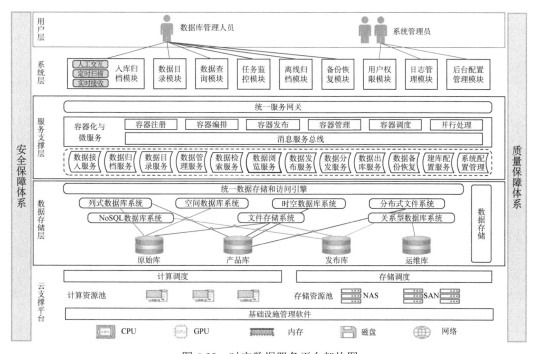

图 6-22　时空数据服务平台架构图

1）云支撑平台

云支撑平台为平台提供各类软硬件的云基础设施支撑。硬件支撑平台为数据采集、应用开发、系统运行提供计算机系统环境，包括计算机、存储设备、网络设备和安全系统。各类支撑软件主要包括底层支撑软件、中间件、专业软件等，其中，底层支撑软件为各应用系统提供开发、测试与运行的软件环境支撑，位于硬件基础平台之上，包括操作系统、数据库管理软件等。

2）数据存储层

数据存储层主要实现对各类影像、矢量数据、缓存数据、地图数据等数据的统一存储管理，为用户提供各类信息的集合。

3）服务支撑层

服务支撑层是将各软件中与业务逻辑无关的通用支撑服务分离出来，构成可以被不同系统进行调用的构件集、服务集，实现对服务的重用。服务包括数据接入服务、数据归档服务、数据目录服务、数据管理服务、数据检索服务、数据浏览服务、数据发布服务、数据出库服务、数据备份恢复、建库配置服务、系统配置管理等。

4）系统层

系统层是由组件层的组件进行汇集、整合，是产品生产和支撑的功能模块，包括入库归档模块、数据目录模块、数据查询模块、任务监控模块、离线归档模块、备份恢复模块、用户权限模块、日志管理模块和后台配置管理模块。

5）用户层

用户层是依据数据处理业务的需求，将各种功能通过统一的接口规范来提供最大的可扩展性，更好地适应不同的用户需求。

2. 系统技术架构

系统基于微服务架构设计思想，采用前后端分离开发模式，为前端提供统一的 API 网关入口。采用分层架构模式，抽离出服务模块，按照应用类型为服务分层，下层服务为上层服务提供服务支撑。平台技术架构如图 6-23 所示。

1）基于云数据中台的多源时空数据管理技术

为了解决海量、多源、异构数据存储管理问题，PIE-Engine Server 基于云数据中台技术，利用分布式服务器集群，Hadoop 平台体系的分布式文件存储系统（HDFS）、行列混合存储数据库和 NAS 集中式文件存储数据库等先进的大数据技术，结合统一数据目录索引技术，实现大规模数据存储管理的支撑能力。

从技术角度而言，中台搭建了一个灵活快速应对变化的架构，可以快速实现前端提的需求，避免重复建设。数据中台，利用获取的各类数据，对数据进行加工，获取分析结果，然后提供给业务中台使用。云数据中台集数据采集、融合、治理、组织管理、智能分析为一体，将数据以服务方式提供给前台应用，以提升业务运行效率。

与传统集中式存储系统相比，HDFS 将计算和存储节点在物理上结合在一起，避免了在数据密集计算中易形成的 IO 吞吐量的制约，在通用硬件环境上能够提供一个高容错性和高吞吐量的海量数据存储解决方案。

基于 Share-Nothing 架构设计实现的 Hadoop 平台，将每个数据块离散、均匀分布在不同机架的一组服务器上，保证了数据的可靠性和安全性，并保证了数据的多副本存储。由于数据块的每个复制拷贝都能提供给用户访问，而不是从单数据源读取，在存储和访问时都会计算使用网络最近的和访问量最小的服务器，由此将数据的访问和存储分布在大量服务器之上，实现了多备份存储，保证了数据高吞吐量交互，大大提升了数据存储管理效率，可以很好地承担海量结构化数据、半结构化数据和非结构化数据的存储和管理支撑任务。

Hadoop 平台可以支持 SQL92、SQL99 等 ANSI/SQL 标准以及提供 JDBC/ODBC 接口，方便业务用户、开发人员使用传统 SQL 直接操作平台存储的各种数据，Hadoop 平台还聚合了高效、易用的大数据管理工具，具有人性化的标准图形界面，支持便捷地管理、维护数据。

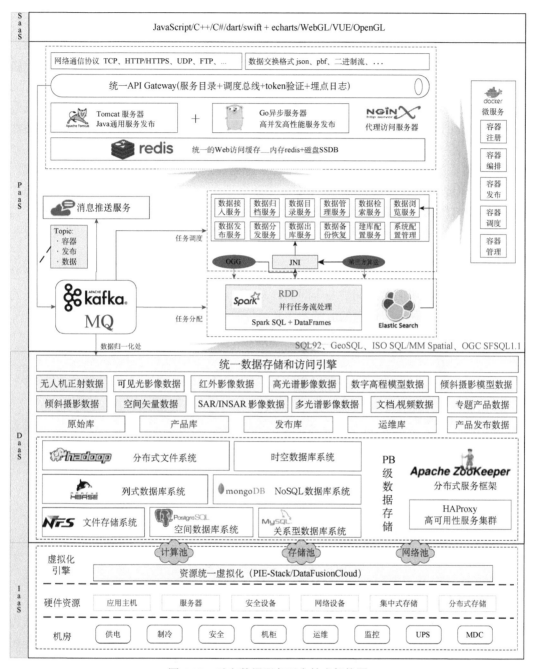

图 6-23　时空数据服务平台技术架构图

采用统一数据目录索引技术，实现对海量异构数据逻辑分区规划管理、数据存储源节点规划管理、数据目录索引全局唯一编号管理、数据扩展属性索引管理、时空属性数据索引管理，也实现数据的高效、多样化检索查询能力。数据存储节点规划管理实现对分布式数据库存储、统一网络集中存储、关系数据库存储、半结构化数据存储、线下离线数据存储、代理数据资源存储和 ftp/http 网络数据存储源节点进行统一管理。

2）基于云服务中台的微服务集成调度管理技术

微服务是一种架构模式，是面向服务的体系结构（Service-oriented architecture，SOA）架构样式的变体，它提倡将单一应用程序划分成一组小的服务，服务之间互相协调、互相配合，为用户提供最终价值。每个服务运行在其独立的进程中，服务与服务间采用轻量级的通信机制互相沟通（通常是基于 HTTP 的 RESTful API）。然而，仅有"分"是不行的，软件系统是一个整体，很多功能来自若干服务模块的配合，因此必然要有"合"的手段，这正是 Docker（开源应用容器引擎）能解决的问题。

容器技术是支撑现代云服务应用的基础，容器集群云服务是主流的容器供给模式，使用多云环境中的容器集群服务已成为当今企业的普遍做法（谢冬鸣等，2022）。Docker 将所有应用都标准化为可管理、可测试、易迁移的镜像/容器，为不同技术栈①提供了整合管理的途径。由于每个服务可以封装为一个 Docker 镜像，每个运行时的服务都表现为一个独立容器。

基于 Docker 容器技术，对所有服务按容器化技术进行服务的打包、发布、集群管理和备份，并实现了服务之间的安全隔离，易于升级维护和服务扩展，并提供可视化的运维管理工具，实现快速便捷的服务发布和监控管理。

PIE-SCM 部署和服务集群管理与调度架构如图 6-24、图 6-25 所示。

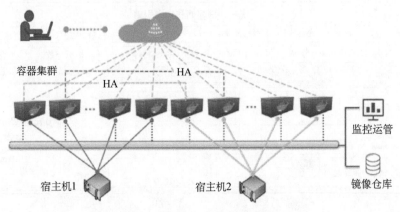

图 6-24　PIE-SCM 部署示意图

基于服务模式的容器集群调度技术，是现在的云服务技术的主流技术之一。Kubernetes（k8s）是 Google 开源的容器集群管理系统，在 Docker 技术的基础上，其为容器化的应用提供部署运行、资源调度、服务发现和动态伸缩等一系列完整功能，提高了大规模容器集群管理的便捷性。Kubernetes 是为生产环境而设计的容器调度管理系统，对负载均衡、服务发现、高可用、滚动升级、自动伸缩等容器云平台的功能要求有原生支持。

PIE 服务集群管理（PIE Service Cluster Management，PIE-SCM），航天宏图微服务集群管理与监控平台，是基于 Web 页面的微服务容器管理工具，支持多主机容器统

① 技术栈，IT 术语，是某项工作或某个职位需要掌握的一系列技能组合的统称。

一管理，提供可视化的容器状态监控和主机资源监控以及操作日志记录等，能够方便地对容器进行重启、销毁以及进入控制台进行内部修改。PIE-SCM 功能特性基于容器化的高可靠信息服务集群管控平台，具备节点管理、容器管理、运行监控、资源管理、用户管理等功能，可以使服务发布与管理更简单高效。镜像仓库是混合云备份的云上存储仓库，用于保存备份的数据。PIE-SCM 部署和服务集群管理与调度如图 6-25 所示。

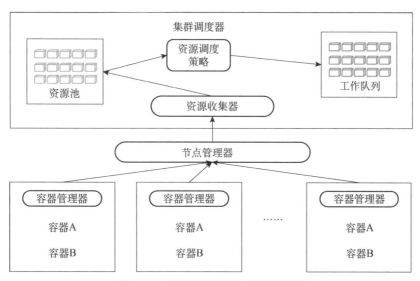

图 6-25 服务集群管理与调度架构图

所有的集群状态都在分布式存储中，节点管理器则运行集群的管理控制模块，是真正运行应用容器的主机节点，每个节点上都会运行一个代理，以控制该节点上的容器、镜像等。资源收集器收集各个节点管理器，然后将它们统一放在资源池中，通过资源调度策略进行队列编排。

通过采用容器技术，结合自动化集成框架，预先对不同的容器进行编排，当发布服务检测到有需要打包的代码时，自动进行编译、部署、灰度测试和集成部署，实现云端服务和应用的全生命周期自动部署和上线，降低系统应用集成的工作量。

6.5.2 基本功能

1. 功能概述

PIE-Engine Server 是一个面向大众用户和企业组织的地理时空数据管理、共享和 WEB 应用构建的 SaaS 化工作平台以及应用开发支撑平台。平台基于大数据、云原生、云渲染引擎开发，采用"分层"架构，通过统一设计的数据对象物理模型、概念模型、API 接口、安全策略和服务体系，构建了一个跨云、跨地域、跨存储设备的分布式数据存储管理服务平台。该平台具备多源海量卫星影像、航空影像、倾斜摄影模型、高程产品、基础地理、普通文件、Web 标准服务等多类型数据的资源整合、集中配置和统筹管理能力。

　　该平台可以提供私有的多源异构数据存储、编目、查询、分发、发布、可视化及分享能力，也可以提供免费数据资源的查询、下载、发布、在线制图及分享能力，还可以为企业用户提供开放的 APIs，构建各种 Web 应用，实现业务数据整合。该平台还支持公有云、私有云、混合云部署，可以为国防科工、政府单位、中小企业等行业用户提供定制化服务。

　　PIE-Engine Server 时空数据服务共包含：首页、数据、服务、发现、集市、应用、运维管理和个人中心。具体功能模块如图 6-26 所示。

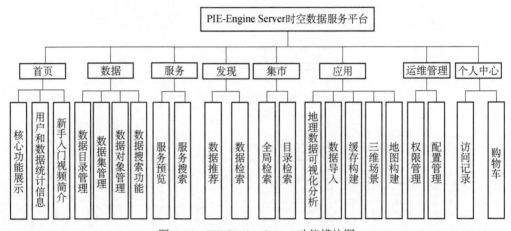

图 6-26　PIE-Engine Server 功能模块图

2. 首页

　　首页显示系统的整体概况，包括核心功能展示、用户和数据统计信息、新手入门视频简介、重要数据、最新发布的服务、特色应用推荐等信息；以及个人的组织、加入系统的时间、配额信息，最近访问的数据、服务、应用，以及文档与帮助等内容。

3. 数据

　　数据功能项分为目录展示区和内容展示区，主要包括个人和组织的数据目录的展示和管理，数据集的创建、管理和分享，支持多种类型数据对象的上传、下载、浏览、检索、对比、可视化、共享、发布及元数据管理等内容。数据模块包含数据目录管理、数据集管理、数据对象管理和数据搜索功能。

　　1）数据目录管理

　　数据目录管理可实现组织的数据目录展示和管理；目录展示区支持以树状结构展示个人和组织的数据编目，用户可新建数据目录并修改数据目录名称。在选择目录文件夹后，右侧内容展示区展示该数据目录下所有数据集，以及每个数据集包含的数据对象和数据对象个数。每个数据集默认显示 4 个数据对象，点击数据集名称，可以查看该数据集下的所有数据对象。

2）数据集管理

数据集管理支持数据集创建及多类型地理数据的添加、下载、检索、对比、分享。其中，数据对比功能可实现多期不同时相数据对象的对比。

3）数据对象管理

数据对象管理支持多种类型数据对象的上传、下载、浏览、检索、对比、可视化、共享、发布及元数据管理等内容；数据对象卡片上展示了数据对象名称、数据类型、数据大小、更新时间和上传者。查看数据对象详情功能包括数据对象的概览、元数据、数据内容和可视化，其也可以发布和分析数据对象。

4）数据搜索功能

数据搜索功能可搜索组织、数据目录以及数据集下所有符合搜索条件的数据对象。

4. 服务

服务模块支持矢量、正射影像数据、osgb 格式数据和地图瓦片数据发布，服务功能项分为左侧目录展示区、标签选择区和右侧内容展示区，提供动态服务发布和服务管理功能，支持 MVT 协议，以及 WMTS、WMS、WFS、WPS 等多种 OGC 标准协议，提供服务预览、服务权限设置、服务聚合和智能缓存功能。

1）服务预览

服务预览功能支持查看服务概要信息，包括服务参考系、服务提供者、图层列表，以及图层的协议信息。

2）服务搜索

服务搜索功能可搜索所有符合搜索条件的服务对象。

5. 发现

发现功能项分为数据检索区和数据展示区，其提供个性化数据推荐，也提供遥感专题产品、卫星影像产品、正射影像产品以及超清无人机图像的展示和检索，支持时间范围、空间范围、高级属性等多种时空查询方式。数据展示区提供搜索内容可视化显示，也提供历史记录查询、量测工具和标绘工具等。

1）数据推荐

用户通过点击数据推荐栏中数据对象的图片，即可定位到该数据对象所在的地理位置，同时展示该数据对象的数据名称、拥有者、创建时间、摘要、标签、浏览次数、收藏次数和点赞次数等。

2）数据检索

数据检索功能支持按条件筛选卫星、无人机数据。检索条件包含数据集、时间范围、空间范围、高级属性等多种时空查询方式。其中，空间范围有 5 种选择方式：行政区、经纬度、绘制选区、上传文件和典型地物。高级检索包括分辨率、云量设置。

检索结果展示符合检索条件的数据对象的缩略图、分辨率、云量、数据时间。用户可根据需求，在地图上显示符合条件的数据对象的边界范围及快视图、查看概览信息、将数据对象加入购物车、生成订单等。

6. 集市

集市提供卫星遥感影像、专题数据产品、地理要素数据以及所有用户共享的其他各种数据的预览、检索和下载服务。集市功能项分为目录展示区、数据量统计区、内容展示区和全局检索区 4 个区域，提供最受欢迎、最新上传产品、专栏数据以及所有用户共享的其他各种数据的预览、检索和下载服务。

7. 应用

Server 提供丰富的即拿即用的 Web 应用，支持应用的注册和管理，支持数据导入、地理数据可视化分析、缓存构建，三维场景展示、数据分发、地图构建，为数据管理、内容发布以及应用的拓展提供全方位支撑。

8. 运维管理

运维管理模块主要是对平台进行统一的权限管理和配置管理。其中，权限管理包括人员信息的管理和角色管理；配置管理包括对存储设备、数据类型和数据推荐内容的管理。

9. 个人中心

个人中心可以查看账户信息、访问记录和收藏点赞情况，并对购物车和订单进行管理、查看、删除等操作。

6.5.3 操作方法

1. 数据入库及查询检索流程

PIE-Engine Server 支持海量多源异构数据入库及检索。其中，数据入库包含本地数据上传和批量扫描入库，可上传入库的数据包括卫星影像、正射影像、倾斜摄影模型、高程产品、矢量数据、普通文件、Web 标准服务等，本章将详细介绍数据入库及查询检索流程。

数据界面左侧目录展示区默认显示个人/组织的数据目录，右侧内容展示区默认显示最新上传的数据对象和最新创建的数据服务，每个数据集默认显示 4 个数据对象，并显示该数据集下的数据对象个数；点击数据集名称，可以查看该数据集下的所有数据对象（图 6-27）。

1）本地数据上传

A. 创建数据集

目录展示区以树状结构展示个人和组织的数据编目。点击【个人】或【全部】，切换为对应来源的数据目录和数据内容。点击数据目录后的【＋】图标，或者【新建数据集】按钮，弹出"创建数据集"弹窗，用于创建新的数据集（图 6-28）。

在"创建数据集"弹窗中依次输入标题、标签、描述等内容。输入完成后，点击【创建】，则数据集创建成功（图 6-29）。

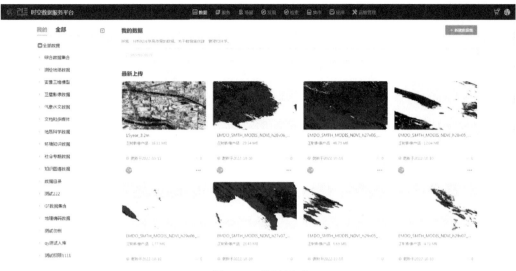

图 6-27　数据界面

图 6-28　创建数据集按钮界面

创建数据集

* 标题：

* 目录：

标签：

描述：

0/150

创建　　取消

图 6-29　创建数据集弹窗界面

B. 数据上传

平台支持从本地文件直接上传 tiff、tif、world 和带地理位置的 excel 或 csv 等格式的文件，也支持上传文件压缩包。

点击【添加数据】图标，选择【从本地文件上传数据】，在下拉框中选择数据类型，目前支持的类型有"img/tiff/tif-有投影信息的影像文件""img/tiff/tif-数字高程模型数据""Shapefiles-矢量数据文件""GeoJSON-地理数据文件""带地理位置的 excel 或 csv 文件""Excel/Word/PDF""图片和多媒体文件"，用户选择需要上传的类型后在下方通过拖拽或点击打开的方式上传文件（图 6-30、图 6-31、表 6-9）。

图 6-30　选择数据类型界面

图 6-31　上传数据界面

表 6-9　数据上传数据文件规则

数据格式	对应的数据类型	支持的文件格式要求	大小要求	注释描述
Shapefiles-矢量数据文件	矢量要素	.zip	不大于 1G	支持上传.zip 格式，大小不大于 1G
GeoJSON-使用 JSON 格式进行编码的地理对象信息	矢量要素	.geojson	不大于 500M	支持上传.geojson 格式，大小不大于 500M
Geodatabase-地理数据库文件	矢量要素	.gdb|.mdb	不大于 1G	支持上传.gdb|.mdb 格式，大小不大于 1G
img/tiff/tif-有投影信息的影像文件	正射影像产品	.img|.tiff|.tif-.zip	不大于 4G	支持上传.img|.tiff|.tif-.zip 格式，大小不大于 4G
Excel/Word/PPT/PDF-Office 办公文档	普通文档	.xls|.xlsx|.ppt|.pptx|.doc|.docx|.pdf|.txt|.json|.xml	不大于 100MB	支持上传.xls|.xlsx|.ppt|.pptx|.doc|.docx|.pdf|.txt|.json|.xml 格式，大小不大于 100MB
img/tiff/tif-数字高程模型数据	DEM	.img|.tiff|.tif-.zip	不大于 1G	支持上传.img|.tiff|.tif-.zip 格式，大小不大于 1G
Excel/CSV-包含地理位置信息的文档文件	矢量要素	.xls|.xlsx|.csv	不大于 100MB	支持上传.xls|.xlsx|.csv 格式，文件包含地理位置信息（如经纬度、地名地址等），大小不大于 100MB
JPG/GIF/PNG/MP4…-图片和多媒体文件	多媒体	.tiff|.jpg|.jpeg|.gif|.psd|.png|.bmp|.mp3|.mp4	不大于 1G	支持上传.tiff|.jpg|.jpeg|.gif|.psd|.png|.bmp|.mp3|.mp4 格式，大小不大于 1G

上传数据好数据后，点击【确定】，开始上传数据（图 6-32）。

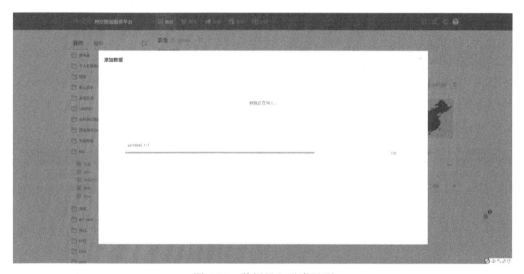

图 6-32　数据导入进度界面

2）批量扫描入库

数据导入应用支持超级管理员或组织管理员创建任务对各种类型的数据进行扫描和入库，并对任务进行监控。进入【应用】→【数据导入】，在任务列表中选择【创建接入任务】，进入任务配置页面。

根据导入向导提示，用户需要配置任务的基本信息和入库信息，然后进行入库操作：配置任务的基本信息、目录配置、入库配置和高级配置。

A. 基本信息

（1）系统默认任务名称，用户可以手动修改，如果任务名称用户没有手动修改过，当用户切换入库类型时，任务名称将自动根据类型变化。

（2）选择入库类型。根据被扫描数据类型选择：如三维数据入库类型选择"倾斜摄影"，有解析配置的入库类型需要选择对应的解析配置文件（图 6-33）。

图 6-33　数据导入界面

B. 目录配置

选择需要扫描的存储设备，选择数据存储路径。

【目录配置】选择数据存放的存储设备，然后选择扫描目录，可以选择数据本身，也可以选择数据所在的目录；目录中支持数据名称检索，点击"最近"可查看最近的数据（图 6-34）。

图 6-34　选择扫描目录

C. 入库配置

（1）选择目标数据集；选择要将数据导入哪个数据集中，并选择数据权限，默认数据权限为公开；因为数据导入应用只有组织管理员或者超级管理员可以使用，所以选择目标数据集时，会有 2 个目录，对于超级管理员来说，有"我的"和"全部"；对于组织管理员来说，有"我的"和"组织"（图 6-35）。

图 6-35　选择目标数据集

（2）选择数据的权限（图 6-36）。

数据权限：　　　公开　　　保护　　　受控　　　私有

图 6-36　选择数据权限

数据的默认权限为公开，有 4 种权限可以选择。①公开：Y|R--P-E|R--P-E|R--P-E 公开状态下，其他用户拥有数据的读取发布和下载权限；②保护：Y|R--P--|R--P--|R--P--保护状态下，其他用户拥有数据的读取、发布权限；③受控：Y|R-----|R-----|R-----受控状态下，其他用户只有数据的访问权限；④私有：Y|N|N|N 私有状态下，其他用户无该数据的任何权限

D. 高级配置

首先，高级配置可进一步对数据入库任务进行详细参数配置（图 6-37）。

（1）选择数据质量检查规则后，入库可按照配置的规则进行质量检查。

（2）添加数据标签。

（3）选择高级扫描配置，可设置扫描参数扩展名、完成标记文件格式、数据起始时间、数据最小字节数。

图 6-37　高级配置界面

（4）设置数据迁移的数据源和存储信息、存储方式，即①默认选择"按数据类型自动分类存储"：用户只需要选择存储设备，不需要选择具体路径，系统会自动根据类型来分类存储；②完全用户自定义，选择"自定义存储路径"：选择存储设备，选择路径；相当于只有选择"自定义存储路径"，才会出现"存储目录。

（5）配置后入库成功的任务可按照设置的迁移路径进行迁移。

（6）选择数据可见性。

（7）选择解压缩、缩略图、同名数据，可设置自动解压缩、自动生成缩略图、跳过已存在的同名数据、仅重试入库失败的数据等功能。

其次，配置完参数后，点击【下一步】入库任务开始，页面跳转到任务监控界面（图 6-38）。

图 6-38　开始入库界面

E. 不同类型数据入库说明

a. 瓦片数据导入

（1）支持 ArcGIS COMPACT（紧凑格式：bundle）的瓦片导入。

（2）配置说明。

基本信息：入库类型选择【地图瓦片类型】。

目录配置：选择导入数据所在的存储设备及扫描目录。文件夹需选择 Conf 文件的上一层或更外层目录，若文件夹中有多个瓦片数据包，则多个瓦片数据都会被添加到导入任务中，瓦片数据包内容示例如图 6-39 所示。

名称	修改日期	类型	大小
_alllayers	2022/8/31 15:48	文件夹	
Status.gdb	2022/8/31 15:48	文件夹	
conf.cdi	2021/11/15 0:12	CDI 文件	2 KB
Conf.xml	2021/11/15 0:12	Microsoft Edge HTML Document	5 KB

图 6-39　瓦片数据格式示例

入库配置：选择目标数据集。

b. 三维数据导入

（1）支持 osgb、3dtiles 两种数据格式。

（2）配置说明。

基本信息：入库类型选择【倾斜摄影】。

目录配置：选择导入数据所在的存储设备及扫描目录。文件夹需选择 Data 文件夹和 metadata.xml 文件的上一层或更外层目录。osgb 数据包内容示例如图 6-40 所示。

名称	修改日期	类型	大小
Data	2022/3/23 9:43	文件夹	
metadata.xml	2020/5/19 10:17	Microsoft Edge HTML Docu...	1 KB
Production_osgb.s3c	2020/5/19 10:17	S3C 文件	20 KB
模型中心点.txt	2020/5/19 10:17	文本文档	1 KB

图 6-40　瓦片数据格式示例

入库配置：选择目标数据集。

c. 原始卫星影像数据导入

（1）支持的数据格式，即①GF 系列：目前支持 GF1、GF2、GF4、GF6、GF7；②国内商业卫星：吉林一号、高景1号、北京2号、珠海一号。

（2）配置说明。

基本信息：入库类型选择卫星影像；

解析配置：GF 选择国产卫星影像，其余选择对应卫星名称的解析配置；

目录配置：选择导入数据所在设备及目录，文件格式为 zip、tar、tar.gz 格式压缩包；

入库配置：选择要导入的数据集（图 6-41）。

图 6-41　GF 格式数据示例

d. 正射数据导入

（1）支持的数据格式：带有坐标信息的 TIF 文件或压缩包。

（2）配置说明。

基本信息：入库类型选择正射影像产品；

解析配置：正射卫星影像；

目录配置：选择导入数据所在设备及目录，文件格式为 zip、tar、tar.gz 格式压缩包；

入库配置：选择要导入的数据集（图 6-42）。

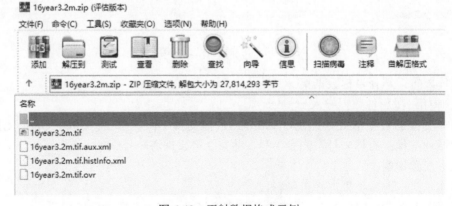

图 6-42　正射数据格式示例

3）数据搜索

通过本地上传及批量扫描入库的数据均可在数据模块下实现数据检索。搜索框输入搜索条件后，默认按照列表方式显示符合搜索条件的数据对象。

（1）在"个人/组织"下搜索，搜索对象为"个人/组织"所包含的所有数据对象，搜索结果为符合搜索条件的数据对象；

（2）在数据目录下搜索，搜索对象为该数据目录包含的所有数据对象，搜索结果为符合搜索条件的数据对象；

（3）在数据集下搜索，搜索对象为该数据集包含的所有数据对象，搜索结果为符合搜索条件的数据对象（图 6-43）。

图 6-43　搜索结果界面

2. 数据在线发布

数据发布界面根据服务类别、服务协议、标签以及数据服务的创建时间以列表形式展示。

在数据对象概览页面，点击【发布数据】新建服务，在弹出的发布窗口填入服务名称、服务标签、服务描述，以及服务提供者，选择服务权限（私有、公开），点击下一步跳转到图层名称、图层标签、服务参考、服务协议、图层描述、有效期的填写界面，点击提交发布，数据可以页面服务模块查看（图 6-44）。

点击【发布数据】，在窗口的【已有服务】标签中会显示之前发布的数据，可在搜索栏进行服务名称搜索，也可根据更新时间筛选数据（图 6-45）。

图 6-44　数据发布界面新建服务

图 6-45　数据发布界面

3. 服务

　　服务模块支持矢量、正射影像数据、osgb 和地图瓦片数据发布，在数据模块选择要发布的数据对象，进入数据详情页→在概览中点击【发布数据】，填写发布参数，配置完成后点击【发布】即可发布成功，发布成功的服务可以在【服务】模块中查看。

　　服务功能项分为左侧目录展示区、标签选择区和右侧内容展示区，其提供动态服务发布和服务管理功能，支持 MVT 协议，以及 WMTS、WMS、WFS、WPS 等多种 OGC 标准协议，提供服务预览、服务权限设置、服务聚合和智能缓存功能（图 6-46）。

图 6-46　服务界面

左侧标签选择区支持选择不同的服务类别、服务协议、标签和创建日期进行过滤，单击某个标签，表示选中该标签，右侧内容展示区展示带有该标签的地图，再次点击某个标签，取消选中；勾选【多选】，可以选择多个标签，右侧内容展示区展示同时带有多个选中标签的地图（图 6-47）。

图 6-47　标签过滤界面

1）发布服务预览

点击发布服务名称，可以查看服务概要信息，包括服务参考系、服务提供者、图层列表，以及图层的协议信息（图 6-48）。

【服务权限】可以设置该服务为私有还是公开，公开的服务对组织内成员可见。

开启【服务聚合】，则可以将该服务中的 WMS 或 WMTS 服务进行聚合。

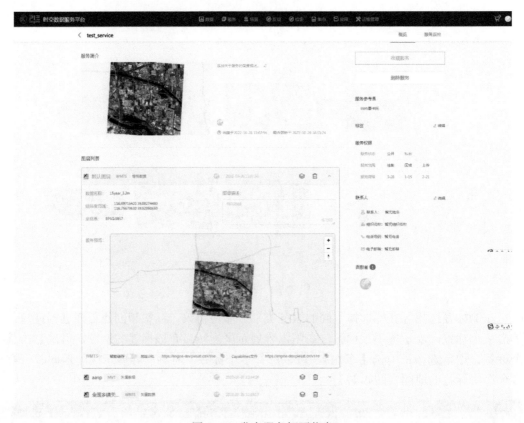

图 6-48　发布服务概要信息

2）服务搜索

在服务页面的资源搜索框输入搜索条件，点击【搜索】图标，显示符合搜索条件的场景（图 6-49、图 6-50）。

图 6-49　服务页面资源搜索

图 6-50　服务搜索结果页面

6.6　应用实例——陕西省土壤类型数据在线配图流程介绍

本节以陕西省土壤类型数据为例，基于 PIE-Engine Server 平台实现在线配图，整个流程包含：数据准备入库、数据可视化、在线配图、数据发布，通过整个流程实现数据的共享与发布。

1. 数据准备入库

1）创建数据集

点击数据目录后的【＋】图标，或者【新建数据集】按钮，弹出"创建数据集"弹窗，创建新的数据集（图 6-51）。

图 6-51　创建数据集按钮界面

在"创建数据集"弹窗中依次输入标题、标签、描述等内容。输入完成后，点击【创建】，则数据集创建成功。

2）数据上传

点击【添加数据】图标，选择 Shapefiles 矢量要素类型，上传土壤类型矢量数据（图 6-52、图 6-53）。

图 6-52　选择数据类型界面

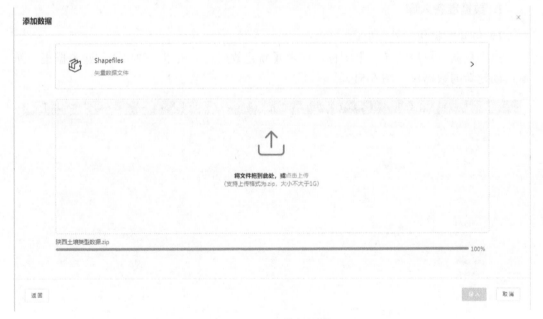

图 6-53　上传数据界面

2. 数据可视化

在数据集管理界面，点击数据对象卡片上的数据对象名称或图片，可以查看数据对象详情，包括数据对象的概览、元数据、数据内容和可视化等。

点击【可视化】，显示该数据对象的默认图层，可以对该数据对象进行风格配置。界面左侧可以添加图层、修改默认图层的样式等，界面右上侧的工具栏可以对图层进行截图、数据查询、标绘等操作，界面右下角的工具栏可以对图层进行放大、缩小以及切换底图等操作（图 6-54）。

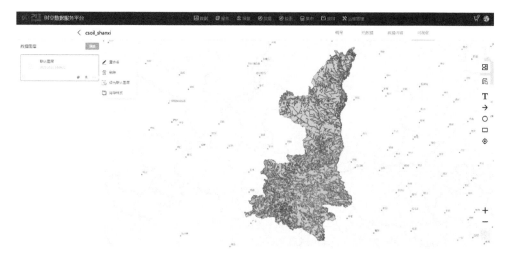

图 6-54　可视化默认图层界面

点击【添加】按钮，弹出"新建图层"弹窗，输入图层名称和图层简介，图层样式默认选择系统内置的默认样式，也可以选择组织样式库或者公开样式库中的某种样式，点击【确定】，创建新的图层（图 6-55）。

图 6-55　新建图层弹窗

点击 图标，对影像数据和矢量数据的样式分别进行配置。

点击 图标，定位到数据对象所在位置。

点击 图标，弹出重命名弹窗，编辑图层名称和简介（图6-56）。

图 6-56　重命名图层弹窗

点击 🗑 图标，弹出"是否确定删除"弹窗，确定则删除图层，取消则不删除。

点击 图标，将该图层设为默认图层。

点击 💾 图标，弹出"另存样式"弹窗，可以设置样式名称、样式类别和样式描述，将当前样式保存为新样式，也可以覆盖当前样式（图6-57）。

图 6-57　另存样式图层弹窗

页面右侧工具栏，支持对图层进行属性表关联查询、截图，以及通过文字、箭头、矩形、圆圈、经纬度点位在图层上进行标绘。

点击 图标，可以将当前页面截图保存，作为数据对象的封面显示。

点击 **T** 图标，在当前页面标绘文字，可以编辑文字内容和样式（图 6-58）。

图 6-58　文字标绘界面

点击 **→** 图标，在当前页面标绘箭头。

点击 **○** 图标，在当前页面标绘圆圈。

点击 **□** 图标，在当前页面标绘矩形。

点击 **◉** 图标，在当前页面标绘经纬度（图 6-59）。

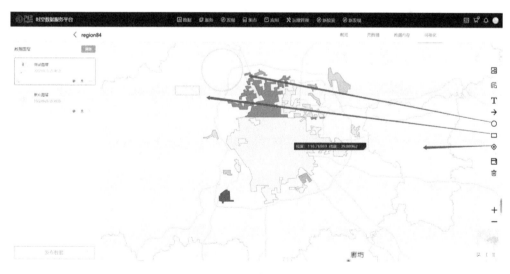

图 6-59　其他标绘界面

点击 **＋** 图标，放大一级显示地图。

点击 **—** 图标，缩小一级显示地图。

点击 图标，可以切换底图（图 6-60）。

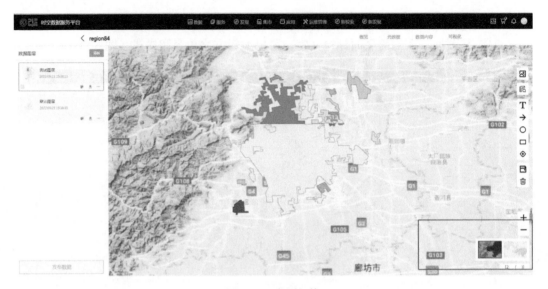

图 6-60　底图切换

3. 在线配图

矢量数据可视化支持简单符号、唯一值、分组范围三种不同风格的专题图。

1）简单符号

简单符号支持根据图层类型设置属性信息。其中，点图层支持设置符号的颜色、透明度、大小、模糊、偏移，以及轮廓的颜色、透明度、宽度；线图层支持设置线条的颜色、透明度、线型、宽度、模糊、连接方式和端点样式；面图层支持设置面的颜色、透明度，以及轮廓的颜色、透明度、宽度、线型。

简单符号中可添加符号，可支持添加符号数量 2 个，点击下拉框可选择符号格式【矢量】或【图片】；符号为【图片】时可更改图标（图 6-61）。

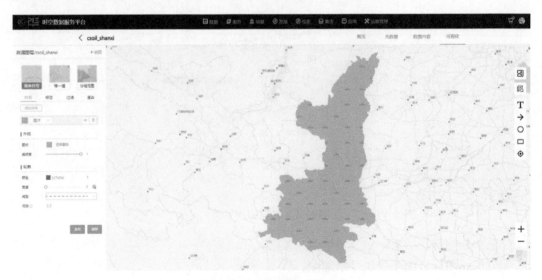

图 6-61　符号为图片时的效果

点击"隐藏"按钮可对每层符号进行单独隐藏,"删除"按钮可删除当前符号。

点击外观中"颜色"可设置数据展示的颜色,仅支持符号格式为矢量,图片格式不支持颜色设置。

点击轮廓中"颜色"可设置数据的轮廓颜色,图 6-62 中轮廓颜色选的蓝色。

图 6-62　轮廓颜色设置预览

拖动"宽度"的水平轴可对轮廓的宽度进行调节;点击水平轴后的齿轮【高级】按钮,会在下方弹出一个水平调节轴进行高级设置,再次点击齿轮按钮可取消(图 6-63)。

图 6-63　轮廓宽度的高级设置

轮廓高级模式支持自定义模式和插值模式，在高级模式中点击水平轴后的【切换模式】按钮，即可实现两种模式的切换。

自定义模式：从 0 级开始手动设置任意级别的尺寸，未定义的级别将向前取最近一个定义级别的值（图 6-64）。

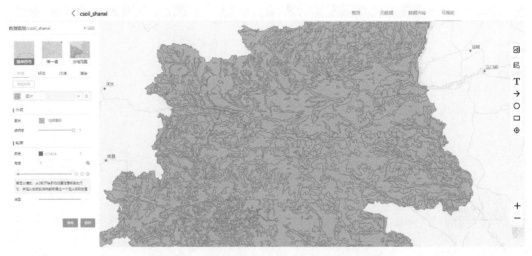

图 6-64　自定义模式设置不同级别的轮廓宽度

点击【增加级别】可增加相应渲染级别，选中水平轴上的数字，在宽度文本框中输入数值可进行宽度设置，左右拖动可改变级别；选中水平轴上的数字，点击【删除级别】按钮可删除对应的级别。

插值模式：设置级别范围两端的符号尺寸，程序将自动计算其余级别的尺寸，超出设置范围后符号取最近级别的大小（图 6-65）。

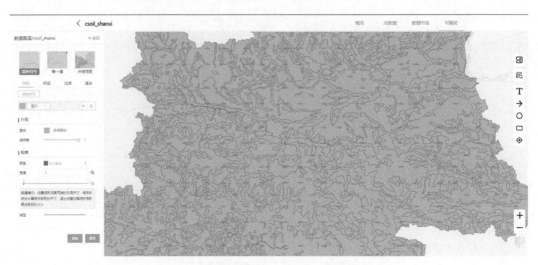

图 6-65　插值模式设置轮廓宽度

点击线型下拉框可选择不同轮廓的线型，有实线和虚线两种模式可供选择；间距文本框中可设置虚线长度、实线长度；输入数值格式：实线长度、虚线长度；且实线、虚线长度总成对出现（图 6-66）。

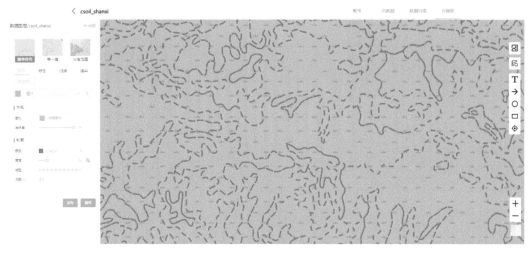

图 6-66　间距设置效果图

标签属性中可设置在地图上显示的标注字段，默认无，选择某一字段后可对字段的颜色、轮廓颜色、轮廓宽度、偏倚等属性进行设置，设置完成后点击【保存】按钮即可生效（图 6-67）。

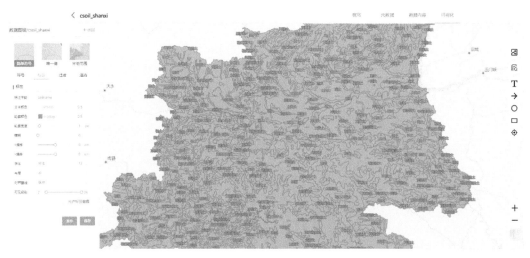

图 6-67　标注设置效果图

过滤属性中可按照需要进行属性过滤和比例尺过滤，以过滤掉相对应的数据。

渲染中可设置可见范围的渲染级别，默认设置是 0～24 级别，拖动水平轴可设置范围区间。

2）唯一值

唯一值专题图支持通过设置专题属性字段（如 FID_csoil、area、soilCode、soilname 等），为专题字段的每个值赋予一个颜色，并支持修改单值的颜色以及符号样式。

唯一值可选择专题字段中的值对某个唯一值进行颜色设置（图 6-68）。

图 6-68　唯一值设置效果图

可在颜色中选择色带，也支持"自定义色带"；点击颜色中的"数字"可设置透明度（图 6-69）。

图 6-69　色带透明度设置

3）分组范围

分组范围专题图支持通过设置专题属性字段（如 FID_csoil、area、soilCode、soilname 等）和分组个数，为每个分组赋予一个颜色，并支持修改分组范围、分组颜色以及符号样式。

　　分组范围分为【连续模式】和【分段模式】，同时也支持色带选择或自定义四色带以及透明度调整（图 6-70）。

图 6-70　分组范围设置效果图

4. 数据发布

　　在线配图完成之后，在可视化在线配图页面，点击【发布】新建服务出现发布，填入服务名称、服务标签、服务描述，以及服务提供者，选择服务权限（私有、公开），点击下一步跳转到图层名称、图层标签、服务参考、服务协议、图层描述、有效期的填写界面，点击提交发布，数据可以在页面服务模块查看（图 6-71、图 6-72）。

图 6-71　数据发布界面

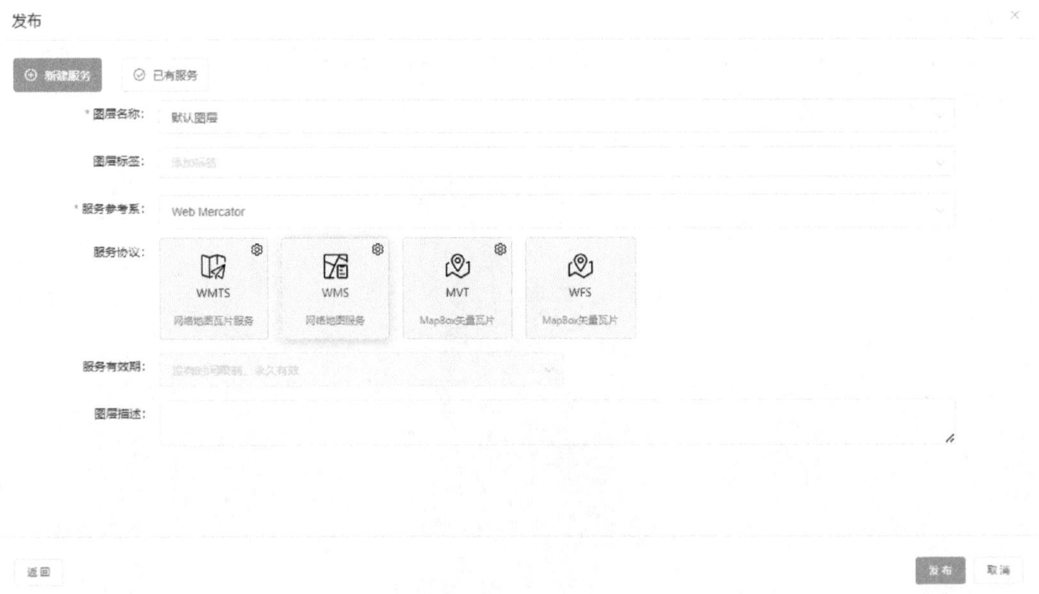

图 6-72　新建服务界面

点击【发布数据】，在窗口的【已有服务】标签中会显示之前发布的数据，可在搜索栏进行服务名称搜索，也可根据更新时间筛选数据（图 6-73）。

图 6-73　已有服务界面

配图数据发布成功之后，在服务模块查看到发布的服务，可进一步查看服务概览和服务监控信息（图 6-74）。

图 6-74　发布的陕西土壤类型数据服务查看

思考题

1. 地理数据模型有哪些?
2. Geohash 编码规则是什么?
3. Ceph 分布式存储原理是什么?
4. PIE-Engine Server 数据发布流程是什么?
5. OGC 标准地图服务协议是什么? 包含哪些?
6. PIE-Engine Server 在线制图流程是什么?

参考文献

卜梓令, 吕明. 2020. 基于 HBase 存储的机器学习平台的研究. 工业控制计算机, (10): 63-64 .

蔡佳作, 欧尔格力. 2016. 基于 PostgreSQL 的地理空间数据存储管理方法研究. 青海师范大学学报 (自然科学版), 32 (2): 21-23, 27.

曹雪峰. 2012. 地球圈层空间网格理论与算法研究. 郑州: 中国人民解放军战略支援部队信息工程大学.

陈超. 2015. 基于 Hadoop 的影像地图切片方法研究. 南京: 南京师范大学.

陈静, 许嘉岸墨. 2011. 网络环境下 H 维模型的多尺度数据组织方法町测绘科学, (6): 1-2.

陈举平, 丁建勋. 2017. 矢量瓦片地图关键技术研究. 地理空间信息, 15 (8): 44-47.

程承旗, 吴飞龙, 王嵘, 等. 2016. 地球空间参考网格系统建设初探. 北京大学学报 (自然科学版), 52 (6): 1041-1049.

程钢, 贾宝, 毛明楷, 等. 2013. 国内在线地图服务应用现状分析与评价. 地理空间信息, 11 (6): 148-149.

葛亮, 何涛, 王均辉, 等. 2014. 基于 GDAL 的瓦片切割技术研究. 测绘与空间地理信息, 37 (7): 130-132.

孟妮娜, 周校东. 2003. 固定格网划分的空间索引的实现技术. 北京测绘, 1: 7-11.

胡运发. 2012. 数据索引与数据组织模型及其应用. 上海: 复旦大学出版社.

康俊峰. 2011. 云计算环境下高分辨率遥感影像存储与高效管理技术研究. 杭州: 浙江大学.

李芳, 邬群勇, 汪小钦. 2009. 基于 OGC 规范的遥感影像数据服务研究. 测绘信息与工程, 34 (4): 30-32.

李林. 2008. GDAL 库介绍. http://wiki. woodpecker. org. Cn/ moin/lilin /gdal-introduce. [2008-07-26].

李军. 2000. 海量影像数据库的研究、设计与实现. 北京: 中国地质大学.

刘世永, 吴秋云, 陈荦, 等. 2015. 基于高层级地图瓦片的低层级瓦片并行合成技术. 地理信息世界, 22 (6): 51-55.

覃江林, 孔猛, 彭盼盼. 2021. Python+GDAL/OGR 在河湖管理基础数据审核中的应用. 水电能源科学, 39 (11): 170-173.

彭璇, 吴肖. 2010. Google Map API 在网络地图服务中的应用. 测绘信息与工程, 35 (1): 25-27.

沈兵林. 2019. 基于 Geohash 的空间文本查询的研究. 昆明: 昆明理工大学.

宋江洪. 2005. 遥感图像处理软件中的关键技术研究. 北京: 中国科学院研究生院.

王丽. 2021. 基于 Geotools 的矢量数据自适应渲染技术研究. 现代信息科技, 5 (9): 100-106.

王映辉. 2003. 一种自适应层次网格空间索引算法明计算机工程与应用. 计算机工程与应用, 9: 58-60.

吴敏君. 2006. GIS 空间索引技术的研究. 镇江: 江苏大学.

谢冬鸣, 黄林, 黄进军, 等. 2022. 多云容器集群服务的设计与实现. 软件导刊, 21 (6): 170-175.

杨述伟. 2017. 在线地图服务中的地理信息价值提升研究. 信息技术, 18 (28): 28-30.

杨轶. 2014. PC 集群环境下地图切片的并行计算方法. 测绘科学, 39 (3): 120-123.

远俊红, 王小丽. 2019. 基于开源软件的空间数据库系统开发平台的研究. 通信电源技术, 36 (11): 145-146.

Noll G, Hogeweg M. 2015. Big data management at port of rotterdam using a GIS platform to streamline IT at growing maritime hub. Sea Technology, 56 (5): 31-36.

Shvachko K, Kuang H, Radia S, et al. 2010. The Hadoop Distributed File System// 2010 IEEE 26th Symposium on Mass Storage Systems and Technologies (MSST) . IEEE: 1-10.

Turconi L, Nigrelli G, Conte R. 2014. Historical datum as a basis for a new GIS application to support civil protection services in NW Italy. Computers & Geosciences, 66: 13-19.

Wang Y, Liu Z L, Liao H Y, et al. 2015.Improving the performance of GIS polygon overlay computation with Map Reduce for spatial big data processing. Cluster Computing, 18 (2): 507-516.

Zhang C, Li W. 2005. The roles of web feature and web map services in real-time geospatial data sharing for time-critical applications. Cartography and Geographic Information Science, 32 (4): 269-283.

第7章 专题实践

PIE-Engine 遥感云平台以 SaaS 服务模式满足用户应用需求，集成了多源遥感数据处理、分布式资源调度、实时计算、批量分析和深度学习框架等技术，实现了遥感实时分析和人工智能解译，为用户提供了高效、灵活的地理数据分析全流程服务。PIE-Engine 在自然资源监测、生态环境监管应用、气象监测与气候评估、海洋环境保障、防灾减灾等方面广泛应用，截至 2022 年 11 月 9 日平台注册用户达到 10 万余人（https://engine.piesat.cn/），服务 60 余个行业领域。此外，PIE-Engine 遥感云平台通过校企合作积极挖掘与拓展 PIE-Engine 创新应用案例，并提供在线运行案例体验+订阅式 App 应用服务，以满足用户多样化定制需求。本章选取中国矿业大学（北京）、中国石油大学（华东）、首都师范大学、武汉大学、齐鲁工业大学等高校 PIE-Engine 开发案例进行专题实践。

7.1 基于多源遥感的湖泊生态环境智能监测服务

基于多源遥感的湖泊生态环境智能监测服务依托于校企合作机制开发，来源于中国矿业大学（北京）杨飞、孙义林师生团队，该服务基于 PIE-Engine 提供的 GF-2、Sentinel-2、Landsat 8 影像数据集，提供任意时间段内，中国地区任意省级、县级的影像显示、地形显示服务，同时提供遥感生态指数计算服务，并可借助 MODIS、Landsat 等卫星影像，提供生态质量因子计算，实现对陆地水域蓝藻水华的智能监测和土地利用监测服务。

7.1.1 概述

我国湖泊众多，类型多样，分布广泛。全国面积在 $1km^2$ 以上的天然湖泊有 2683 个，还有众多的水库、塘等人工湖泊，这些湖泊对我国的社会、经济、自然系统发挥着极为重要的生态服务功能。在工业化和城市化加速发展的背景下，很多湖泊承受着过大的负荷，面临不同程度的污染，生态环境受到破坏，水环境日趋恶化，水体富营养化问题突出。据调查显示，在中国超过一半的湖泊已经超过富营养化标准。近年来，我国滇池、太湖和巢湖等内陆湖体已经出现因蓝藻的大量生长引起严重的水体富营养化而形成水华的现象，长江、黄河中下游许多水库、湖泊检测出的微囊藻毒素也表明其水体受到了蓝藻暴发所带来的污染。藻类水华暴发已成为影响内陆水体生态环境的重要因素。因此，监测蓝藻水华、确定水华的分布以及浓度在水环境监测和治理工作中具有重要意义。

在水华监测手段中，现场调查是水华的常规监测方法，但是具有人工费用高、研究区域片面等局限性。卫星遥感的大幅宽、高重访、低成本等优势，为水华监测提供了便利。采用精度可靠的水环境遥感反演算法，可有效提取水华暴发的强度和区域分布，为生态治理提供技术依据。

太湖是中国的第三大淡水湖，对于周边地区的饮水灌溉、防洪抗旱、气候调节、生态建设等具有举足轻重的作用。近年来，太湖的蓝藻水华一直处于较高的水平，治理形势依然严峻。以太湖为例，基于多源遥感的湖泊生态环境智能监测服务，提供太湖湖泊监测服务和生态监测服务（图 7-1）。

体验地址：https://engine.piesat.cn/engine/home。

图 7-1　订阅式 SaaS 服务界面 1

7.1.2　服务能力

基于多源遥感的湖泊生态环境智能监测服务主要是基于 PIE-Engine 遥感云平台上强大的云端数据存储和高性能在线分析计算能力，以及丰富的 UI 组件，实现感兴趣区域任意时段高时间分辨率、高空间分辨率的蓝藻水华计算、其他遥感生态指数计算及统计图表展示，形成以湖泊水环境监测为目标的 SaaS 服务能力。

以太湖为例，基于多源遥感的湖泊生态环境智能监测服务主要包括三部分：太湖湖泊监测服务、太湖周围生态监测服务及其他功能服务（图 7-2）。

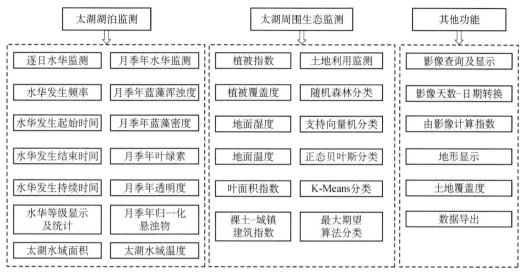

图 7-2　服务能力介绍

1. 太湖湖泊监测服务

太湖湖泊监测服务可基于 PIE-Engine 遥感云平台上调用的 MODIS 数据和 Landsat 数据，计算获得太湖湖泊逐日、逐月、逐季、逐年的水华分布，基于 Landsat 数据对太湖湖泊的水域面积进行长期动态监测服务，基于 MODIS 数据对太湖湖泊的水面温度进行长期动态监测服务。

1）基于 MODIS 数据逐日监测服务

基于 MODIS 数据、浮藻指数（FAI）（Hu，2009）及相关运算实现太湖水华逐日监测服务，并通过调用 PIE-Engine 遥感云平台上的 UI 组件和可视化配图效果，设计研究区域和研究时间筛选功能，实现蓝藻水华面积、发生频率、起始时间、结束时间、持续时间、等级分布等统计分析和显示功能（图 7-3）。

（1）数据处理：对 MOD09GA 数据进行裁剪、云掩膜处理、反射率校正，求出 FAI 值，并参考前人研究成果（Hu et al.，2010），根据不同的情况设置合适的阈值。

（2）蓝藻水华发生频率：根据选定的时间、区域范围，计算蓝藻水华发生的次数，并生成一张蓝藻水华频率影像。

（3）蓝藻发生起始时间：根据选定的时间、区域范围，计算蓝藻水华最先发生的时间，并按照出现水华的天数顺序，生成一张蓝藻水华起始天数影像。

（4）蓝藻发生结束时间：根据选定的时间、区域范围，计算蓝藻水华最后出现的时间，并按照水华最后出现的天数顺序，生成一张蓝藻水华结束天数影像。

（5）蓝藻发生持续时间：该功能根据选定的时间、区域范围，计算蓝藻水华持续出现的时间，生成一张蓝藻水华持续天数影像。

2020 年 8 月 1～8 日，基于有效数据统计的蓝藻面积变化动态图如图 7-4 所示。

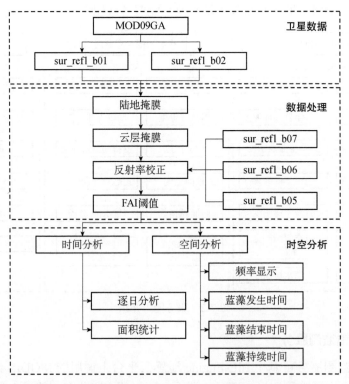

图 7-3　基于 MODIS 数据逐日监测服务技术路线图

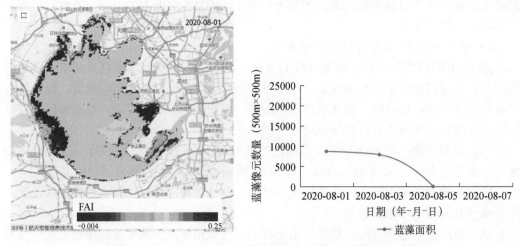

图 7-4　2020 年 8 月 1～8 日太湖水域水华监测及面积动态变化

此图动图请扫描书后二维码查看

　　图 7-5 分别为展示了 2020 年 8 月 1～8 日蓝藻出现频率、水华发生起始时间、水华发生结束时间、水华发生持续时间（天）和 2020 年 8 月 1 日太湖水华等级分类显示。

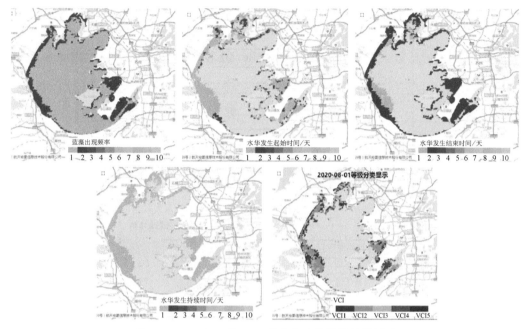

图 7-5 2020 年 8 月 1～8 日太湖水华监测结果展示

2020 年 8 月 1 日太湖不同级别蓝藻的面积统计如下，蓝藻水华的严重程度可划分为 5 个级别——VCI1、VCI2、VCI3、VCI4、VCI5，等级越高代表水华程度越严重（图 7-6）。

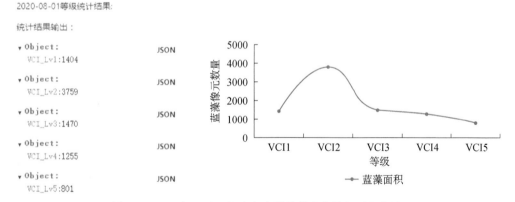

图 7-6 2020 年 8 月 1 日太湖水域蓝藻水华等级面积统计

2）基于 Landsat 数据月季年监测服务

基于 Landsat 8 数据、多种指数量度及相关分析实现太湖月季年监测服务，通过调用 PIE-Engine 遥感云平台上的 UI 组件和可视化配图效果，设计研究区域、研究时间和云量筛选功能，实现太湖月尺度、季尺度、年尺度的水华、蓝藻浑浊度、蓝藻密度、叶绿素、透明度、归一化悬浊物、水域面积及水域温度的计算服务（Oyama et al.,2015），并对结果进行可视化展示（图 7-7、图 7-8）。

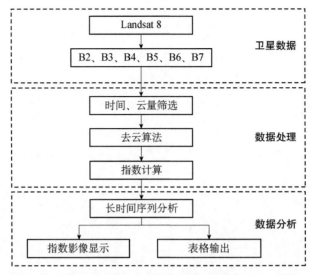

图 7-7　基于 Landsat 8 数据月季年监测服务技术路线图

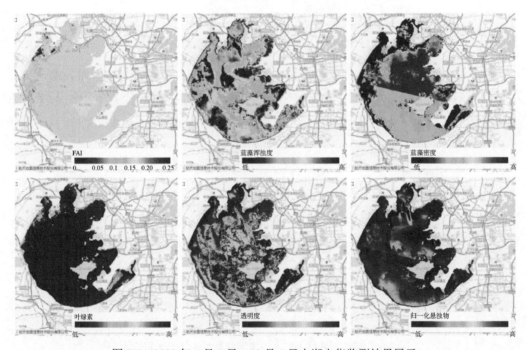

图 7-8　2020 年 6 月 1 日～10 月 1 日太湖水华监测结果展示

　　图 7-8 为基于 2020 年 6 月 1 日～10 月 1 日的 Landsat 8 数据，实现了太湖月季蓝藻水华影像显示、蓝藻浑浊度显示、蓝藻密度显示、叶绿素显示、透明度显示和归一化悬浊物显示。

　　图 7-9 和图 7-10 为基于 2018～2020 年 Landsat8 数据，统计分析太湖水域面积变化及水域温度变化。

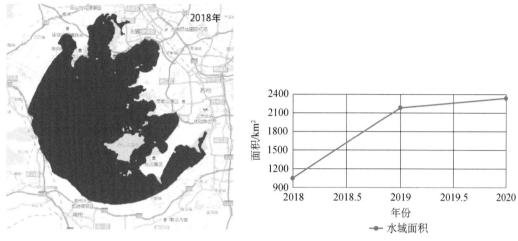

图 7-9 2018～2020 年太湖水域面积变化展示

此图动图请扫描书后二维码查看

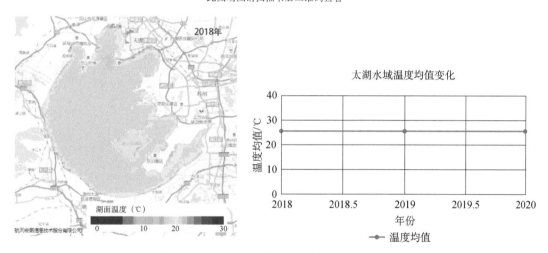

图 7-10 2018～2020 年太湖水域温度变化展示

此图动图请扫描书后二维码查看

2. 太湖周围生态监测服务

太湖周围生态监测服务主要调用 PIE-Engine 遥感云平台上的 Landsat 8 数据，通过相关指数分析和多种分类算法对太湖周围土地覆盖和生态环境变化进行监测服务，为太湖水质监测分析提供依据。

1）指数计算服务

基于 Landsat 8 数据实现太湖周围生态环境指数计算服务。该服务通过调用 PIE-Engine 遥感云平台上的 UI 组件和可视化配图效果，设计研究时间筛选功能及缓冲距离计算功能，实现温度显示、归一化植被指数（NDVI）显示、植被覆盖度（FVC）显示、土壤湿度（Wet）显示及干度（NDBSI）显示（图 7-11～图 7-13）。

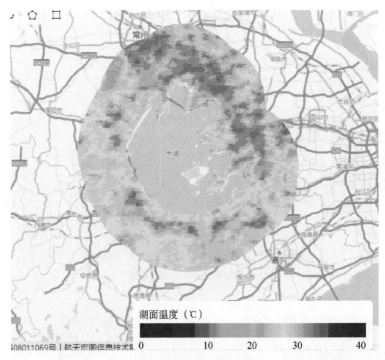

图 7-11　2014～2020 年太湖周围 30km 范围内温度显示

此图动图请扫描书后二维码查看

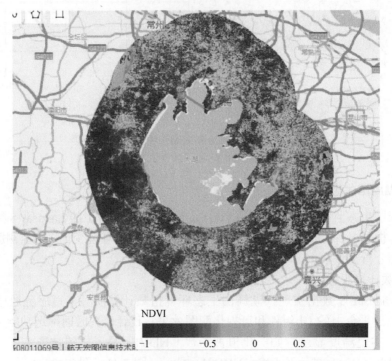

图 7-12　2014～2020 年太湖周围 30km 范围内 NDVI 显示

此图动图请扫描书后二维码查看

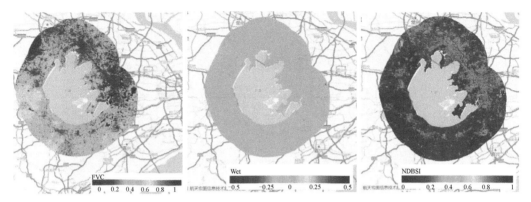

图 7-13　太湖周围 30km 范围内生态环境展示

2）土地利用监测服务

基于 Landsat 8 数据及多种分类算法实现太湖周围土地利用监测服务，通过调用 PIE-Engine 遥感云平台上的 UI 组件和可视化配图效果，设计研究区域、研究时间和云量筛选功能以及缓冲区设置功能，实现太湖周围地物的随机森林分类、支持向量机分类、正态贝叶斯分类和非监督分类（K-Means 和最大期望算法）服务并进行多结果可视化展示（图 7-14）。

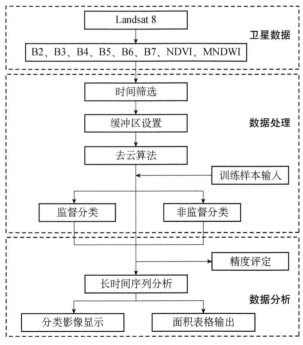

图 7-14　土地利用监测服务技术路线图

图 7-15 是利用随机森林监督分类算法对太湖周围土地利用进行分类的结果，并对各种地物的面积进行统计，ACC 系数和 Kappa 系数高于 0.9，得到的分类结果较好。图 7-16 分别展示了使用正态贝叶斯、K-Means 和最大期望算法得到的太湖周围的地物分类结果。

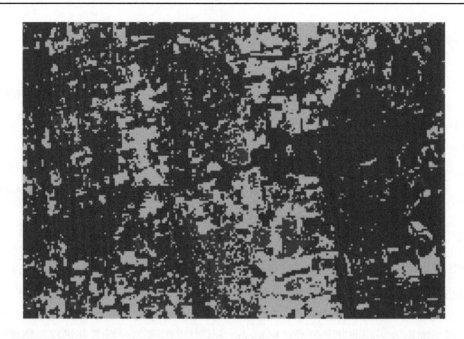

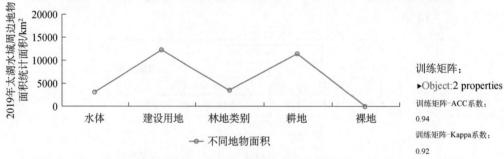

训练矩阵：
▶Object:2 properties
训练矩阵-ACC系数：
0.94
训练矩阵-Kappa系数：
0.92

图 7-15　太湖周围土地利用分类结果展示

（a）正态贝叶斯分类结果　　　（b）K-Means分类结果　　　（c）最大期望算法分类结果

图 7-16　太湖周围地物分类结果展示

3. 其他功能服务

其他功能服务主要基于 PIE-Engine 遥感云平台上强大的云端数据存储和丰富的 UI 组件设计了影像（Landsat8、Sentinel-2 和 GF-1）数据查询和显示服务功能；可对地形

数据进行显示和计算；可根据选定的时间和区域范围，显示土地覆盖类型；为了便于了
解日期与天数的转换，还可根据选定的时间转换为该年份的第某天等。

其中，地形因子展示效果如图 7-17 所示。

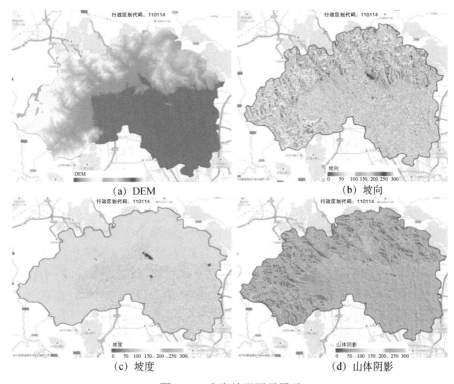

（a）DEM　　　　　　　　　　　　（b）坡向

（c）坡度　　　　　　　　　　　　（d）山体阴影

图 7-17　太湖地形因子展示

7.1.3　服务案例应用领域

基于多源遥感的湖泊生态环境智能监测服务调用云平台上的云端数据和高性能在线
分析计算能力，能够实现对高时间分辨率、高空间分辨率的蓝藻水华变化动态监测，实
现对周边生态环境质量因子变化的长时序监测，经过检验结果相对可靠，服务处理时间
相对较快，工作效率较高，可为用户减少数据预处理等烦琐的工作，很大程度上给遥感
数据处理人员带来了便利，减少了人力物力消耗。

基于多源遥感的湖泊生态环境智能监测服务，除了太湖水域生态环境监测外，还可
应用于其他类似内陆水域及中国城市生态系统的环境监测。

7.2　基于多源遥感的城市生态宜居评估服务

基于多源遥感的城市生态宜居评估服务依托校企双方合作机制开发，来源于中国石
油大学（华东）孙根云教授师生团队，该服务基于 PIE-Engine 提供的 Sentinel-5P、

Landsat 8 影像数据集，以空气质量、水环境、地表覆盖、热环境 4 个方面作为生态环境质量评价项，运用层次分析法构建权重模型，并通过预警点识别，在不同时空尺度上实现对城市生态宜居性进行评价。

7.2.1　概述

随着城镇化进程的快速发展，城市人口、资源和环境之间矛盾日益突出，因此对城市生态质量的监测与评估，对于城市规划、环境管理、生态建设及城市可持续发展等至关重要（Jiao et al.，2021）。党的十九大提出"加快生态文明体制改革，建设美丽中国"，要求坚持人与自然和谐共生，构筑尊崇自然、绿色发展的生态体系，同时我国越来越多的城市把建设"生态宜居"城市写入其发展纲要，因此如何快速、准确地对城市生态宜居性进行评价是目前城市发展的研究热点之一。

当前生态宜居性研究所用数据主要来自土地调研、问卷调查和专家经验，数据获取过程费时费力并且更新速度缓慢，难以满足大规模城市生态宜居性评价。由于卫星遥感技术覆盖范围广，以及具有快速、准确、实时等特性，基于卫星影像的光谱指数已广泛应用于生态环境建模及评估，主要包括归一化植被指数（NDVI）、植被覆盖度（FVC）、归一化建筑指数（NDBI）、归一化土壤指数（NDSI）、归一化水分指数（NDWI）及地表温度（LST）等（Jiao et al.，2021；Xu et al.，2018）。在基于遥感数据的生态环境建模中，综合遥感指数已显现出比单一指数更多的优势。

京津冀位于中国地区环渤海心脏地带，是中国北方经济规模最大、最具活力的地区，是中国北方经济的重要核心区，是中国的"首都经济圈"。本节以京津冀为例，介绍基于多源遥感的城市生态宜居评估服务（图 7-18）。体验地址：https://engine.piesat.cn/engine/home。

图 7-18　订阅式 SaaS 服务界面 2

7.2.2　服务能力

基于多源遥感的城市生态宜居评估服务主要是基于 PIE-Engine 遥感云平台上强大的云端数据存储和高性能在线分析计算能力，以及丰富的 UI 组件，实现感兴趣区域任意时段高时间分辨率、高空间分辨率的综合遥感生态指数计算及统计图表展示，形成以城市生态环境宜居监测与评估为目标的 SaaS 服务能力（图 7-19）。

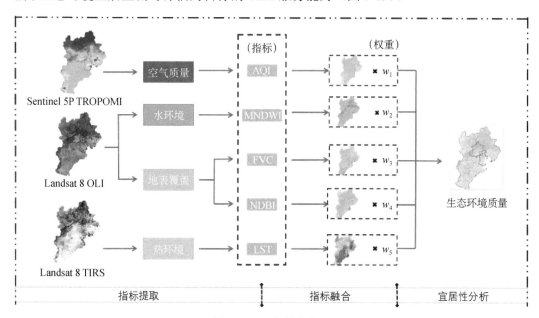

图 7-19　服务能力介绍

以京津冀研究区为例，基于多源遥感的城市生态宜居监测与评估服务主要包括三部分：综合遥感指数计算服务、城市生态环境质量评估服务及其他功能服务。

1. 综合遥感指数计算服务

综合遥感指数计算服务可基于 PIE-Engine 遥感云平台上调用的 Sentinel-5P 和 Landsat 8 数据集，计算获得京津冀逐季、逐年的空气质量、水环境、地表覆盖、热环境分布，基于 Sentinel-5P 数据对京津冀的空气质量进行动态监测服务，基于 Landsat 8 数据对京津冀的水环境、地表覆盖、热环境进行动态监测服务。

1）基于 Sentinel-5P 数据空气质量监测服务

NO_2、SO_2、CO 和 O_3 是《环境空气质量标准》（GB3095—2012）（中国环境科学研究院和中国环境监测总站，2012）中规定的 4 种基本污染痕量气体，这 4 种气体不仅是主要的大气污染物，也是臭氧、酸雨和光化学烟雾的重要前体物。因此，本案例基于 Sentinel-5P 大气污染离线数据集，选择 SO_2、CO、NO_2 和 O_3 四种污染气体浓度作为衡量空气质量值（Air Quality Index，AQI）的指标，并通过调用 PIE-Engine 遥感云平台上的 UI 组件和可视化配图效果，设计研究区域和研究时间筛选功能，实现京津冀空气质量监测服务（图 7-20）。

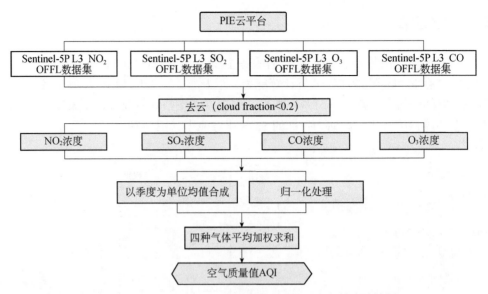

图 7-20　基于 Sentinel-5P 数据空气质量监测服务技术路线图

北京市东城区 2020 年春季 O_3、CO 气体浓度分布如图 7-21、图 7-22 所示。

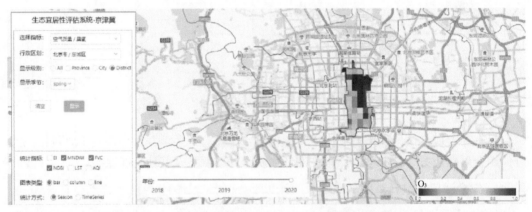

图 7-21　2020 年春季北京市东城区 O_3 气体浓度分布图

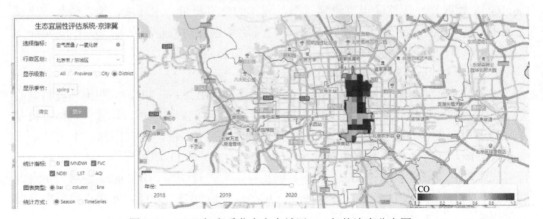

图 7-22　2020 年春季北京市东城区 CO 气体浓度分布图

2）基于 Landsat 8 数据水环境监测服务

京津冀地区是我国人类活动对水循环扰动强度最大、水资源承载压力最大、水资源安全保障难度最大的地区。准确、快速提取水体的空间分布信息，对全面了解水体变化和生境质量具有重要意义。改进的归一化差异水体指数（Modified Normalized Difference Water Index，MNDWI）（Xu，2005）在城镇水体提取中可获得较好的效果，亦可反映水体悬浮沉积物的分布、水质的变化等。因此，该服务采用 MNDWI 表征京津冀地区水体的空间分布情况。

基于 Landsat 8 数据，利用 MNDWI 指数量度及时间序列分析方法，实现城市水环境监测服务，通过调用 PIE-Engine 遥感云平台上的 UI 组件和可视化配图效果，设计研究区域、研究时间和云量筛选功能，实现京津冀水环境计算服务，并对结果进行可视化展示（图 7-23、图 7-24）。

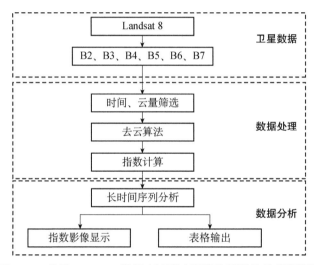

图 7-23 基于 Landsat 8 数据京津冀水环境监测服务技术路线图

图 7-24 2020 年春季北京市东城区 MNDWI 计算结果展示

3）基于 Landsat 8 数据地表覆盖监测服务

植被覆盖和建筑密度是表征城市地表覆盖特征的重要要素，城市绿度和城市不透水面密度是评价城市生态宜居度的重要参考依据。

植被覆盖度（FVC）常用于植被变化、生态环境研究、水土保持、气候等方面的研究，该指数可以很好地量化某地区某一时间的植被覆盖范围及空间分布状况（Liang et al.，2012）。目前，常用归一化植被指数（NDVI）来近似估算植被覆盖度（图 7-25）。

图 7-25　2020 年春季北京市东城区 FVC 计算结果展示

城市不透水面密度是量化城市发展状况的重要指标，其间接反映了城市生态环境状况，目前常用归一化建筑指数（NDBI）量化城市不透水面密度（Xu，2005）（图 7-26）。

4）基于 Landsat 8 数据热环境监测服务

城市热环境是评价城市生态宜居性的一个重要参考指标，直接影响人们生活的舒适度。系统采用地表温度（LST）表征城市热环境要素，基于 Landsat 8 热红外波段数据利用单通道算法反演京津冀地区地表温度（图 7-27）（徐涵秋等，2015）。

2. 城市生态环境质量评估服务

基于 Sentinel-5P、Landsat 8 等多源遥感数据，在城市群、省、市、区县 4 级空间尺度和逐年、逐季节的多个时间尺度上，计算多种生态环境指标，运用层次分析法（Analytic Hierarchy Process，AHP）建立权重模型，将生态环境质量均值作为临界值（标准），结合标准差设置预警范围，通过生态质量的预警等级划分来判断当地的宜居程度，从而对京津冀地区的生态宜居性做出全面、准确的评估。

图 7-26 2020 年春季北京市东城区 NDBI 计算结果展示

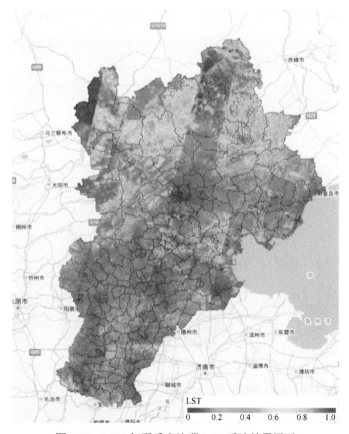

图 7-27 2020 年夏季京津冀 LST 反演结果展示

具体步骤如下：

（1）测算均值。

$$\overline{X}_j = \left(\sum_{i=1}^{n} X_{i,j} \right) / n, i = 1, 2, \cdots, n; j = 1, 2, \cdots, 12$$

式中，$\overline{X}_j$ 为第 j 个指标的均值；$X_{i,j}$ 为第 j 个指标的第 i 个数据的数值。

$$\overline{S}_j = \sqrt{\left[\sum_{i=1}^{n} \left(X_{i,j} - \overline{X}_j \right)^2 \right] / n}, i = 1, 2, \cdots, n; j = 1, 2, \cdots, 12$$

式中，$\overline{S}_j$ 为第 j 个指标的标准差；$\overline{X}_j$ 为第 j 个指标的均值；$X_{i,j}$ 为第 j 个指标的第 i 个数据的数值。定义 $\overline{X}_j$ 表示指标 j 的预警点。

（2）划分生态环境质量等级

以 $\overline{X}_j$ 作为临界值；$\overline{X}_j + \overline{S}_j$ 为一般等级；$\overline{X}_j - \overline{S}_j$ 处于预警状态。具体等级划分标注见表 7-1。

表 7-1　生态环境质量等级划分依据

指标范围	等级	具体表现
$\overline{X}_j + \overline{S}_j, X_{max}$	优	特别宜居，生态环境质量较好
$\overline{X}_j, \overline{X}_j + \overline{S}_j$	良	适合居住，生态环境质量一般
$\overline{X}_j - \overline{S}_j, \overline{X}_j$	中（预警）	勉强适合居住，生态环境质量较差
$X_{jmin}, \overline{X}_j - \overline{S}_j$	差	不适合宜居，生态环境质量很差

2019 年春季北京市东城区生态环境质量计算结果展示如图 7-28 所示。

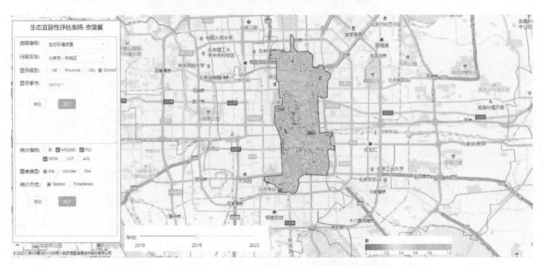

图 7-28　2019 年春季北京市东城区生态环境质量计算结果展示

1）时间维度生态环境质量分析

如图 7-29 所示，2018～2020 年京津冀地区生态环境质量整体向好，但在空间上存在明显差异。京津冀的西北部地区生态环境质量较差，而中部北部地区生态环境质量较好。这可能是由于西北部植被覆盖度低，水资源较少，而中部和北部植被覆盖度较高。从季节变化上看，夏季和秋季生态环境质量较好，春冬季生态环境质量较差，这可能与气候和空气质量有关。

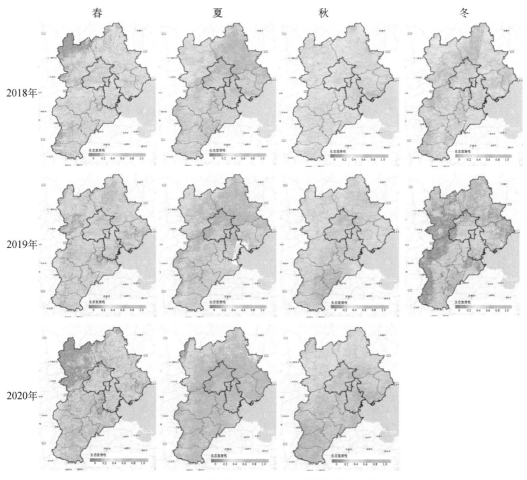

图 7-29　时间维度生态环境质量结果展示图

2）空间维度生态环境质量分析

以 2019 年春季为例，如图 7-30 所示，可以看出，京津冀生态环境状况与空间尺度有密切关系，在不同级别的区域内部，生态环境质量的空间异质性较强。

图 7-30　空间维度生态环境质量结果展示图

3. 其他功能服务

其他服务主要基于 PIE-Engine 遥感云平台影像（Landsat 8 和 Sentinel-5P）数据提供城市生态环境各项指标的多时空尺度统计分析图表计算及展示功能（图 7-31～图 7-33）。

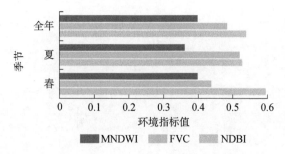

图 7-31　北京市东城区 2020 年环境指标逐季节变化情况

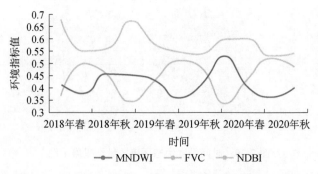

图 7-32　北京市东城区全时间序列生态环境指标变化情况

地区	时间	评估结果	建议
北京市 东城区	2020年春	生态宜居性为：良	目前该地区：AQI高于预警值，建议加强对空气质量的管理

图 7-33　评估结果统计图

7.2.3 服务案例应用领域

基于多源遥感的城市生态宜居评估服务调用 PIE-Engine 遥感云平台上的遥感数据和高性能在线分析计算能力，从人类感知层面的空气质量要素、水环境要素、热环境要素和城市组成结构层面的地表覆盖要素设计出发，实现对城市生态宜居性的评估。其结果可为评估城市宜居性提供依据，为大众择居、择业提供参考，具有较好的实用性和科研应用价值。此外，基于多源遥感的城市生态宜居评估服务进行了长时间序列的生态宜居评估，可为各地区的协调可持续发展和政府部门规划决策提供一定的帮助，同时具有很好的普适性和迁移性，除了京津冀以外，其还可应用到其他城市群或更大空间尺度，为其他城市和地区的生态宜居评估提供研究思路和参考范例。

7.3 水稻自动提取服务

水稻自动提取服务依托校企双方合作机制开发，来源于武汉大学黄昕教授师生团队，该服务基于 PIE-Engine 提供的 Sentinel-2、Landsat 8 数据，并结合全球 30m 精细地表覆盖产品（GLC_FCS30-2020）、全球 30m 地表覆盖产品（FROM-GLC30 2015），高效地提取江苏省淮安市和南京市研究区域的水稻种植范围。

7.3.1 概述

水稻是世界主要粮食之一，约占世界可耕地的 15%。掌握水稻的种植面积信息，可以监测水稻的生产状况、预报和评估水稻的产量、为粮食价格的预测提供依据。同时，水稻的种植信息对于水资源的合理利用和监测，以及评估人类活动对大气环境的影响均具有重要的作用，因此如何快速、准确地开展水稻自动提取具有重要的现实意义。

传统的水稻识别方法通常是通过收集地面资料和统计学方法来实现的，这种方法在小范围内是有效的，但是对于大尺度范围的研究，就会出现耗时耗力、统计结果精度较低的缺点。而遥感技术能够提供大范围地表的时间序列光谱变化特征，适用于大尺度范围的作物监测，已经成为水稻识别和监测的重要手段。但是基于水稻物候的光谱特征分类及提取方法对遥感数据的时间分辨率要求较高，而我国的水稻种植区大多分布在东南部地区，该区域云量大，降低了遥感数据的有效时间分辨率。因此，融合多源遥感数据的分类方案能够变相缩短卫星的重访周期，使多云气候区基于遥感影像的水稻分类成为可能，如结合 Sentinel-2 和 Landsat 数据，实现市级乃至更大范围的地表监测，由此带来的巨大数据存储与处理能力的需求只能通过云计算实现。

江苏省位于我国东部沿海中心、长江下游，东濒黄海，东南与浙江和上海毗邻，西接安徽，北接山东。江苏省地处南北气候过渡地带，生态类型多样，农业生产条件得天独厚，粮食、棉花、油料等农作物几乎遍布江苏省，素有"鱼米之乡"的美誉。江苏省是我国水稻生产大省，而淮安市和南京市是典型的以水稻种植为主的城市，其中淮安市水稻种植面积占全省 1/5，本节以江苏省淮安市和南京市为例，介绍水稻自动提取服务（图 7-34）。体验地址：https://engine.piesat.cn/engine/home。

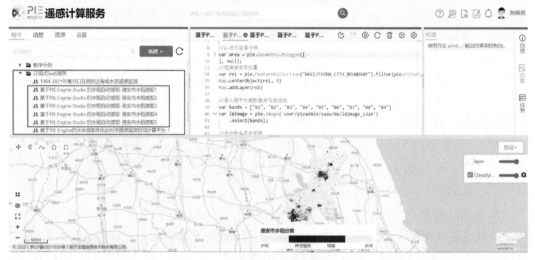

图 7-34　订阅式 SaaS 服务界面 3

7.3.2　服务能力

水稻自动提取服务基于 PIE-Engine 遥感云平台 Landsat 8 光学遥感数据，通过水稻特有的物候特征及光学特征，采用随机森林和支持向量机分类器，粗略绘制江苏省淮安市和南京市水稻面积。在得到初步的水稻分布图后，再结合较高分辨率的 Sentinel-2 光学遥感数据，通过合成月度影像并结合水稻生长曲线进行阈值提取，对水稻分布图进行优化筛选，得到研究区最终的 2020 年 30m 分辨率的水稻种植分布图，从而形成以江苏省淮安市和南京市为目标的水稻自动提取 SaaS 服务能力。水稻提取结果能够体现不同地类之间的差异，且与实际地表的地块边界、纹理符合良好。经过地表样本点的验证，水稻分类的总体精度分别为 93.5%和 91.9%。

水稻自动提取技术路线如图 7-35 所示。

（1）合成影像；

（2）监督分类；

（3）合成月度影像；

（4）阈值筛选；

（5）精度评价。

1. 合成影像

特征变量的选择是监督分类的重要步骤，科学使用多种特征变量及特征变量组合，可以有效提高遥感分类的精度。合成影像是合成监督分类的多波段影像，该服务选择

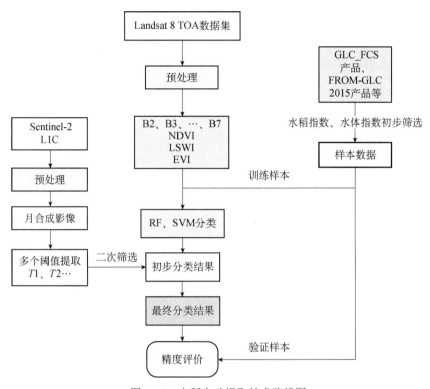

图 7-35 水稻自动提取技术路线图

Landsat 8 TOA 数据集，通过时相、位置、去云筛选后，共得到淮安市 95 景影像、南京市 76 景影像，每景影像包含 12 个原始光谱波段。基于云平台计算每景影像的归一化植被指数（NDVI）、增强型植被指数（EVI）、地表水分指数（LSWI），并将每种指数作为一个独立的光谱波段添加到原始影像中。合成的特征波段主要有归一化植被指数、地表水分指数、增强型植被指数以及 Landsat 8 B2～B7 波段，最终合成一景含 9 个波段的影像并将其导出。

2. 监督分类

采用 PIE-Engine 遥感云平台随机森林（Random Forest，RF）和支持向量机（Support Vector Machine，SVM）两种分类器进行训练和分类。

RF 是一种由决策树构成的集成算法。其主要包括两个随机选择的步骤：采用 Bootstrap 抽样策略从原始数据集中创建约 2/3 的训练样本，并为每个训练样本生成决策树，剩余约 1/3 的测试样本作为 Out-of-Bag 数据用于内部交叉检验，评估随机森林的分类精度；使用 Gini 系数确定决策树中每个节点的分裂条件，集合每棵决策树，完成随机森林的构建。该分类方法具有很高的预测准确率，对异常值和噪声具有很好的容忍度，且不容易出现过拟合。

SVM 是一种重要的统计学习算法，是基于结构风险最小化、优化核函数的线性分类器。SVM 是非参数方法，数据即使不满足标准概率密度分布，该方法一样可以工作，在解决小样本、非线性和高维模式识别的问题中表现出了许多特有的优势，并能在很大程度上克服"维数灾难"和"过学习"等问题。

将 9 个光谱特征输入分类器中进行分类，得到初步的分类结果如图 7-36 所示。

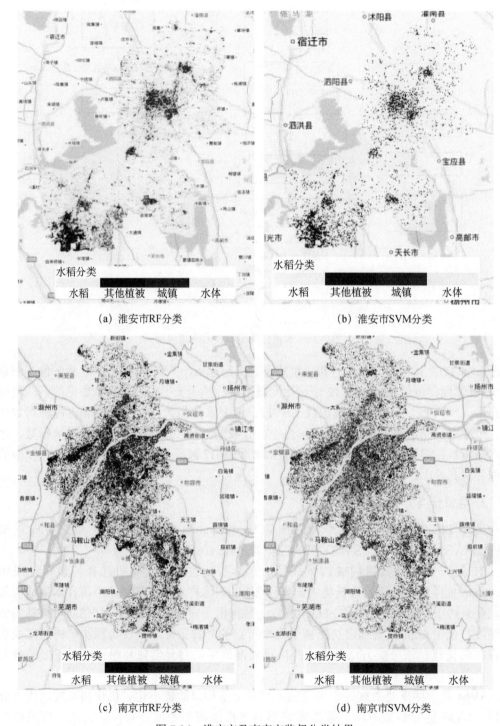

(a) 淮安市RF分类　　　　　　　　　　(b) 淮安市SVM分类

(c) 南京市RF分类　　　　　　　　　　(d) 南京市SVM分类

图 7-36　淮安市及南京市监督分类结果

3. 合成月度影像

针对两种分类器得到的不一致区域，使用 PIE 平台 2019～2020 年的 Sentinel 2 L1C 数据对分类结果进行二次筛选，提高分类精度。在经过去云处理及计算 EVI、LSWI 指数后，以 30 天为周期，合成 2019～2020 年 12 个时相的月度影像数据。

4. 阈值筛选

研究区水稻的插秧期和生长期的植被指数特征与其他地物有明显差别，主要基于这两个时期进行进一步的判断。

插秧期指将秧苗栽插入水田中，或指把水稻秧苗从秧田移植到稻田里。该时期的 LSWI 指数会短暂上升，而 EVI 和 NDVI 指数会短暂下降。研究区的插秧期主要为 4 月中旬至 6 月中旬，因此设定一个阈值 $T1$，若 $LSW1+T1 \geqslant EVI$，则先判断该像素为插秧期的像素，经过实验并结合文献，确定 $T1$ 取值为 0.26。通过这一步阈值筛选，可以有效去除掉其他植被及城镇的像素，并记录下可能为水稻的像素在插秧期的 DOY1（Day of Year）。

（1）水稻生长期为 3 月中旬至 10 月中旬，该时期作物发育逐渐完全，开始分蘖及抽穗。其中，EVI 在该时期有 1 次或 2 次的峰值出现，因此将水稻生长期的 EVI 峰值设定为阈值 $T2$，若 $EVI_{max} \geqslant T2$ 则判断该像素为处于水稻生长期的像素，经过实验并结合文献，确定 $T2=0.47$。通过这一步阈值的筛选，可以去除水体的像素，并记录下可能为水稻的像素在生长期的 DOY2。

（2）在水稻经过移栽后快速生长的阶段，EVI 指数和 NDVI 指数会迅速提升，因此为了进一步区分森林等 EVI 变化小但值较高的像素，引入阈值 $T3$，若

$$T3 = \frac{EVI2 - EVI1}{|DOY2 - DOY1|/30} \geqslant 0.13$$

则判断该像素为处于水稻快速生长期的像素，经过实验并结合文献，确定 $T3=0.13$。其中，EVI2 和 EVI1 分别为水稻生长期的 EVI 峰值及水稻插秧期时 $T1$ 取最大值时对应的 EVI 值，DOY2 和 DOY1 分别对应峰值期和插秧期的天数。将通过三种阈值判断后得到的水稻像素与初步监督分类得到的结果取交集，能够有效过滤掉非水稻像素。

最终淮安市、南京市 30m 水稻分布图如图 7-37、图 7-38 所示。

5. 精度评价

对在本地基于前期筛选出的水稻、水体、其他植被及城镇的样本进行随机采样，获得用于精度评价的验证点，如表 7-2 所示。

基于 PIE-Engine 遥感云平台进行水稻提取的精度评价结果如表 7-3、表 7-4 所示。

以淮安市为例，阈值处理前随机森林的总体精度为 91.0%，Kappa 系数 81.7%，而经过阈值筛选后，水稻提取最终结果的总体精度为 93.5%，Kappa 系数为 86.3%，有较大的提升。

图 7-37　淮安市水稻分布图

图 7-38　南京市水稻分布图

表 7-2 验证点数量

样本类别	淮安市	南京市
水稻样本	200	200
非水稻样本（水体、其他植被、城镇）	300	300

表 7-3 淮安市精度评价结果 （单位：%）

淮安市	RF	SVM	最终结果
总体精度	91.0	84.3	93.5
Kappa	81.7	69.0	86.3

表 7-4 南京市精度评价结果 （单位：%）

南京市	RF	SVM	最终结果
总体精度	89.9	77.1	91.9
Kappa	79.3	55.4	82.9

7.3.3 服务案例应用领域

水稻自动提取服务依托 PIE-Engine 强大的数据存储能力与云计算能力，融合中高分辨率的数据源进行了 2020 年江苏省淮安市和南京市的水稻提取，其在高效选取样本点的同时也保证了训练样本的质量，具有较好的实用性和科研应用价值。该服务可以更好、更快地监测我国的农情信息，对国家宏观经济调控、国民经济计划制定和我国经济持续发展具有重要意义。同时，该服务的水稻提取方法具有很好的普适性和迁移性，为研究更大范围及长时序的水稻提取提供了研究思路和参考范例。

7.4 黄河口及其邻近海域水质遥感监测服务

黄河口及其邻近海域水质遥感监测服务依托校企双方合作机制开发，来源于齐鲁工业大学（山东省科学院）、山东省科学院海洋仪器仪表研究所禹定峰教授师生团队，该服务基于 PIE-Engine 提供的已有 Landsat 5、Landsat 7 和 Landsat 8 影像数据集，对悬浮泥沙浓度、透明度、叶绿素 a 浓度三方面进行水质遥感监测（卞晓东等，2022）。

7.4.1 概述

黄河口附近水域与岸线是整个黄河三角洲的重要组成部分，黄河流经黄土高原，挟带了大量的泥沙进入渤海。黄河从中游裹挟大量泥沙的淤积，导致三角洲形成大片新的土地，同时也影响着黄河口区域水体的光学性质。研究水质参数的时空分布特征，有利于了解水体生态环境变化和近岸冲淤变化过程（Li et al.，2009），对近岸工程、湿地环境保护、水产养殖、港口航道建设、岸线变迁等研究具有重要意义（马芳，2007）。因此，如何快速、准确地对黄河口及其邻近水域水质监测是目前河口生态的研究热点之一。

当前黄河口及其邻近海域水质监测所用数据主要来自水质采样和化学分析，数据获取过程费时费力并且更新速度缓慢，难以满足黄河口及其邻近海域水质宏观监测需求。由于卫星遥感技术具有宏观、快速、准确、实时等特性，基于卫星影像的光谱指数已广泛应用于海域水质（主要包括悬浮泥沙浓度、透明度、叶绿素 a 浓度等）监测建模及评估。本节以黄河口及其邻近海域为例，介绍 1984～2021 年黄河口及其邻近海域水质遥感监测服务（图 7-39）。体验地址：https://engine.piesat.cn/engine/home。

图 7-39 订阅式 SaaS 服务界面 4

7.4.2 服务能力

黄河口及其邻近海域水质遥感监测服务主要是基于 PIE-Engine 遥感云平台上强大的云端数据存储和高性能在线分析计算能力，以及丰富的 UI 组件，实现高时间分辨率、高空间分辨率的综合遥感指数计算，形成以黄河口及其邻近海域水质遥感监测与评估为目标的 SaaS 服务能力。

黄河口及其邻近海域水质遥感监测服务主要包括三部分：悬浮泥沙浓度计算、透明度计算、叶绿素 a 浓度计算及其动图展示服务（图 7-40）。

1）水质参数选择

选择悬浮泥沙浓度、透明度、叶绿素浓度 a 等水质参数。

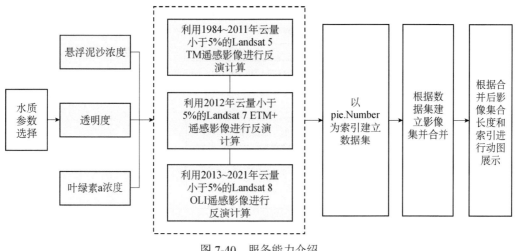

图 7-40 服务能力介绍

2）水质参数反演计算

根据水质参数、数据源、年份，选择对应的反演算法进行计算。

3）反演结果动图展示

以 pie.Number 为索引建立数据集，分别根据数据集建立影像集合，并按照年份顺序进行合并，根据合并影像集合的长度和对应的索引进行动图展示。

1. 悬浮泥沙浓度计算及动图展示服务

悬浮泥沙影响河口海岸带冲淤变化过程，且由于悬浮泥沙的吸附作用，悬浮泥沙也是营养盐和污染物的主要载体（夏星辉等，2020）。研究悬浮泥沙的浓度及其时空分布特征，有利于了解水体生态环境变化和近岸冲淤变化过程，对近岸工程、岸线变迁、港口航道建设等研究具有重要意义。因此，该服务采用悬浮泥沙浓度表征黄河口及其邻近海域水质分布规律。

悬浮泥沙浓度计算服务基于 PIE-Engine 遥感云平台 Landsat 5、Landsat 7 和 Landsat 8 数据集，通过平台上的 UI 组件和可视化配图效果，设计研究区域、研究时间和云量筛选功能，实现悬浮泥沙浓度计算服务，并对结果进行可视化展示，从而实现黄河口及其邻近海域 1984～2021 年的悬浮泥沙浓度动态监测服务（图 7-41）（陈燕，2014；韩仕龙，2016）。

1984～2021 年黄河口及其邻近海域悬浮泥沙浓度分布及动图展示如图 7-42～图 7-45 所示。

1984～2021 年悬浮泥沙浓度分布的主要趋势是从近岸向离岸方向逐渐降低，并且在黄河口区域的南北两岸呈现出不同的数值和趋势差异，其主要表现为河口南岸悬浮泥沙浓度较河口北岸悬浮泥沙浓度普遍提升，且分布面积较大。研究区内悬浮泥沙浓度较高的部分主要分布在莱州湾西岸；悬浮泥沙浓度的中、低区域主要分布于黄河口南岸莱州湾中部海域、高浓度悬浮泥沙分布区外，该区域悬浮泥沙浓度沿离岸方向逐步降低。

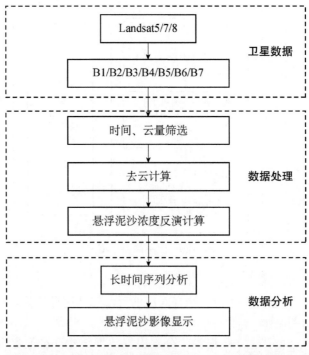

图 7-41　基于 Landsat 系列数据悬浮泥沙浓度计算及动图展示服务技术路线图

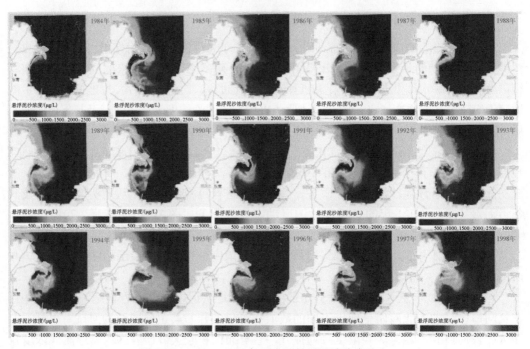

图 7-42　1984～1998 年研究区悬浮泥沙浓度分布

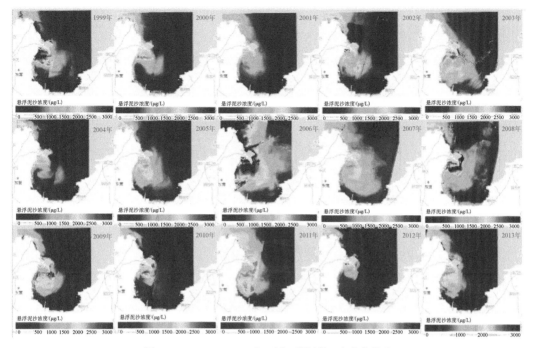

图 7-43　1999～2013 年研究区悬浮泥沙浓度分布

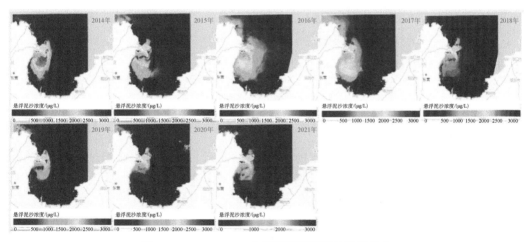

图 7-44　2014～2021 年研究区悬浮泥沙浓度分布

图 7-45　1984～2021 年研究区悬浮泥沙浓度动态结果展示

此图动图请扫描书后二维码查看

2. 透明度计算及动图展示服务

水体透明度是表示水体浑浊程度的重要参数，是反映水体光传输能力的关键生态指标，也是水质调查中的基本参量，监测水体透明度变化对研究水环境变化、水体富营养化等都有重要的意义（Zhou et al.，2021；禹定峰等，2015，2016）。

透明度计算服务基于 PIE-Engine 遥感云平台 Landsat 5、Landsat 7 和 Landsat 8 数据集，通过平台上的 UI 组件和可视化配图效果，设计研究区域、研究时间和云量筛选功能，实现水体透明度计算服务，并对结果进行可视化展示，从而实现黄河口及其邻近海域 1984～2021 年的透明度动态监测服务（殷子瑶等，2020）。1984～2021 年黄河口及其邻近海域透明度分布及动图展示如图 7-46～图 7-49 所示。

1984～2021 年研究区内近岸水体透明度较低，从近岸到离岸方向透明度逐渐增加，最小透明度主要分布于黄河入海口区域，其他区域透明度呈扩散式分布。由于黄河含沙量较大，其每年向莱州湾内输送大量的泥沙，对比研究区内透明度分布特征和悬浮泥沙分布特征，其分布规律具有一定的相似性。

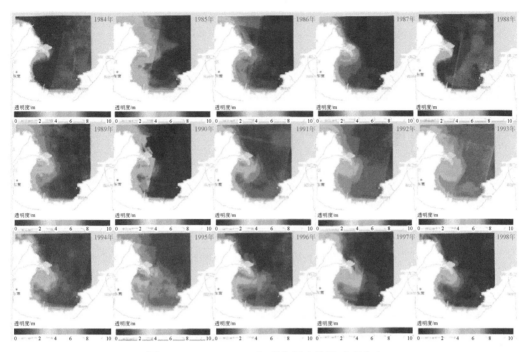

图 7-46　1984～1998 年研究区水体透明度分布

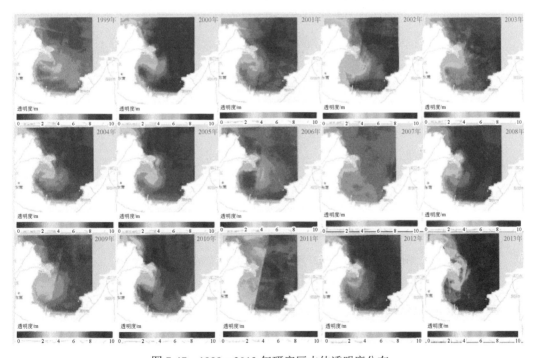

图 7-47　1999～2013 年研究区水体透明度分布

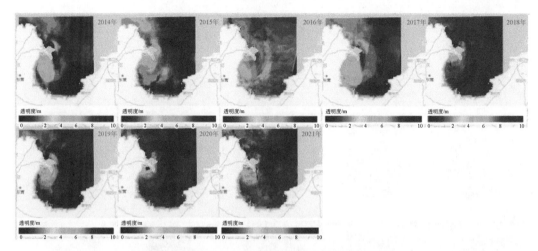

图 7-48　2014～2021 年研究区水体透明度分布

图 7-49　1984～2021 年研究区水体透明度动态结果展示

此图动图请扫描书后二维码查看

3. 叶绿素 a 浓度计算及动图展示服务

叶绿素 a 是影响海洋水色的重要物质，其浓度变化反映了水质污染状况，是海洋环境监测的重要指标（邬明权等，2012；郭晓芳等，2020），且我国近海浒苔、赤潮等灾害频发，叶绿素 a 的时空分布研究可以为灾害的溯源、防治等工作提供帮助。借助遥感数据能够对水质参数进行长时序、大范围监测的特点，基于 PIE-Engine 平台，利用 Landsat 卫星数据对黄河口及其邻近海域叶绿素 a 浓度进行监测（杨广普等，2019）。

1984～2021 年黄河口及其邻近海域叶绿素 a 浓度分布及动图展示如图 7-50～图 7-53 所示。

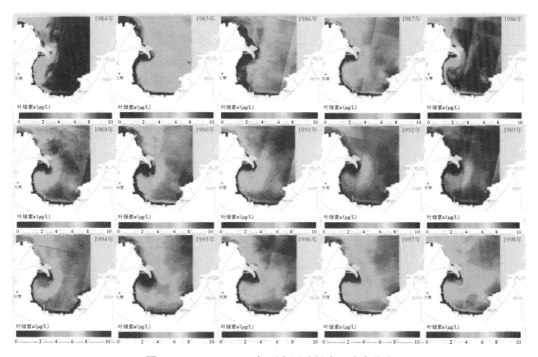

图 7-50 1984～1998 年研究区叶绿素 a 浓度分布

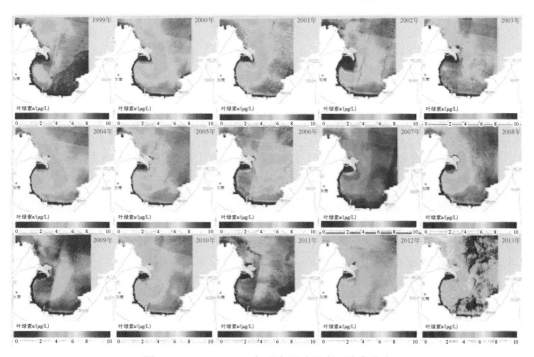

图 7-51 1999～2013 年研究区叶绿素 a 浓度分布

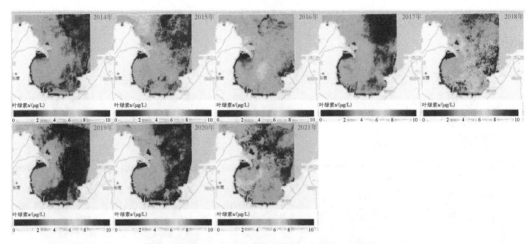

图 7-52　2014～2021 年研究区叶绿素 a 浓度分布

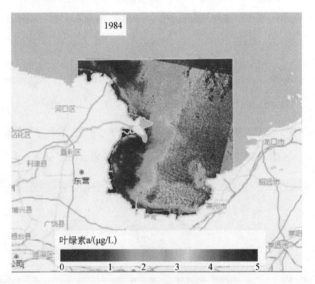

图 7-53　1984～2021 年研究区叶绿素 a 浓度动态结果展示

此图动图请扫描书后二维码查看

　　38 年间，黄河口及其邻近海域大部分区域分布着叶绿素 a，在黄河三角洲外围海域存在一个半环形的清洁水体区域，在莱州湾内叶绿素 a 呈现片状分布。叶绿素 a 浓度最高的水体面积较小，主要分布于东南海域，其他分布于莱州湾东部的近岸海域。

7.4.3 · 服务案例应用领域

　　1984～2021 年黄河口及其邻近海域水质遥感监测服务调用 PIE-Engine 遥感云平台上的云端数据和高性能在线分析计算能力，从悬浮泥沙浓度、透明度、叶绿素 a 浓度等水质参数设计出发，实现黄河口及其邻近海域长时序水质遥感监测。其结果可为1984～2021 年黄河口及其邻近海域水质时空分布特征研究提供依据，为近岸工程、湿地环境保护、水产养殖、港口航道建设、岸线变迁等研究提供参考,具有较好的实用性和科研应用价值。此外,基于长时间序列的黄河口及其邻近海域水质遥感监测,可为地区的协调可持续发展和政府部门规划决策提供一定的帮助,同时具有很好的普适性和迁移性,除了黄河口及其邻近海域以外,其还可应用到其他研究区水域或更大空间尺度,为研究水质环境时空分布规律提供研究思路和参考范例。

7.5 基于 AI 算法的大棚识别提取服务

大棚识别提取服务使用基于深度学习算法开发的目标地物识别模型,该模型由 PIE-U15 垂直起降固定翼无人机(由航天宏图信息技术股份有限公司自主研发)航拍的 0.38m 分辨率遥感影像数据标注的样本集训练得到,能够快速高效地实现浙江省嘉兴市大棚农田分布区域的大棚识别提取。

7.5.1 概述

农业塑料大棚、地膜等的广泛使用对增加作物产量、提高农民收入等方面具有重要作用,但农业塑料覆被也会引起土壤酸化、盐碱化等土地退化现象,因此快速精准地获取大棚和地膜农田面积及地理分布的能力,对推动土地资源可持续发展发挥着关键性作用。

在获取塑料大棚、地膜覆盖面积等信息的方法中,传统方法以人工实地测定为主,但是需要耗费大量的人力、物力,在准确获取地理位置分布信息方面也有局限性。随着遥感技术和现代农业的不断发展,基于遥感影像的大棚提取成为研究热点。与传统卫星遥感技术相比,无人机遥感更具操作简单、影像分辨率高、实时性强的优点,其影像经过处理后具有高空间定位精度,有助于精准地获取到单个大棚的信息。通过采用基于深度学习的语义分割技术,在像素级别进行分类,实现对每个大棚的精准提取,避免了面向对象方法对于分割尺度的依赖,能够更好地定位大棚边缘(图 7-54)。体验地址:https://engine.piesat.cn/ai/autolearning/index.html#/home。

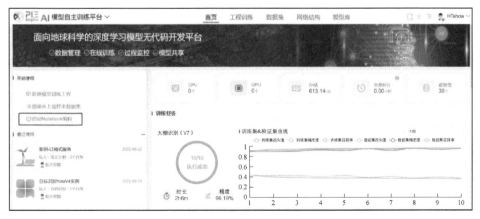

图 7-54 模型自主训练平台界面

7.5.2　服务能力

基于深度学习模型的农业大棚识别提取服务，依托 PIE-Engine 灵活的深度学习自主开发能力和弹性 GPU 算力，结合高分辨率的无人机影像数据，自定义设计神经网络架构，在线快速构建农业领域 AI 大棚识别模型，快速、准确获取大棚分布等信息，满足精准农业的需求。

基于 AI 算法的大棚识别提取服务流程如图 7-55 所示。

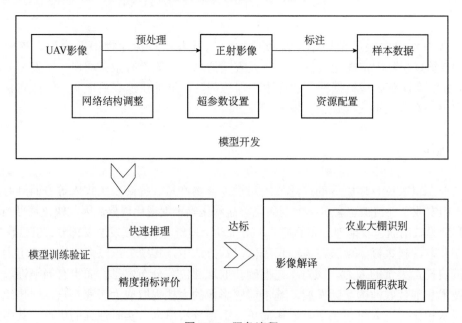

图 7-55　服务流程

（1）样本集生成；
（2）模型开发；
（3）模型评估；
（4）识别提取。

1. 样本集生成

使用深度学习的方法进行大棚提取需要大量的样本数据，高质量的有效样本集有助于提升模型训练的效果，该服务基于 PIE-Engine 遥感云平台上提供的标注、管理、共享、应用一体化云端在线多人协同标注和统一管理平台，以及便捷的半自动化标注工具，可实现高分辨率的无人机遥感样本集的高效生产和管理（图 7-56）。

无人机航拍影像经过几何校正和拼接处理，得到具有高空间位置精度的正射影像。基于正射影像，通过标注平台进行标注，标注类别主要分为两类：大棚和背景；将标注结果提交审核，通过审核后自动生成切片样本集，用于训练所需的训练集和验证集，验证集用来检测模型在训练过程中的拟合程度（图 7-57）。

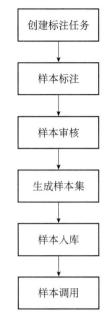

图 7-56　切片样本集生成流程

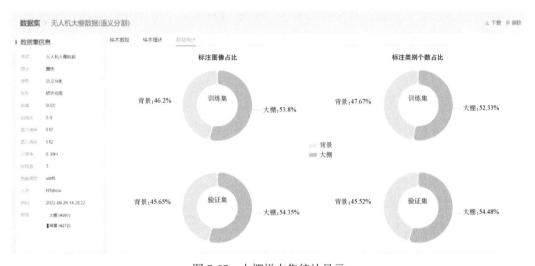

图 7-57　大棚样本集统计显示

2. 模型开发

基于深度学习的大棚提取模型开发是利用 PIE-Engine AI 模型自主训练平台，通过启动 Notebook 编程开发设计网络结构，配置训练数据集、超参数和资源信息后进行模型训练。最终，基于 AI 算法的大棚提取模型训练结果准确率为 0.9595，召回率为 0.9731，综合指标 $F1$=0.9663，均值平均精度 mAP=0.9347（图 7-58）。

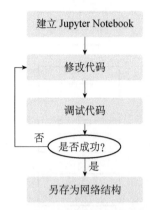

图 7-58　网络结构开发流程

　　本次网络结构设计选择 LinkNet 网络结构作为骨干，针对大棚在影像上大小不定的问题，引入空洞金字塔模块（ASPP），对模型编码区输出的深层特征层进行空洞卷积金字塔处理，以提高模型提取特征时参考更多不同尺度特征的能力，提升模型的泛用性和鲁棒性。

　　参考 DeepLabV3+中 ASPP 结构，可了解该模块会对输入层进行四次不同空洞率卷积以及全局池化，随后对输出结果进行叠加，从而获取不同尺度的特征信息，如图 7-59 所示。

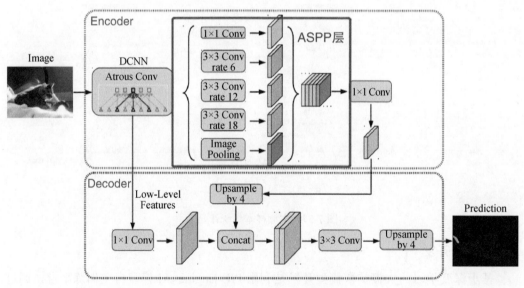

图 7-59　DeepLabV3+模型

　　分别定义空洞卷积层与全局池化层类。在 PyTorch 框架下进行全局池化后，如果 batch size 为 1，BatchNorm2d 层会因为至少需要多于一个数据去计算平均值而报错，因此可以考虑去掉 BatchNorm2d 层（图 7-60、图 7-61）。

```python
class ConvBNReLU(nn.Module):
    def __init__(self, in_chan, out_chan, ks=3, stride=1, padding=0, dilation=1, *args, **kwargs):
        super(ConvBNReLU, self).__init__()
        self.conv = nn.Conv2d(in_chan,
                              out_chan,
                              kernel_size=ks,
                              stride=stride,
                              padding=padding,
                              dilation=dilation,
                              bias=True)
        # self.bn = BatchNorm2d(out_chan)
        self.bn = nn.BatchNorm2d(
            num_features=out_chan
        )
        self.relu = nn.LeakyReLU()
        self.init_weight()

    def forward(self, x):
        # print('1')
        x = self.conv(x)
        x = self.bn(x)
        x = self.relu(x)
        return x

    def init_weight(self):
        for ly in self.children():
            if isinstance(ly, nn.Conv2d):
                nn.init.kaiming_normal_(ly.weight, a=1)
                if not ly.bias is None: nn.init.constant_(ly.bias, 0)
```

图 7-60   空洞卷积层

```python
class ASPPPooling(nn.Module):
    def __init__(self, in_channels, out_channels):
        super(ASPPPooling, self).__init__()
        self.sequential = nn.Sequential(
            nn.AdaptiveAvgPool2d(1),
            nn.Conv2d(in_channels, out_channels, 1, bias=False),
            #nn.BatchNorm2d(out_channels),
            nn.ReLU())
    def forward(self, x):
        size = x.shape[-2:]
        x = self.sequential(x)
        return F.interpolate(x, size=size, mode='bilinear', align_corners=False)
```

图 7-61   ASPP 全局池化层

随后对 ASPP 模块进行封装，分别采用空洞率为 1、6、12、18 进行卷积，以及进行全局池化，再对输出结果进行合并（图 7-62～图 7-64）。

同时，优化网络结构的代码，然后进行终端调试，调试通过后，将调整的网络结构保存为自定义网络结构供训练使用（图 7-65、图 7-66）。

```python
class ASPP(nn.Module):
    def __init__(self, in_chan=2048, out_chan=256, *args, **kwargs):
        super(ASPP, self).__init__()
        out_ = int(out_chan/4)
        self.conv1 = ConvBNReLU(in_chan, out_, ks=1, dilation=1, padding=0)
        self.conv2 = ConvBNReLU(in_chan, out_, ks=3, dilation=6, padding=6)
        self.conv3 = ConvBNReLU(in_chan, out_, ks=3, dilation=12, padding=12)
        self.conv4 = ConvBNReLU(in_chan, out_, ks=3, dilation=18, padding=18)
        self.pool = ASPPPooling(in_chan, out_)

        self.conv_out = ConvBNReLU(out_ * 5, out_chan, ks=1)
        self.dropout = nn.Dropout(0.3, inplace=True)

        self.init_weight()

    def forward(self, x):
        # print('1')
        H, W = x.size()[2:]
        feat1 = self.conv1(x)
        feat2 = self.conv2(x)
        feat3 = self.conv3(x)
        feat4 = self.conv4(x)
        feat5 = self.pool(x)

        feat = torch.cat([feat1, feat2, feat3, feat4,feat5], 1)

        feat = self.conv_out(feat)
        feat = self.dropout(feat)

        return feat

    def init_weight(self):
        for ly in self.children():
            if isinstance(ly, nn.Conv2d):
                nn.init.kaiming_normal_(ly.weight, a=1)
                if not ly.bias is None: nn.init.constant_(ly.bias, 0)
```

图 7-62　ASPP 层

图 7-63　ASPP 层脚本编写示例

图 7-64　LinkNet 调用

图 7-65　终端调试

图 7-66　网络结构调整后保存

3. 模型评估

模型训练完成后，利用测试集对模型进行测试，快速查看大棚提取模型推理预测效果，并使用多种精度评价指标进行模型泛化能力的评估，包括 F1 得分（F1 Score）、频权交并比（Frequency Weighted Intersection over Union，FWIoU）、Kappa 系数、平均交并比（Mean Intersection over Union，MIoU）、平均像素精度（Mean Pixel Accuracy，MPA）、总体精度（Overall Accuracy，OA）、精确度（Precesion）、召回率（Recall）等指标（图 7-67）。

图 7-67　大棚识别模型验证

4. 识别提取

通过模型评估验证的模型，可用于大规模、批量化的无人机遥感影像的快速解译。其一方面能够快速识别大棚，显示解译区域内大棚分布情况；另一方面，能够对提取的大棚面积进行实时统计（图 7-68）。

图 7-68　大棚识别提取及面积统计

7.5.3　服务案例应用领域

　　基于深度学习模型的农业大棚识别提取服务，依托 PIE-Engine 灵活的深度学习自主开发能力，结合高分辨率的无人机遥感影像数据，在浙江省嘉兴市进行农业大棚提取，快速准确地对研究区域进行分割、分类以及面积统计，具有较好的实用性和科研应用价值。该服务的大棚提取方法具有很好的普适性和迁移性，可以为研究更大范围及长时序的大棚提取提供研究思路和参考范例，对精准农业规划、农业产值估算及相关政策制定具有重要意义。

思考题

　　1. PIE-Engine 的独特优势有哪些?

　　2. PIE-Engine 有哪些待提高的地方?

参考文献

卞晓东, 禹定峰, 刘东升, 等. 2022. 基于 PIE-Engine Studio 的黄河口及其邻近海域水质遥感监测. 齐鲁工业大学学报, 36: 53-58.

陈燕. 2014. 渤海湾近岸海域悬浮泥沙浓度遥感反演模型研究. 西安: 长安大学.

郭晓芳, 宋军, 郭俊如, 等. 2020. 基于遥感资料的北黄海叶绿素 a 浓度时空演变特征分析. 海洋通报, 39: 705-716.

韩仕龙. 2016. 基于 QAA 算法的黄河口悬浮泥沙浓度半分析模型. 武汉: 湖北工业大学.

马芳. 2007. 黄骅港周边海域悬浮泥沙运移和海底蚀淤变化规律研究. 青岛: 中国海洋大学.

邬明权, 韩松, 赵永清, 等. 2012. 应用 Landsat TM 影像估算渤海叶绿素 a 和总悬浮物浓度. 遥感信息, 27: 91-95.

夏星辉, 王君峰, 张翎, 等. 2020. 黄河泥沙对氮迁移转化的影响及环境效应. 水利学报, 51: 1138-1148.

徐涵秋, 林中立, 潘卫华. 2015. 单通道算法地表温度反演的若干问题讨论——以 Landsat 系列数据为例. 武汉大学学报 (信息科学版), 40 (4): 487-492.

杨广普, 江涛, 赵永芳, 等. 2019. 基于长时序遥感影像的胶州湾秋季叶绿素 a 浓度变化及其影响因素研究. 海洋学报, 41: 183-190.

殷子瑶, 江涛, 杨广普, 等. 2020. 1986—2017 年胶州湾水体透明度时空变化及影响因素研究. 海洋科学, 44: 21-32.

禹定峰, 邢前国, 施平. 2015. 内陆及近岸二类水体透明度的遥感研究进展. 海洋科学, 39: 136-144.

禹定峰, 周燕, 邢前国, 等. 2016. 基于实测数据和卫星数据的黄东海透明度估测模型研究. 海洋环境科学, 35: 774-779.

中国环境科学研究院, 中国环境监测总站. 2012. 环境空气质量标准. 北京: 中国环境科学出版社.

周洁, 范熙伟, 刘耀辉. 2019. 无人机遥感在塑料大棚识别中的方法研究. 中国农业信息, (1): 1672-0423.

Hu C . 2009. A novel ocean color index to detect floating algae in the global oceans. Remote Sensing of

Environment, 113 (10): 2118-2129.

Hu C M, Lee Z P, Ma R H, et al. 2010. Moderate Resolution Imaging Spectroradiometer (MODIS) observations of cyanobacteria blooms in Taihu Lake, China. Journal of Geophysical Research, 115 (C4) .

Jiao Z, Sun G, Zhang A, et al. 2021. Water benefit-based ecological index for urban ecological environment quality assessments. IEEE Journal of Selected Topics in Applied Earth Observations and Remote Sensing, 14: 7557-7569.

Li S, Wang G, Deng W, et al. 2009. Influence of hydrology process on wetland landscape pattern: A case study in the Yellow River Delta. Ecological Engineering, 35: 1719-1726.

Liang S L, Li X W, Wang J D. 2012. Chapter 13-Fractional Vegetation Cover. Advanced Remote Sensing. Boston: Academic Press.

Oyama Y, Matsushita B, Fukushima T. 2015. Distinguishing surface cyanobacterial blooms and aquatic macrophytes using Landsat/TM and ETM+shortwave infrared bands. Remote Sensing of Environment, 157.

Xu H, Wang M, Shi T, et al. 2018. Prediction of ecological effects of potential population and impervious surface increases using a remote sensing based ecological index (RSEI) . Ecological Indicators, 93: 730-740.

Xu H. 2005. A study on information extraction of water body with the Modified Normalized Difference Water Index (MNDWI) . Journal of Remote Sensing, 9 (5): 595.

Zhou Y, Yu D, Yang Q, et al. 2021. Variations of water transparency and impact factors in the Bohai and Yellow Seas from satellite observations. Remote Sensing, 13: 514-533.

附录一　PIE-Engine Studio 公共数据资源列表

	数据集	分辨率	时间粒度	时间覆盖	空间覆盖
Landsat	Landsat 9 Collection2 Surface Reflectance/Top of Atmosphere	30m	16 天	2022 年至现在	中国
	Landsat 8 Collection2 Surface Reflectance	30m	16 天	2013 年至现在	中国
	Landsat 8 Collection2 Top of Atmosphere	30m	16 天	2022 年至现在	中国
	Landsat 8 Collection1 Top of Atmosphere	30m	16 天	2013~2021 年	中国
	Landsat 7 Top of Atmosphere	30m	16 天	1999 年至现在	中国
	Landsat 7 Collection2 Surface Reflectance	30m	16 天	1984~2012 年	中国
	Landsst 5 Collection2 Surface Reflectance/Top of Atmosphere	30m	16 天	1984~2011 年	中国
Sentinel	Sentinel 1 A/B Ground Range Detected	10m	6 天	2020 年至现在	中国
	Sentinel 2 MSI	10m、20m	10 天	2018 年至现在	中国
	Sentinel 5P TROPOMI	0.01rad	5min	2020 年至现在	中国
MODIS	MOD09A1/MOD09Q1	500m、250m	8 天	2000 年至现在	中国
	MOD09GA/MYD09GA	1km、500m	每天	2000 年至现在	中国
	MOD11A1/MOD11A2	1000m	每天/8 天	2000 年至现在	全球
	MCD12Q1	500m	每年	2001~2019 年	全球
	MOD13Q1/MOD13A1/MOD13A2	250m、500m、1000m	16 天	2000 年至现在	中国
	MOD14A2	1km	8 天	2000 年至现在	全球
	MOD15A2H	500m	8 天	2000~2020 年	中国
	MOD16A2	500m	8 天	2000 年至现在	中国
高程	SRTM DEM	30m	单次	2000 年	全球
	ASTER GDEM	30m	单次	2000 年	中国
	ALOS DEM	12.5m	单次	2011 年	中国
夜光	DMSP_OLS	30 弧秒	每年	1992~2013 年	全球
	DMSP_OLS_RAD	30 弧秒	每年	1996~2011 年	全球
	VIIRS Nighttime Lights	750m	每月	2012 年至现在	全球
气象	气象短临预报产品	0.05°	6min	最近 15 天	中国
	气象实况监测产品	0.05°	6min	最近 15 天	中国
	气象数值预报产品	0.05°	1h	最近 15 天	中国
	Himawari-8	2km	10min	最近 30 天	中国

续表

数据集		分辨率	时间粒度	时间覆盖	空间覆盖
高分	GF-1_WFV_TOA	16m	—	2019 年	中国
	GF-1_WFV_SR	16m	—	2019 年	中国
	GF-1A/B/C/D 多光谱地表反射率产品	8m	—	2021 年	中国
	GF-1A/B/C/D 正射融合产品	2m	部分按季度	2020 年	中国部分区域
	GF-2 正射融合产品	0.8m	部分按季度	2020 年	中国部分区域
	GF-6 多光谱地表反射率产品	8m	—	2021 年	中国部分区域
资源	ZY3-02 多光谱地表反射率产品	8m	—	2021 年	中国部分区域
人口密度	WorldPop 人口数据集	100m、1km	每年	2000~2020 年	中国
	LandScan 全球人口分布数据集	1km	每年	2000~2017 年	全球
国家青藏高原科学数据中心	全球高分辨率地表太阳辐射产品	10km	3h	1983~2017 年	全国
	中国 1km 分辨率月最低、最高气温/平均气温、降水量产品	1km	每月	1901~2017 年	中国
	长序列高时空分辨率月尺度温度和降水产品	0.025°	每月	1951~2011 年	中国
	全球长时间序列高分辨率生态系统总初级生产力产品	0.05°	每月	1982~2018 年	全球
	中国陆地实际蒸散发产品	0.1°	每月	1982~2017 年	全国
	全球 PML_V2 陆地蒸散发与总初级生产力产品	0.05°	8 天	2002~2019 年	全球
	中国土壤有机质产品	30 弧秒	单次	20 世纪 80 年代	中国
	世界土壤数据库（HWSD）土壤产品（v1.2）	0.9°×1.25°	单次	2000 年	全球
	中国土壤特征产品	1km	单次	2010 年	中国
	中国雪深长时间序列产品	25km	每天	1979~2019 年	中国
土地覆被	全球 10m 土地覆盖产品（ESA）	10m	单次	2020 年、2021 年	全球
	全球 10m 土地覆盖产品（ESRI）	10m	单次	2020 年	全球
	全球地表覆盖产品 GlobeLand30	30m	单次	2000 年、2010 年、2020 年	全球
	全球 30m 精细地表覆盖产品	30m	单次	2020 年	全球
	全球 10m 地表覆盖产品（FROM-GLC10 2017 v1）	10m	单次	2017 年	全球
	全球 30m 地表覆盖产品（FROM-GLC30 2015 v2）	30m	单次	2015 年	全球
	全球 30m 不透水面产品（MSMT_IS30）	30m	单次	2015 年	全球
	中国土地利用遥感监测产品	1km	单次	1980~2020 年	中国
	中国建成区长时间序列产品	30m	每年	1978 年、1985~2017 年	中国

续表

数据集		分辨率	时间粒度	时间覆盖	空间覆盖
土地覆被	全球长时序（10000BC-2100）农地分布产品（1km）	1000m	—	公元前 10000 年至公元 2100 年	全球
WorldClim	全球 2.5 分分辨率最低/高气温、累积降水量产品	2.5 弧分	每月	1961～2018 年	全球
指数产品	全球 250m LAI 产品	250m	8 天	2015 年	全球
	全球 1km 分辨率 TVDI 产品	1km	每月	2000～2020 年	全球
全球历史粮食产量	全球历史小麦/水稻/玉米/大豆产量产品	0.5°	每年	1981～2016 年	全球
矢量数据	全球国家行政区划边界		单次	2013 年	全球
	中国省/市/县级行政区划		单次	2015 年	中国

注："一"表示一次性覆盖，此表统计时间截至 2022 年 11 月，平台公共数据集持续更新中。

附录二　获取更多帮助和信息

众"星"云集时代，遥感不再遥远。PIE-Engine 为行业用户、合作伙伴、科研院校、开发人员及公众提供了如下技术交流、知识和信息分享的途径。

PIE 官方网站：http://www.piesat.com.cn/
PIE-Engine 通道：https://engine.piesat.cn/
航天宏图 B 站官方账号：https://space.bilibili.com/1338456050
PIE-Engine 技术社区：https://engine.piesat.cn/ssmp-web/#/
公共邮箱：engine-support@piesat.cn
热线电话：400-890-0662
QQ（PIE-Engine）群：317106935
航天宏图公众号及其他方式：

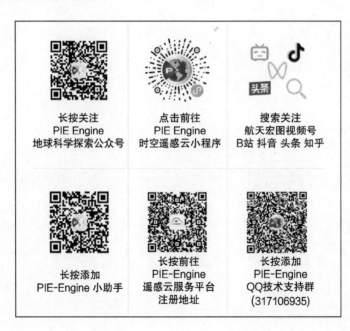